牙科治療是一門科學，同時是一門藝術，
結合不同的學科和患者的情況，達到最佳的治療效果。
近十年牙科治療的轉變很大，微創和保存琺瑯質是新趨勢，
結合數碼化的科技，令治療方法日新月異，
希望這本書令大眾更加了解不同的牙齒治療！

序

面容在日常生活中的作用舉足輕重 — 不論是重要的商務洽談、社交聚會，還是朋友和家人之間的交流。它還突顯了一個人的自信。

牙齒通常是面部的焦點。大多數人會關注牙齒是否「白」，牙齒排列是否整齊；四萬的口是「完美」容貌的代名詞。

很少人會意識到牙齒的正常功能 — 食物攝入的正常功能、正常的發聲和口腔健康等很大程度取決於牙齒的排列，包括是否存在「覆合」或「覆咬」情況。

一位有愛心和有經驗的牙醫以深入淺出方法撰寫了這本專書，當中闡釋了：牙科科學遠不止「蛀牙」、「缺牙」或牙周病問題，現代科學和牙科藝術能如何製作一副更好的牙齒，以表現一個人的自尊。

此書是所有人 — 包括牙醫及公眾的實用手冊。

梁智鴻醫生

Facial countenance plays a vital role in daily life, be it in high power business discussions, social gatherings and interactions, or simply amongst friends and family members. It also underlines a person's self-confidence.

The set of teeth is usually the focal point of the face. Most people will focus on whether the teeth are "white", whether the set of teeth are in good order; 四萬的口 is synonymous with a "perfect" facial appearance.

Few would realize that proper function of teeth; - proper function of food ingestion, proper voice production, and health of the oral cavity etc. depends very much on the array and arrangement of the set of teeth - is there an "overjet" or an overbite situation.

This publication written by a caring and experience dentist, with profundity and an easy-to-understand approach, showed that there is much more in the science of dentistry than "tooth decay" "missing tooth" or "periodontal disease", and how modern science and dental art can make a better set of teeth to accentuate one's self esteem.

This book is a compendium for all, - dentist and the public alike.

Dr. C. H. Leong
G.B.M. G.B.S. O.B.E. J.P.

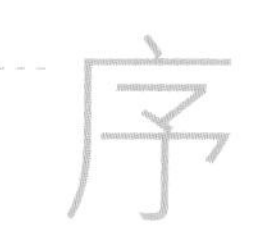

序

我很榮幸為謝德安醫生此著作寫序。我不是醫學界的人，只是一個普通人，俗稱為一個「小薯仔」，「small potato」！所以我回想一下，為什麼謝醫生找我寫序呢？但看完謝醫生這本書，我就恍然大悟了！謝醫生這本書就是為普通人所寫的。

牙齒是每個人最重要的身體部分。牙齒為我們進食後進行一個不可缺少的切割和磨碎的程序，否則我們無法吞嚥也無法作下一步消化的準備。因此牙齒有不同類型，門齒作切割之用，犬齒用於撕碎，臼齒用於磨碎食物。後排第三大臼齒也有智慧齒之稱。因這個牙齒比較後期長出，時不時都匿藏食物殘餘，日久會引起牙肉發炎。我有個多年前但記憶猶新的脱智慧齒的經歷，這位牙醫是身材不高的女士，給我動手術時她需要站在小凳子上，給我口腔放上麻藥後，她對我淡定輕輕地説：「我是頭一次做脱智慧齒手術，你別動呀！」我就停留在手術椅上不敢絲毫一動，度過了一小時難忘的經歷。之後，我對牙醫都敬而遠之，非必要也不敢光顧。可是，我有幸認識謝醫生，他最後令我明白牙醫不是一個怎麼可怕的動物！

謝醫生這本書深入淺出地解釋牙齒對我們的生理與心理的作用。除了處理進食的作用，牙齒對個人形象也很重要，潔白齊整的上下排門牙尤是重要。

這本書值得閱讀之處是讀者可以明白每類牙齒的功能並且怎麼好好照顧牙齒。照顧好牙齒，也可以避免經常光顧牙醫！但這本書也指出光顧牙醫並非壞事。現代醫療除了治療疾病也有技術可令你改變形象。這本書每頁都有值得參考的信息。所以，我可以誠摯向你推薦！

於 2014 年舊診所合照。

梁定邦博士
QC, SC, JP
一個「小薯仔」
2022 年 11 月 23 日

序

上次執筆寫《自信從「齒」開始》已經是 2006 年！

不經不覺已經十六年，十年人事幾番新，隨着科技、物料和技術的變化，是時候寫第二版。回頭看第一版，實在有很多不足，唯一令我驕傲的，是書名《自信從「齒」開始》的「從『齒』」，已被廣泛引用在不同的廣告中。

十六年是很長的時間 ，牙科的轉變也很大，已經進入數碼化的年代！口腔掃描、CAD/CAM、Exocad 等的技術日新月異，然而自己亦成長了很多。過去十六年，當完成港大碩士之後，我遠赴歐洲和美國追隨世界級大師學習，有幸與世界級的牙齒技師交流合作，不斷學習和累積經驗，相信新書的內容和圖片，都比第一版改善不少。

新書以文字配合精美圖片，集合了多年演講和文獻的個案（亦多謝患者的同意），將牙齒美學這門藝術，呈現讀者眼前。封面選用了兩張圖片，上面是合成圖，左邊是搪瓷牙面的臨床照片，右邊是技師加工的照片！呈現出自然和微創的牙齒美學。下面圖片是牙齒切割後橫切面，在折射下的情況，可以見到自然的美麗，希望讀者珍惜保存自己牙齒的琺瑯質。

個人方面，現在我是三名小孩的父親，家庭給予我動力，在工作上精益求精。多謝身邊很多朋友的幫助，沒有他們，就沒有今天的我！撰寫此書的目的是為了推廣牙科教育，希望讀者更了解牙科的新趨勢，對微創牙科有更多了解，有機會認識並接受合適的治療。

動筆寫這本書時是 2020 年農曆新年期間，我正身處布吉，一邊與家人共度時光，一邊享受着這寧靜的環境。同時出現 COVID － 19 病毒的傳播，希望這本書出版時，世界已回復平靜！

謝德安牙科醫生

若然我說我是認識謝德安醫生最長時間的人，我相信沒人反對，因為我們在未出娘胎前已經認識，我們已在母親肚內傾偈！

近年很多人提及「贏在起跑線」、「輸在起跑線」。起跑有人幫助固然有優勢，但人生是超級馬拉松，起跑只是一小部分，能否到達終點，仍然需要自己努力。同樣地，有天分會令你事半功倍。但試問有幾多人真的擁有這些優勢？就算有天分，都需要刻苦磨鍊才能得到成功，但其實天分只是一張入場券，沒有後天努力也不會成功。就算天分不高，沒有起跑優勢，切忌自怨自艾，原地踏步，反而要加倍付出！

我們每一個人都有夢想，但能否實現，要看自己付出多少，否則只是空想。我弟弟特別多夢想，當他認定目標就會付 200 分努力去完成。從來不喜歡跑步的他，當決定想完成馬拉松，便天天練習去完成！當他決定中年做健身，居然去苦練參加健美，並在比賽凱旋而歸！

在工作上，他的態度都是一樣。他會不計成本力追完美。在現今社會注重成本效益主義下，你可能覺得他好傻，但這正正是我們做人做事需要的態度。

他最近又有另一個夢想是再出書，這卻是我多年的空想。很高興他邀請我寫專欄「牙周病跟心臟病有甚麼關係？」 這是我們兄弟多年來第一次學術上的合作，更幫我完成我半個夢想。

正如少林足球裏，周星馳說過「做人無夢想，同條鹹魚有咩分別？」

我希望大家跟我弟弟一樣，為追夢付出努力！

兄
謝德新醫生

謝德新心臟科專科醫生

序

不自量力。

自少家人教誨，事事量力而為，不應好高騖遠，做事應該循序漸進。

但自從認識了一位朋友，他的座右銘是「不自量力」，自此感到很困惑。因為與我從來的學習是完全背道而馳。自小父母教我做事應在能力範圍以內，可以的話應用功讀書，有餘才參與課外活動，在學習及工作上也只是量力而為，努力溫習及預備，以自己的能力做到最好。

但我這個朋友除了是一個專業的牙科醫生，他做每樣事都很出色，包括教學及運動。

在今次的新冠疫情期間，他參加了多次的馬拉松比賽及健美比賽，也得到很好的成績。

因此我就從新思考他的做人理論，什麼是「不自量力」？原來他的不自量力是不斷去挑戰自己。但在挑戰自己的過程裏，他不是漫無目的的進行，而是有計劃的學習，從書本及網上吸取多項運動的資料，及向經驗人士求教，不斷鍛鍊。每做完一次運動都反覆研究，發掘可以改進的地方，從而在下一次比賽得到更好的成績。所以他的不自量力其實是有計劃地挑戰自己。絕不是信口開河或胡亂進行。

他的不自量力理論，從他在自己的牙科專業裏可見一斑。他在醫學美容牙科的要求是精益求精，當遇到未如理想的效果，他會在其他專家身上再次學習，加以研究，融會貫通後，做出更好的效果，絕不退而求其次。他更不斷學習新的技術，例如數碼牙科美學，短時間已經成為行業中的表表者。

他對運動的要求，並不是只求自己得到勝利，而是要求領悟真正的運動精神。而這方面在他的牙科專業上同樣表現出來。他並不只希望自己成為獨步天下，只求自己不斷向前邁進，亦同時將學識分享給其他同行，進行很多的教學研討，藉以教學相長，在這方面是我更加敬佩的。

他的不自量力其實是個謙虛的形容詞，實際上他不只是滿足現況，而是希望不斷進步，令到他的患者能夠得到更好的治療。而這個增長是經過他「不自量力」的不斷求進、努力鑽研而得到的。

這位是我非常敬佩，亦師亦友的謝德安醫生。

柯志剛整形外科醫生

謹以此書獻給我摯愛的父母

2012 年在美國三藩市上 Pascal Magne 美學課程和 Pascal Magne and Michel Magne 的合照。

2015 年美國南加州課程的合照，中間是 Pascal Magne，右邊是 Baldwin Marchack。

2015 年南加州美學課程和學生的畢業合照。

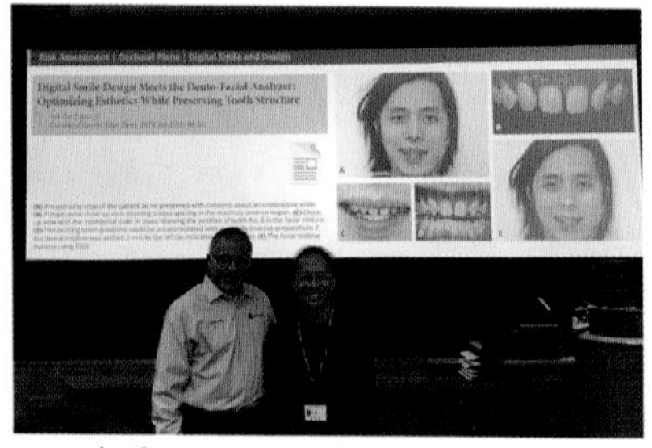

2016 年和 John Kois 在 Kois Centre 合照，背景是謝醫生和 John Kois 的文獻。

2017 年在國際牙科論壇演講，主題是謝醫生和 John Kois 發表的文獻。

2017 年完成 Kois Centre 課程和 John Kois 合照。

2017 年在華人美學年會演講，主題是微創牙齒修復，並獲選為華人美學副會長。

2018 年在美國南加州大學修復大會演講，地點是著名的 Millenium Biltmore Hotel， 左邊是美國南加州教授兼大會主席 Abdi Sameni，右邊是 Baldwin Marchack，主題是微創牙齒修復。

2019 年授予 AAED associate fellow，左一是南加州教授 Abdi Sameni，右三是知名的口腔面頰醫生 Bach Le。

2019 年 DSD 北京站，Christian Coachman 授予 DSD keynote speaker 勳章。

致謝

我於一九九四年完成大學課程，不經不覺，至今已執業快二十九年，期間我除了進修有關牙齒修復和種植牙科碩士外，亦追隨了很多大師學習，包括 Christian Coachman、Baldwin Marchack、Pascal Magne 以及 John Kois 等，他們對我有很深遠的影響！

Baldwin Marchack 可說是我在美國的「父親」，他引薦我任教南加州大學的美學課程以及加入美國牙齒審美學會（American Academy of Esthetic Dentistry），我於 2019 年成為 AAED Fellow，亦是首名美加外的華人獲選。

至於 Christian Coachman，他在 2012 年剛開始 Digital Smile Design（DSD）時，我已經追隨他，他是改變世界牙科和數碼科技的先驅。本人其後亦發表了兩篇有關 DSD 的文獻，有幸成為 DSD 的國際講師。

而 Pascal Magne 是牙齒美學之父，我在本書中，引用了他書內有關牙齒美學的 14 個客觀標準。我在 2013 年，於美國三藩市修畢他的課程，更幸運地和他一起任教南加州的美學課程。

John Kois 是美國最具影響力的牙科教育家，對我影響最大，他永遠能夠跳出框框，有很多獨特的想法。他在西雅圖設立 Kois 教育中心，我於 2017 年完成一系列修復課程，並於 2021 年考取導師資格。很榮幸能和他在 2015 年一起發表文獻，該文獻亦成為 Compendium 雜誌當年最受歡迎的文獻。

我要感謝和我工作多年的員工，他們緊貼數碼牙科的步伐，不斷學習和改進，診所有很多設施和程序，在這十年間都有很多變化。最後，特別要多謝太太多年來照顧家人和我，令我可以安心地出外闖一番。特別多謝 Vivian CHEUNG（Viviancheungsw@gmail.com），沒有她，沒有這本書的誕生。由醫生角度寫一本書其實一般人很難明白，她有多年報刊雜誌健康版的經驗，不斷提出很多問題，我們重覆開會和討論後，我需要加入很多內容才可以深入淺出的方式完成這本書。亦特別多謝患者同意他們臨床照作教學用途。

一家五口的合照（2019 年）

個人嗜好是健身，但因為工作關係，經常往外地交流和演講，從來沒有認真地訓練。因為疫情滯留香港，所以嘗試不同的人生。2020 年 1 月，疫情開始的時候，也是「入伍」的時候，不良生活習慣和壓力，亦開始肥腫難分。

2 月 25 日和老友 Jacky 由香港大學行上山頂，從圖片可見我已經中年發福，最恐怖的是短短的上山路程後，我左腳 Achilles tendinitis，右腳 IT band 傷了，不能行走！要看骨科醫生和物理治療……心情極差。唔通五十歲，身體轉差？但好友 Brian 大我兩年，跑香港 100 只需 19 個鐘頭，所以覺得不是年紀的問題，下定決心在六月份疫情最差的時候進行 12 個星期地獄式減肥，因為健身室關閉，只能靠 diet、跑步和家居健身 TRX 瘦身，減了三十多磅和鍛鍊了八嚿腹肌，把照片放 Facebook。

認識多年的健美界名人 Marco 鼓勵我參加健美比賽。健美要求的不是天分，要求的是堅持、毅力和恆心，我定下參賽目標便全力以赴，在 2021 年 4 月開始跟他操練，星期一至五早上操練之外，晚上加操，再要抽時間學 posing。飲食習慣也改變了，戒糖戒鹽是必須之外，每個星期八至十餐也是吃薯仔牛油果雞蛋和雞胸，比賽前一個星期要戒澱粉質和灌水，比賽前兩天戒水。八月參加了人生第一次健美比賽，同年十二月再參加比賽，幸運地都得到三面金牌（資深組別 -50 歲以上）、兩面銀牌。比賽發現牙齒美學和健美都有很多相同之處，都是追求完美，要做到細緻和仔細才會成功。同時也愛上了跑步，由 5K 開始到挑戰馬拉松，展開不同的人生。

去年定下目標是兩棲運動員 Hybrid Athelete（body building and long runner），健美與長跑兩個南轅北轍的運動！去年九月在環球國際健美大賽贏得 Model Fitness and Master Men Physique 冠軍之外，十一月在十三個小時內（sub13）完成 UTMB 飛越大嶼山 Translantau 50 越野跑，下一個目標是今年二月的渣打馬拉松。

很喜歡 James Clear 1% better 的理念，要求自己每天 1% 進步，每年可以進步 37.78，不可忽視 Tiny Gain，反之言 1% Worse。

人生中，總是有得有失，疫情影響了工作和收入，但得到的是無價的健康。

CONTENTS

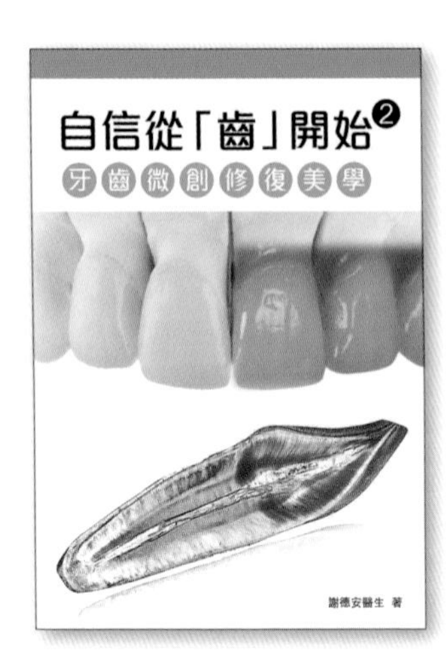

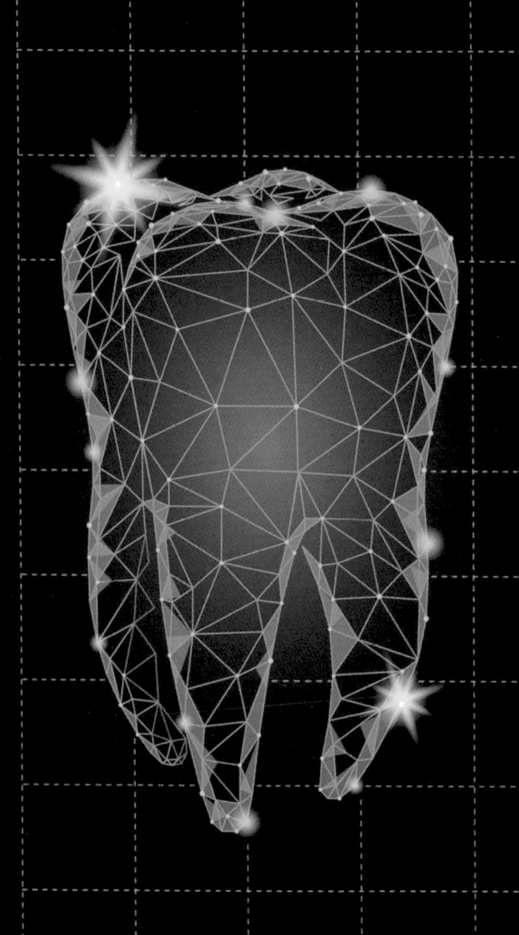

第1章
簡介

簡介

牙齒美學發展至今，已經有八十年的歷史，隨着人們對美的追求越來越高，各地牙醫及牙齒技師都不斷研發及改良不同技術，令牙齒美容更上一層樓。雖然大家很容易便可在網絡上找到與牙齒美學相關的資料，但部分網絡的資料以偏概全，或令市民產生誤解。因此本書將會為你介紹各種牙齒美容技術，並透過多個真實個案，讓你更了解治療的過程，以及療程所帶來的利與弊。

值得特別一提的，是有關微笑設計的部分。現今的牙齒美容不再只著重牙齒的狀態，而是會以一個宏觀的角度，連同整個臉部作分析，包括牙齒位置和臉型五官的配合，牙齒顏色及唇形等。醫生會視乎患者的要求，建議適當的治療方案，達至微創修復的效果，讓患者的笑容看來更自然、舒服、和諧。

現時非常流行 Selfie 自拍，人們對自己的外貌和笑容亦更加重視。下圖是我在 2016 年美國牙齒審美學會大會（AAED）和 John Kois 的自拍合照，從圖片可見，每個人的笑容相當燦爛，而且清楚易見，當年我用的是 iPhone 5。現在手機的進步，自拍鏡頭改善不少，自拍照會比以往更清晰，所以手機年代令到大眾對牙齒美容要求增加。

當年 iPhone 5 前置鏡頭只是 1.2MP sensor，f/2.4 光圈；
iPhone 11,12,13 前置鏡頭用 12MP sensor，f/2.2 光圈；
現在 iPhone 14 前置鏡頭採用高質素的鏡頭，質素和主鏡頭差不多，具備自動對焦及更大的光圈，隨手自拍大特寫或大合照，幅幅清晰搶眼，色彩極致豐富。

科技與牙齒美學

漂亮的笑容是給人印象的第一道門，在美國牙科美容學會的調查發現，漂亮的笑容除了可以打破人與人之間的隔膜之外，更能改善心情，增加吸引力，吸引異性和更加長壽，所以牙齒美容在美國和歐洲大城市很流行。消費者選擇在美容的花費上，多數會用於面部和笑容。在新冠肺炎的情況之下，原本以為因為戴口罩，牙齒美容不是那麼重要，但求診患者反而相反，因為在 Zoom 的鏡頭下，更加顯現自己的牙齒。

但相對來說，牙齒美容在亞洲發展比較緩慢，可能跟亞洲人性格內斂有關。因為這個原因，我於 2010 年遠赴歐洲和美國跟隨不同的大師學習牙齒美容，令我眼界大開。原來笑容可以改變人的一生，亦開始醉心於這項目的治療，牙科物料上的進步和二，三十年的研究和數據，大大改善治療的方法。隨着數碼微笑設計、數碼牙科、隱形牙箍這十年的普及，令到治療規限化和系統化，大大提高治療的預期性。

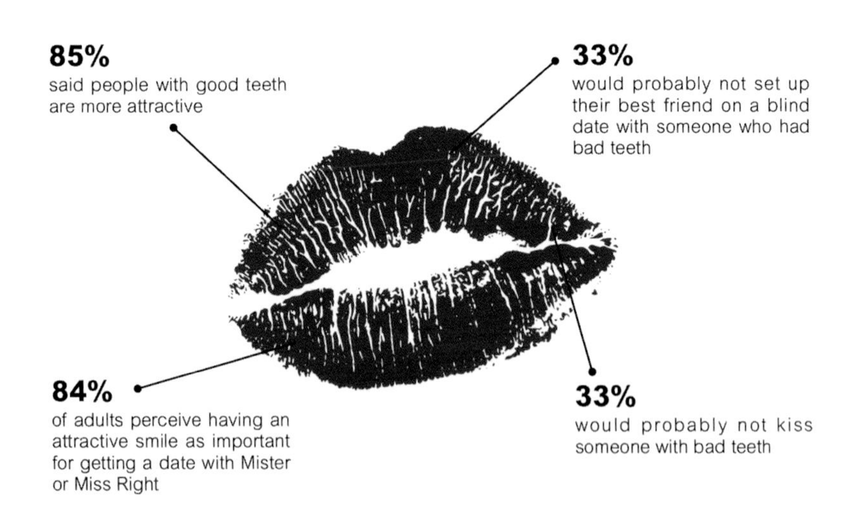

American Academy of Cosmetic Dentistry

Survey Source: Harris Interactive Polling conducts research in more than 80 different countries in more than 30 different languages — this study was conducted on a sample of 1,000 Americans

牙科有不同的專科，如牙齒矯正科、口腔頜面外科、牙周治療科、牙髓治療科、兒童齒科、修復齒科、家庭牙醫科和社會牙醫科，而牙齒美容本身不是專科，但反之而言，它是每項專科的治療目標，所以跨學科的治療是大趨勢，亦令患者有所得益。

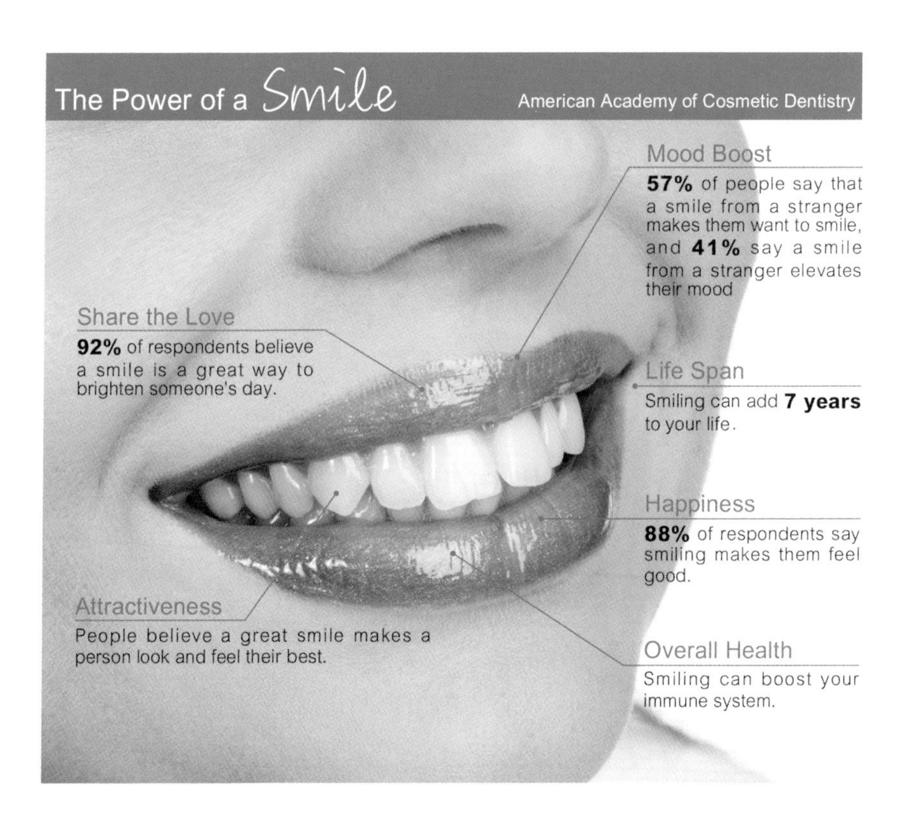

讀萬卷書不如行萬里路

個人對牙齒美學興趣濃厚，不斷在 Quintessence（世界最大的牙科學術書出版社）買書學習，三大美學大師的書 Pascal Magne、Galip Gurel、Mauro Fradeani 的書也讀到滾瓜爛熟。當 2009 年完成碩士課程後，開始尋找世界各地美學課程，還記得當年在兩條路上的掙扎，選擇大師課程，還是英國美學碩士學位課程。最後選擇了大師課程，原因是英國碩士學位課程內容接近牙齒修復學，但美學是一門藝術，需要追隨大師和獲得啟發。所以決定修讀美國洛杉磯大學在歐洲舉辦的一年制美學課，開始美學之旅，一年內需要三次去雅典，畢業週在洛杉磯大學。課程內大師雲集，唯一失望的是偶像 Pascal Magne 課程只有一個小時。除了眼界大開之外，亦發現在金豬四國之一的希臘雅典，美學水平很高，相對香港一個發達的城市，我們水平還有些距離，特別在技師加工方面，我亦在這時候開始和國外技師合作，但他們的收費是香港技師的 5-10 倍，需要花很多唇舌和患者解釋。

為了追隨 Pascal Magne，2012 年一月和九月報讀他在三藩市（Interdisciplinary Dental Education Academy）的課程，他在南加州大學任教，而他的兄長是世界知名的技師！除了學習外，也認識世界不同的朋友，之間的交流亦得益良多。美國牙齒美容學會大會我也是常客，亦開始追隨數碼設計的創辦人 Christian Coachman。但當你學得越多，越發覺自己的不足，所以在朋友極力推薦下，南轅北轍下選擇了 John Kois。2014 年報讀西雅圖世界有名的 Kois Centre 一系列的修復課程，其課程分為九節，花了我三年時間完成。

從牙齒美容學術書的學習，到親身在大師的課程，感覺分別很大，除了啟發和互動之外，是一種很大的鼓舞！每次的學習，除了要付高昂的學習費用外，其他額外的開支，機票酒店費用，診所「清零」的收入，簡直是入不敷支，但也是很值得！當完成個案，患者的多謝和肯定，是行這條路的強心針。

由學習，到實踐，到教學，演講和發表文獻，是一個很好的經驗。

心路歷程

行醫多年，有兩個個案印象特別深刻，十年前有位新進女歌星試音前一個星期因為玩 wakeboard 時發生意外，頭和門牙撞到浪上，把門牙向內推，影響外觀、咬合和發音！她等待我從美國學習回來時求診，在麻醉下，把牙齒放回原來的位置，改善咬合，最重要是沒有影響她的發音，晚上可以如常試音。她和陪同的媽媽當場哭了出來，亦是行醫多年，第一次有救人的感覺（我孖生的哥哥是心臟科醫生，對於他來説是每天的任務）。

一個嚴重牙周病的患者，因為缺少後牙和門牙牙齦萎縮，笑容醜陋，就像魔戒三部曲的小怪物一樣！她是一名資深西醫介紹來的患者，西醫告知我患者不是那麼有錢，不能負擔高昂的費用，麻煩我幫幫她！我亦同患者解釋她的情況很難有很大的改善，降低她心目中的要求，經過複雜的治療後，笑容和咀嚼得到很大的改善。患者非常開心，每次覆診時都帶着笑容，亦同意我可以用她的病例演講，每次演講反應亦很好，病例於第 126 頁分享。

每個因為牙齒美容而求診的患者，都有背後的原因和故事，他們很多有自己的要求但很多時候也説不出他們想如何改善！情況有些像室內設計，我們往往不能表達自己的需要，只好在網上尋找自己喜歡的設計，讓設計師作參考。同樣地患者也會在網上尋找他喜歡的笑容，希望我們複製。但牙齒治療和室內設計有很大的分別，每個患者的牙齒和條件也不同，醫生只能在現有的情況作改善，也要配合患者預算，願意付出的治療時間和工作上的安排，所以和患者溝通很重要。

曾經試過一位男士想換掉所有合金搪瓷牙套。原來他因為四環素牙齒的關係，天生一副深灰色的牙齒，中學時代被同學取笑成為他的陰影，所以畢業後就即時找牙醫用合金搪瓷牙套遮蓋他的灰牙，但隨着年紀增長，他希望重新換一副更白牙齒。我先了解他的背景，他是企業大老闆，外型健碩，所以在微笑設計上，把兩隻門牙加大一些和用方形的牙齒，顯得他更有力和自信。

亦有另一位四十幾歲的男士希望改善四環素的牙齒，我也奇怪為什麼人到中年才希望改善，而他亦是害怕看牙醫。原來他新店開張，他太太希望他能有自信的笑容和雪白的牙齒，所以被迫求診。

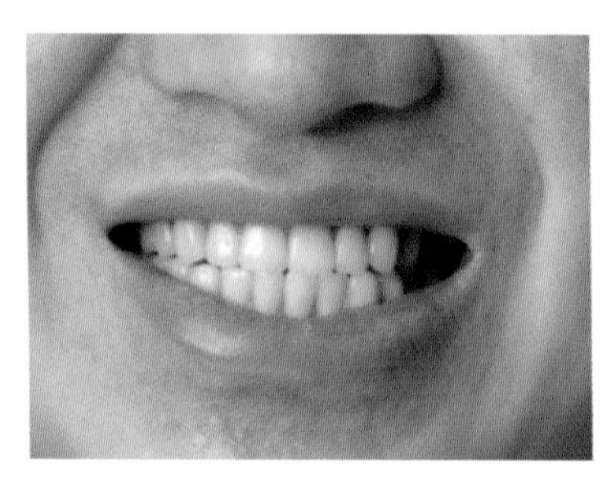

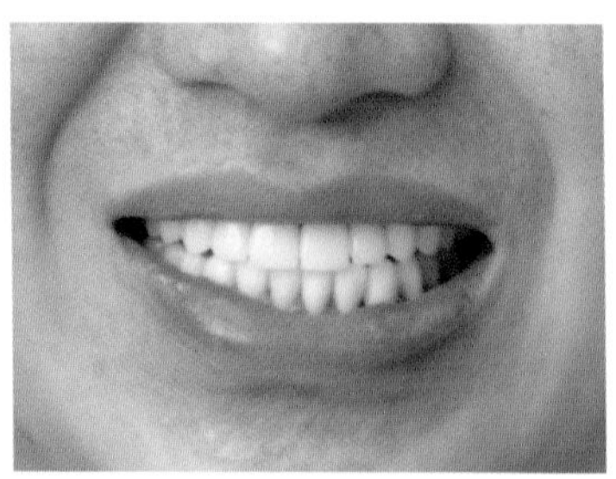

牙齒美容最重要是患者滿意，亦可以從治療後的照片看出來，他們的眼神分別很大，治療前眼神很惆悵，但治療後充滿自信，笑容的幅度亦大大提高。

十多年的美學療程，當然也有失敗的經驗，但最重要是從失敗中學習和檢討，和患者的溝通亦是治療成功的關鍵。隨着科技的發達，數碼微笑設計的流行和應用，大大改善了溝通……

簡介 第  1  章

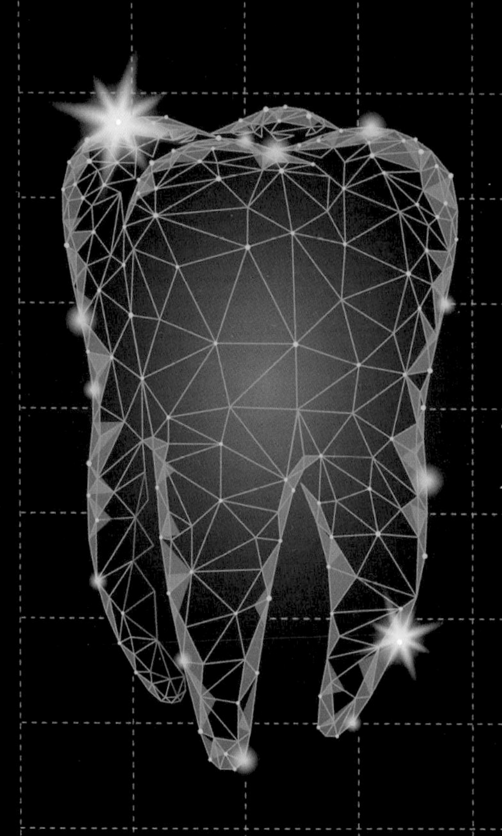

第 2 章
牙齒美學的重要指標

黃金比例

圖 1

黃金比例，又稱黃金分割比，是一個數學常數，也可以希臘字母 φ（發音 Phi）表示，代表數值為 1.61803398875。

圖 2

黃金比例的概念已經流傳幾千年了，它形塑了許多經典藝術與建築作品的基礎。埃及的吉薩大金字塔（Great Pyramid of Giza）（圖 1）約建於公元前 2560 年，是最早使用黃金比例的建築之一。事實上，它的幾何結構處處存在着黃金比例的數字。像是金字塔四個側面的表面積和，除以底座面積後，剛好就是 1.618。

古希臘的雕刻家、畫家暨建築師菲迪亞斯將神聖比例用在巴特農神廟（The Parthenon）（圖 2）以及該神廟供奉的雅典娜雕像上。廟裏雕塑了「雅典娜巴特農」（Athena Parthenos）雕像，同樣使用了神聖的比例。譬如，若將雕像頭到腰部的長度設為 1（單元），其腰到腳的長度便會是 1.618（單元）。

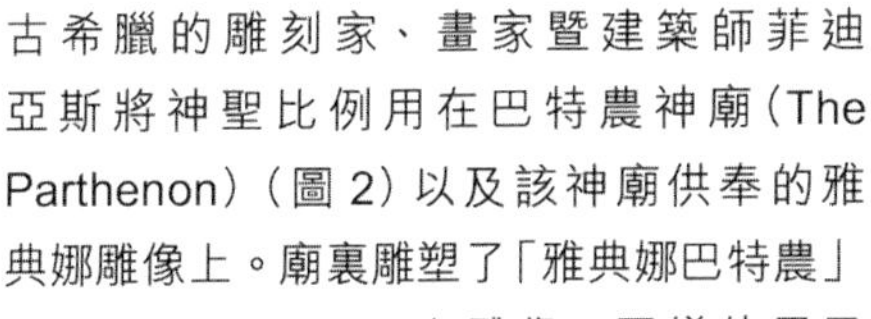

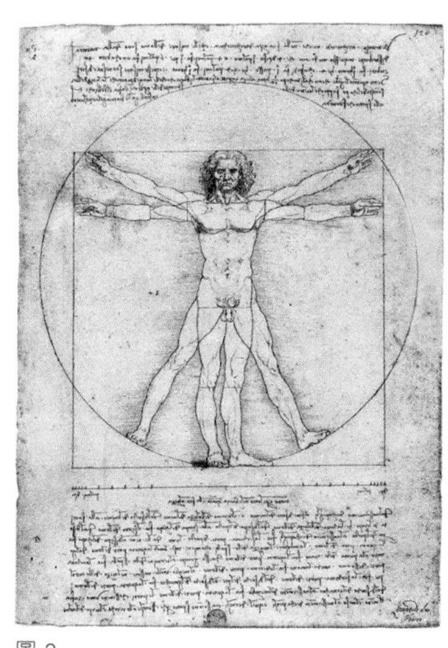

圖 3

幾個世紀後，達文西（Leonardo da Vinci）也在他的草圖《維特魯威人》（Vitruvian Man）（圖 3）中說明了人體和黃金比例的關係。例如，在人的耳朵可以看到黃金螺旋的形狀；而手與前臂的比例剛好也吻合 1：1.618。甚至手指長度遞減的方式，也同樣符合了 Phi。

資料來自：韋德（J.H. White）：The Golden Ratio in Ancient Architecture

牙齒也有黃金比例

其實萬物中有一個黃金比例 (Divine Proportion)，如果符合比例，看起來就會很吸引。如果我們看看漂亮的面孔，Lalisa Manoban (圖 1) 是韓國女子音樂組合 Blackpink 成員之一，被評為 2021 最漂亮的面孔，台灣的周子瑜排第七位 (圖 2)，而英國 Emma Watson (圖 3) 則排第二十五位。我們會覺得她們很吸引和漂亮，若果用電腦和大數據分析 (圖 4)，漂亮的面孔往往都接近黃金比例。

而除了面部有黃金比例 (圖 5、6)，其實牙齒也有黃金比例，正門牙的大小和鼻子也有黃金比例 (圖 7)，正門側門牙和犬齒也是 (圖 8)！以下的章節，我們會談談牙齒的不同形態和特性，以及牙齒美學中的宏觀和微觀美學標準。

圖 1
Lalisa Manoban

圖 2
* 周子瑜

圖 3
Emma Watson

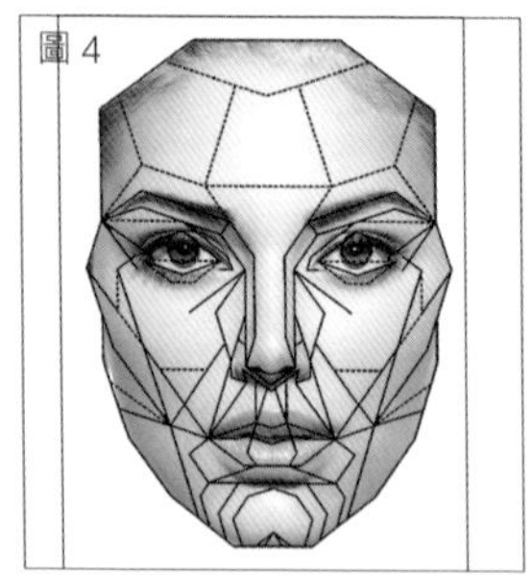
圖 4
The Golden Facial Mask In 3-D Soft Contoured

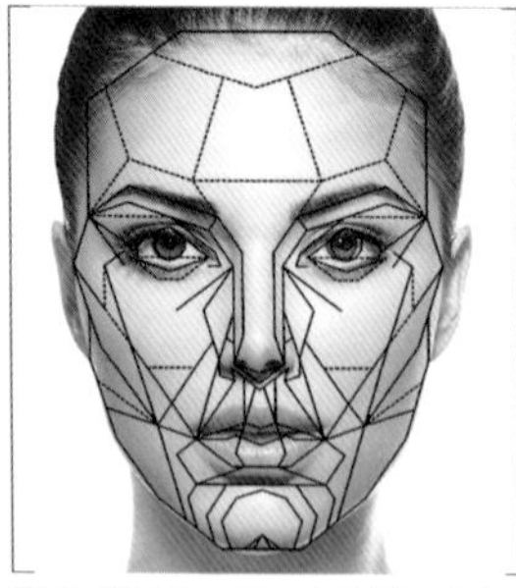
The Golden Facial Mask In 3-D Soft Contoured

The Archetypal Human Face

*Source：https://www.youtube.com/watch?v=lxuXWjalGGI

圖 5

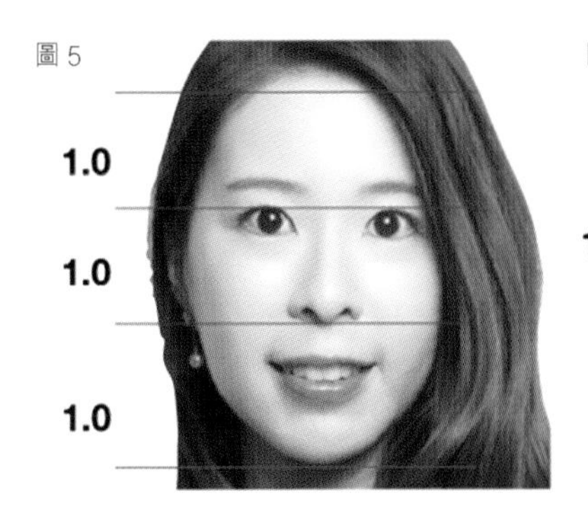

我們一般將面部分為三部分，分別是上、中、下，最標準的比例是 1：1：1。

圖 6

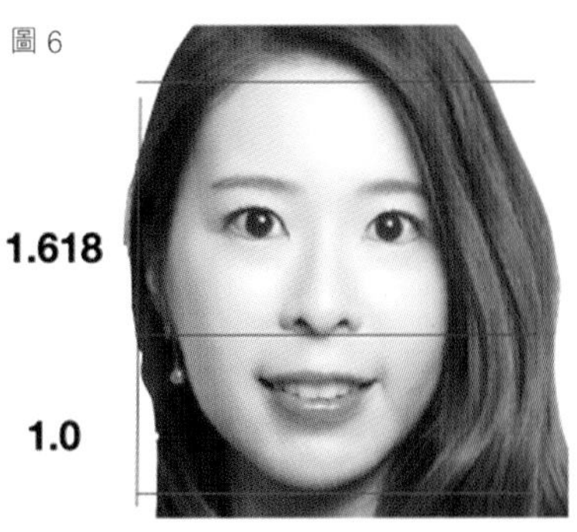

至於額面到鼻的部分，和 1/3 的臉下方，最理想的黃金比例是 1.618：1。

圖 7

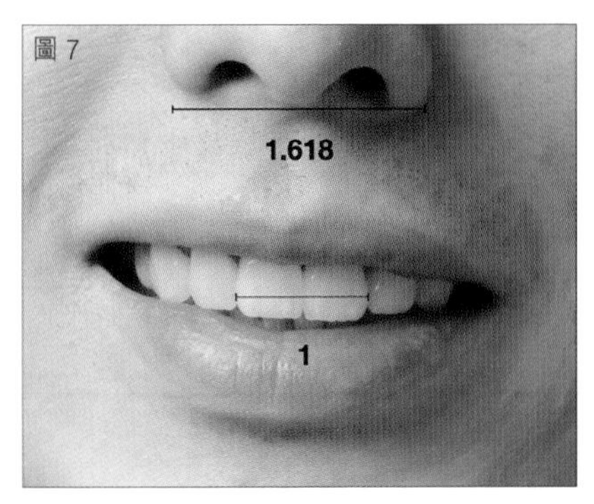

圖 8

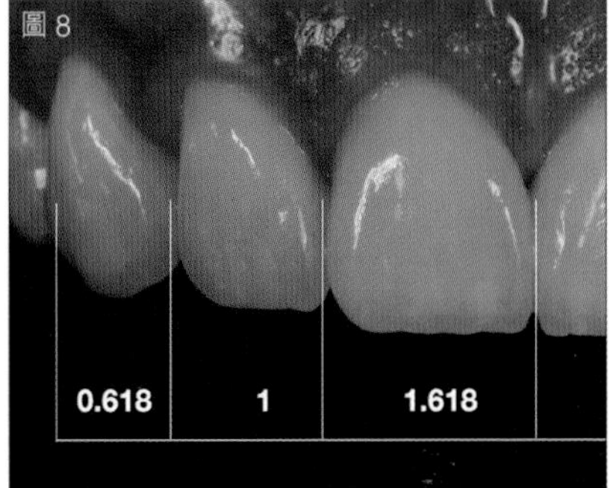

牙齒美學的重要指標（宏觀）

要笑容好看，除了牙齒要符合美學外，門牙的位置亦要配合面部輪廓，所以在牙齒美學上，不同的學者（John Kois, Frank Spear）主張從面容作為導向的治療。

1. 牙齒和面相中線的結合

Dental-Facial Midline Integration

從圖 1 所見，黑色是面部中線，白色則是牙齒中線。如果兩條線只有少於四毫米的差距，平常人甚至牙醫都不會察覺有問題，但若果牙齒中線和面部中線出現傾斜，又或者多於四毫米，看上去就很明顯，而且很礙眼。（Kokich 1999）[1]（圖 1）

湯．告魯斯是典型的例子，大家可以在互聯網搜尋他治療前後的照片，證明牙齒對笑容和外貌有很大影響。

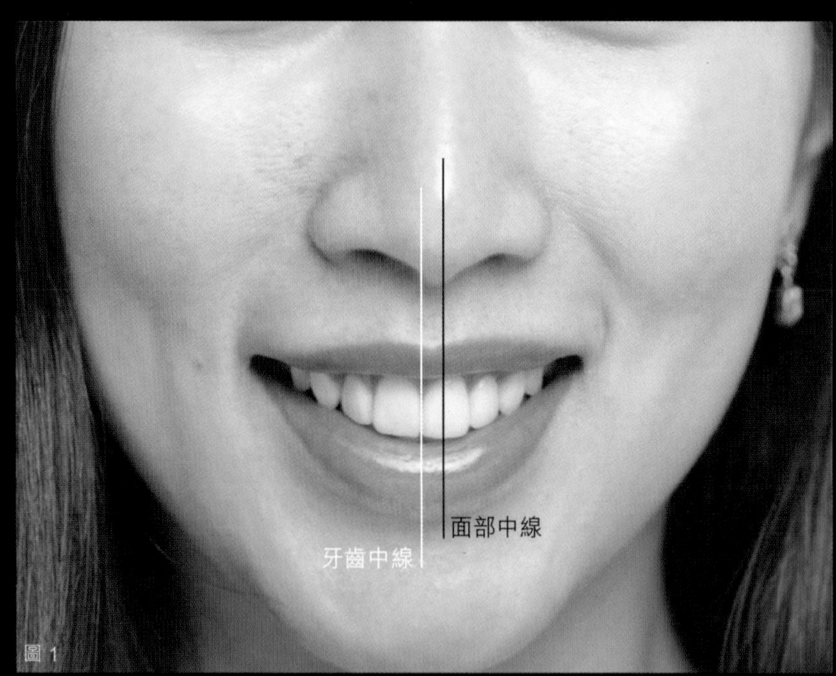

圖 1

這名女士的牙齒中線和面部中線只有約一毫米偏差，看上去並不礙眼。

1. Kokich VO et al, Comparing the Perception of Dentists and Lay People to Altered Dental Aesthetics J Esthet Dent. 1999;11（6）:311-24

數碼設計的創辦人 Christian Coachman 利用圖像和畫圖，與客人、技師和團體的溝通，有效地提高治療的預期性，為牙齒美學帶來突破性發展。近年他的團隊亦挑戰學術面部中線的定義，究竟應該用眼角、眼球為參考，還是參考鼻樑。

人的右左兩側總會有些不同（圖 1），不會完全對稱。我用自己的照片作為例子，如果把我的左右臉對稱分開（圖 2），會發現兩邊有輕微不對稱，若將右邊臉對稱地複製到左邊臉（圖 3），又或將左邊臉對稱地複製到右邊臉（圖 4），看上去會很不自然，也不好看，因此對稱的臉未必一定好看。

這是 DSD 團隊發表的文章[1]，將眉間、鼻樑、人中、下巴，連成一條線，作為微笑設計的參考（圖 5），而不再只用照片找出面部中線，因為人的面部不是對稱的，因此亦沒有所謂一線絕對的面部中線。我們根據圖 5 的這條線，把面相分為紅綠兩邊（圖 6），若牙齒中線在紅邊的話，看上去會不舒服及有視覺上的壓力。

簡單來説，牙齒中線的位置，會透過 3D 面部掃描及用軟件分析，定出理想位置，令笑容看起來和諧美觀，而不再單單使用照片去決定。

1. The facial flow Concept: An organic Orofacial analysis-the vertical component. Bruno , Ed Mahn. The journal of Prosthetic Dentistry;Vol 212, Issue 2, Feb 2019, p189-194

圖 1

圖 2

圖 3

圖 4

圖 5

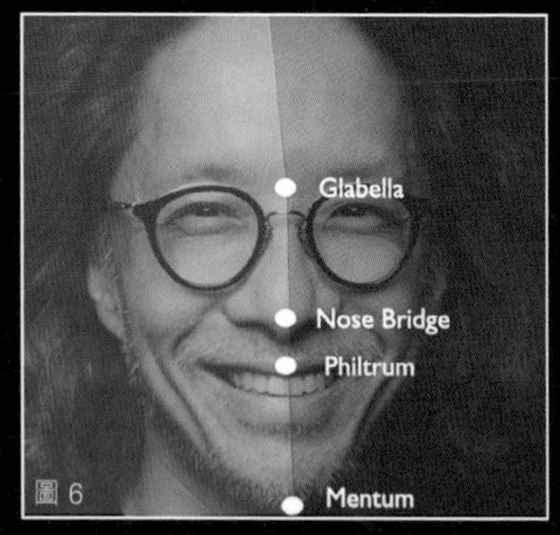

圖 6

2. 牙齒的位置

Position of the Tooth

上顎門牙 3D 位置，要與面部輪廓配合得好，整體才會好看。醫生會透過側位顱部 X 光片和照片作評估，再經電腦分析，評估上、下顎骨頭間的位置，以及牙齒與骨頭間之間的關係，藉以評估牙齒最佳的位置，繼而進行矯正治療。（圖 1）

至於門牙的位置，醫生會用 GALL 線作評估（Goal Anterior Limit Line），GALL 線即是圖 2 中的綠色線，是一條由額頭中間向下畫的垂直線，門牙一般應該在 GALL 之內。（Will A.）

至於我們的面部高度、前部、前下部和後部，亦應該相互協調（圖 3），門牙亦應與上唇下緣平齊（圖 3 中的紅色線）。

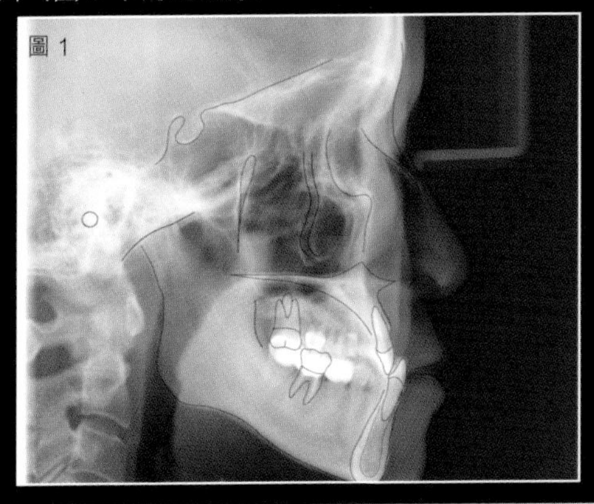

圖 1

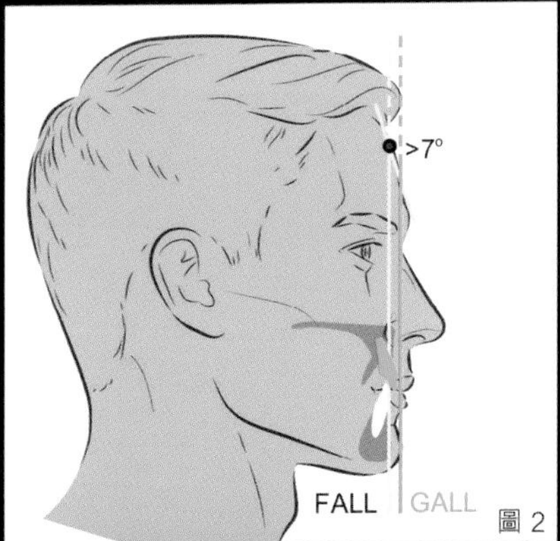

圖 2

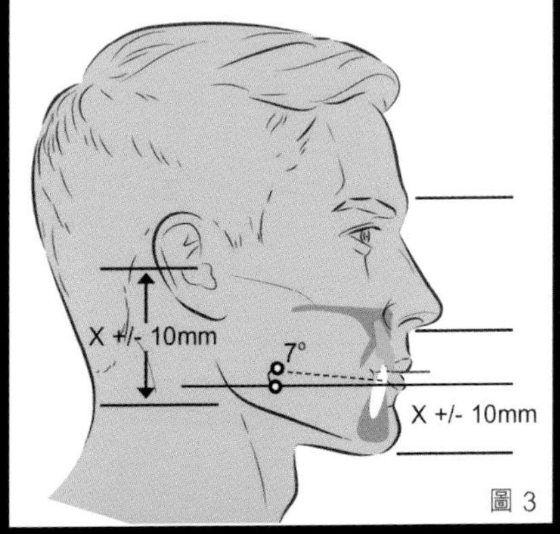

圖 3

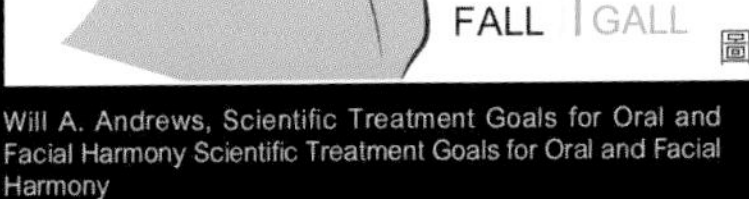

Will A. Andrews, Scientific Treatment Goals for Oral and Facial Harmony Scientific Treatment Goals for Oral and Facial Harmony

3. 心理學角度

Morph-Psychology

有些美學家相信牙齒形態及微笑線應切合個人性格（圖 1），例如正方形的牙齒，加上直的微笑線，看起來會比較硬朗，適合男士。而橢圓形的牙齒，加上弧形的微笑線，則較女性化。

就好像選擇車的類型一樣，一般你會感覺到，什麼類型的人適合駕駛什麼類形的車，例如嬌小的女士可能適合 Mini Cooper，而斯文的男士則適合 Benz。

曾經有患者因為舊的牙套偏黃（圖 2），要求重新裝上新牙套，而因為他是屬於硬朗型的男士，所以為他設計牙齒時，我們把他的兩隻正門牙加大，和選擇正方形的牙齒（圖 3），來配合他的個性。

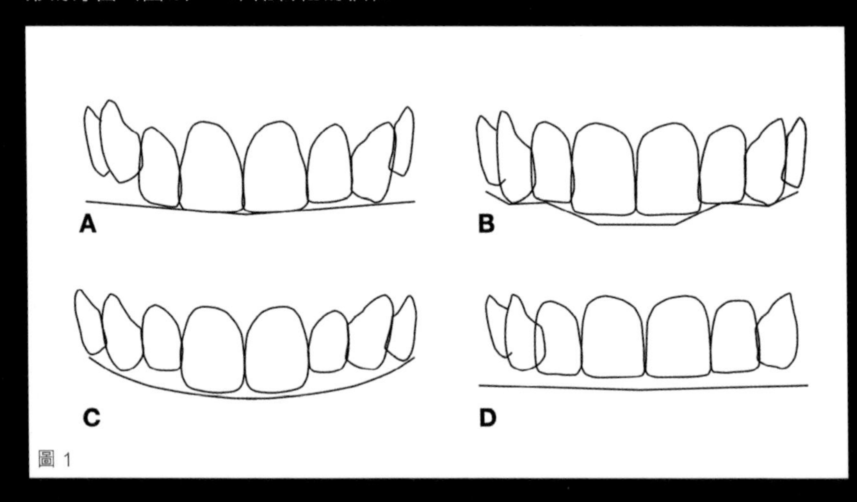

圖 1

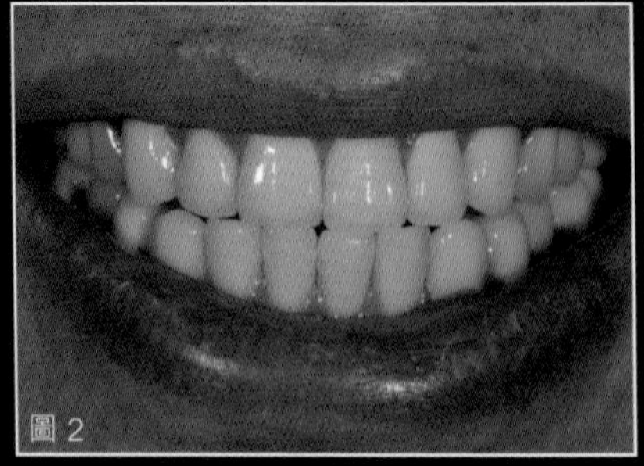
圖 2

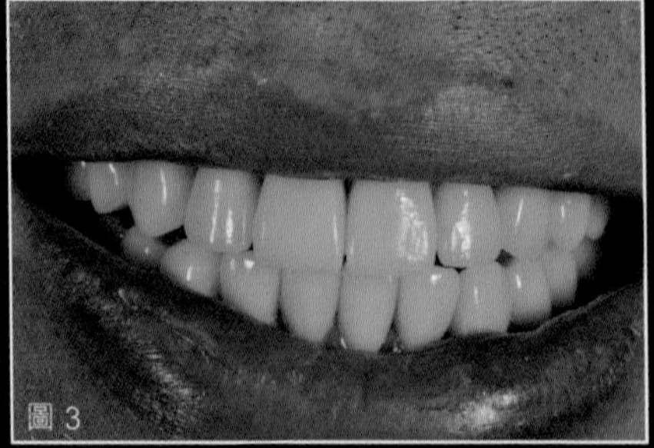
圖 3

4. 顏色的調配

Color and Optics

牙齒由琺瑯質和象牙質所組成，一般牙尖會透光，牙身較黃，而門牙和正門牙則相對較白，犬齒會較黃。因此醫生技師在牙齒美容上，根據這個原則做出比較自然美觀的牙齒（圖 4）。但現今的患者要求比較「美國化」，他們要求超白和單一顏色的牙齒，看上去比較假，作為醫生並不太建議這種做法，不過最重要是滿足患者的需要（圖 5）。

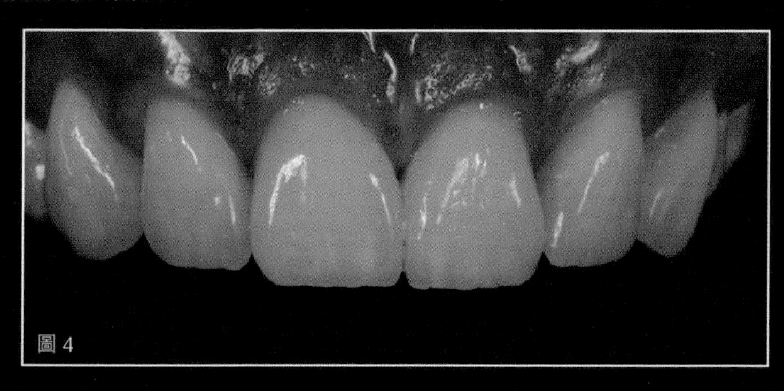
圖 4

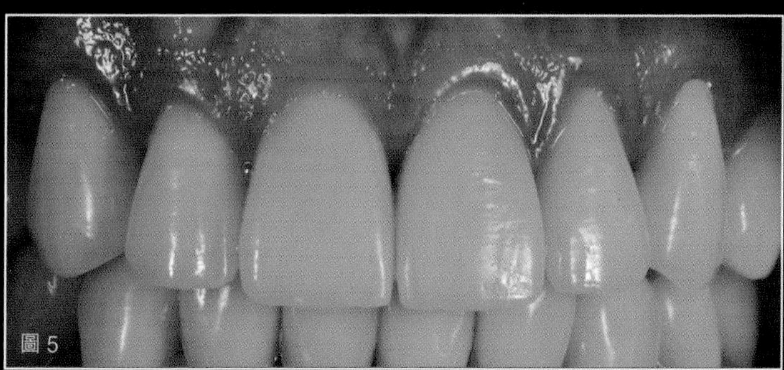
圖 5

5. 微笑曲線 Smile Curve

微笑曲線是正門牙、側門牙和犬齒切緣形成的線（圖 1），一般呈現弧形，與下唇弧度吻合。良好的曲線需要配合下唇的弧度上揚，大笑時露八顆前牙，兩邊嘴角有適當大小的黑色空間。如果門牙較短或磨損了，微笑曲線就會變得較平，顯得年紀較大或不開朗的感覺(圖 2)，此時加長前牙的長度，可以加大微笑時的弧度，美化笑容。

6. 嘴唇的形態 Lip Volume

嘴唇的形態對於笑容也很重要，上唇和下唇的比例(圖 3)，以及上唇的弧度(圖 4)，都會影響笑容效果。醫生可以用透明質酸注射，改善嘴唇的外型（圖 5）。

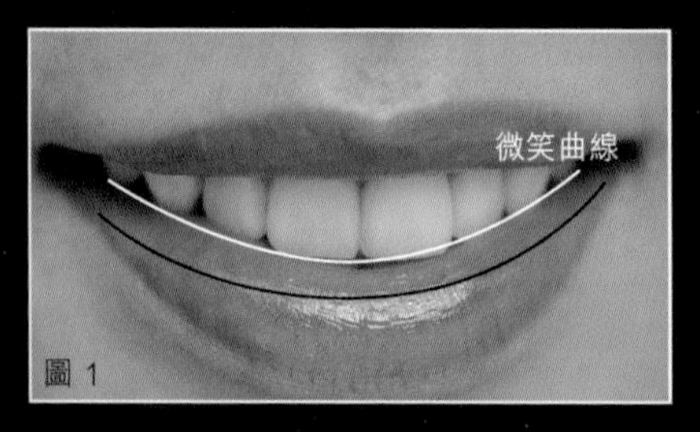

圖 1

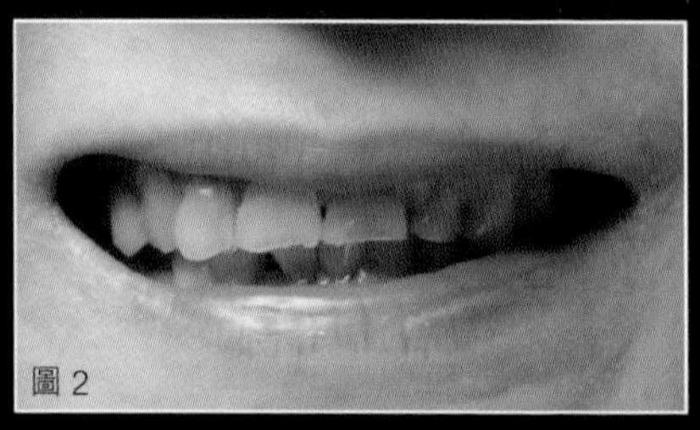
圖 2

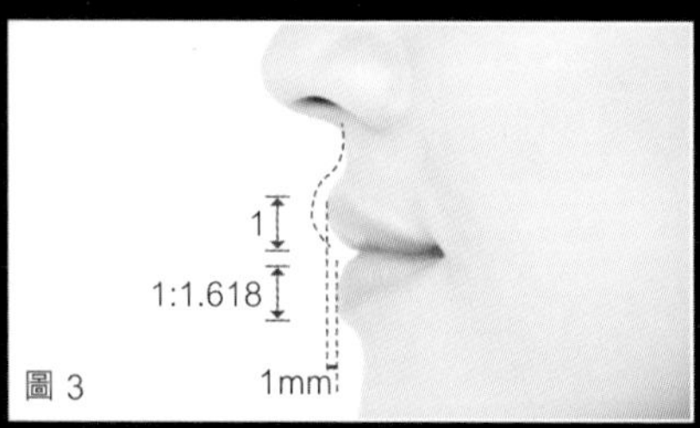

圖 3

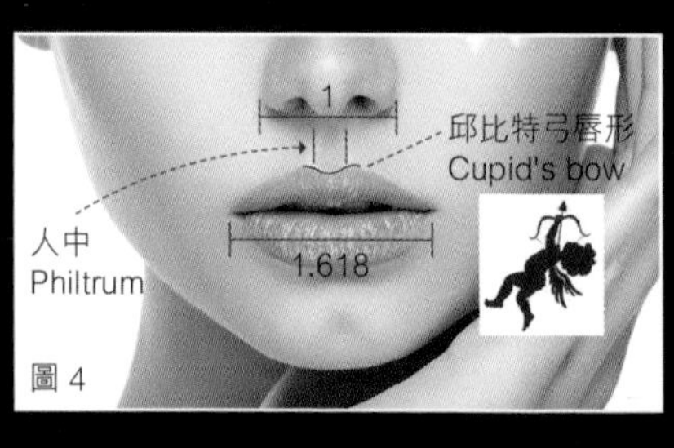

圖 4

圖 5

Pascal Magne and Belser 提出的 14 個牙齒和和牙齦客觀標準，對牙齒美學有很深遠的影響，提及牙齒比例、牙齦位置和牙齒顏色和輪廓等等，由於比較複雜，所以記載於附錄 2。

至於微觀方面，談的是單顆牙齒的美學，顏色和形態，
要與旁邊的牙齒協調，顯得和諧。

Lamberto Villani

Naoki Hayashi

牙齒美學效果，每位成功的美學牙醫背後都有出色的牙科技師，我亦有幸和兩位世界級的技師合作！意大利的 Lamberto Villani 和日本 Naoki Hayashi。Naoki Hayashi 在美國洛杉磯，他和很多美國牙醫合作，在國際很有知名度。

在他手中每一件也是藝術品，所以我和患者説，如果你想要 Naoki 製作的話，除了要付他高昂加工費之外，也要有耐性，因為他很忙之外，每件作品精雕細作，需要時間。

牙齒美容

模仿自然 Mimic The Nature

單顆牙齒的修復

單顆牙齒的修復在牙齒美學上是最有挑戰性的，因為要準確模仿牙齒複雜的顏色。顏色有三個特性，包括亮度、色調和飽和度。亮度即是光暗度，人類的眼睛對光暗比較敏感，所以模仿亮度不能出錯。牙齒色調是偏黃或偏紅。至於牙齒的飽和度，會由冠部至根部慢慢增加，牙齒冠尖部分較為透明及有蛋白光。

另外，牙齒亦要模仿鄰牙的形態和紋理。牙齒形態主要由近中和遠中的線角（Line Angle）組成，構成牙齒主要的觀感和闊度，中間有垂直兩個 V 形溝（V Shaped Groove），以及波浪形的釉面橫紋（Perikymata）。

所以醫生準備做層次複合樹脂修復時，要透過特別的攝影方法，準確記錄牙齒的細緻特性，再與牙科技師溝通，讓技師製作搪瓷牙面時，能準確模仿這些細節。

亮度

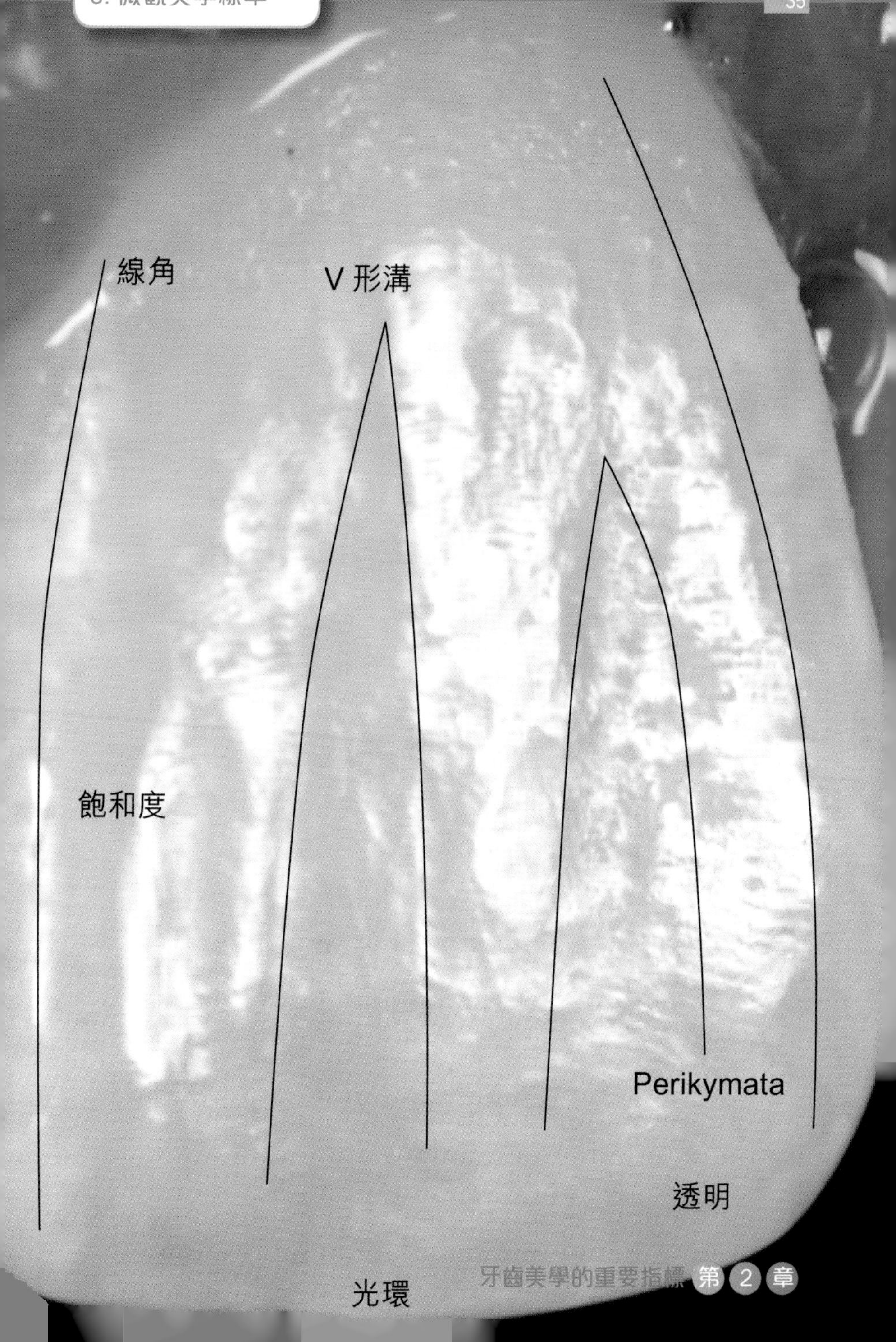

線角

V 形溝

飽和度

Perikymata

透明

光環

牙齒比色：

對於美學修復很重要，特別單顆的牙齒。

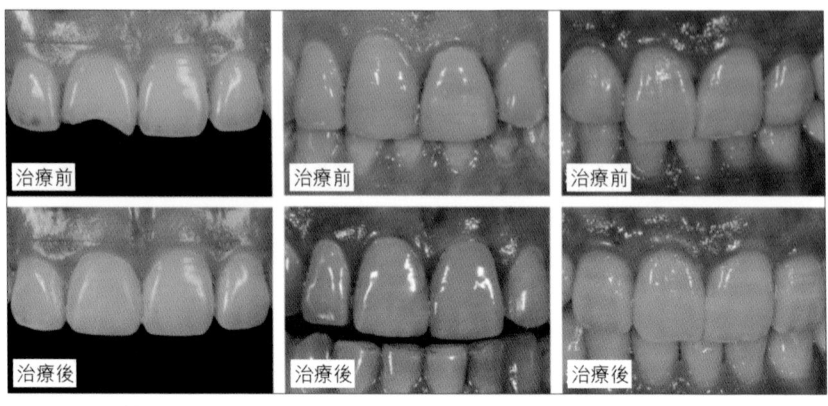

複合樹脂修復　種牙修復　搪瓷牙面修復

以下我將會分享我於2015年，在美國美容牙科雜誌發表的文章，《充分的數碼攝影為單顆全陶瓷牙冠提供美學色調匹配》。

患者因上顎右正門牙的牙冠脫落以及牙齒不美觀而求診（圖1）。經檢查後發現牙冠的邊緣外露，右正門牙比左正門牙窄，而且色調單一，光暗度亦與鄰牙不同，因此他需要接受全瓷牙冠治療。

步驟：

VITA 線性比色板（圖2）

基於顏色的三個特性，包括亮度、色調和飽和度。我們第一步會先在VITA Valueguide 3D-MASTER色板中，選出最接近的亮度，之後再根據這亮度，在VITA Chroma/-Hueguide色板中，更仔細地進一步選擇牙色。

數碼攝影

把色板放在牙齒旁邊拍照（圖3），然後再拍黑白照片（圖4），因為黑白照可以更準確地對準牙齒亮度。雙閃光燈以不同角度照亮牙齒（圖5），令到表面輪廓更加明顯，用不同的曝光加上黑底板拍攝（圖6），可以仔細地見到牙齒的顏色和牙尖的透明度（圖7）。

Tse Tak On Critical communication with well-documented digital photography, Esthetic shade matching for a single full ceramic crown. JCD Winter 2015.Vol 30 No 4 114-122

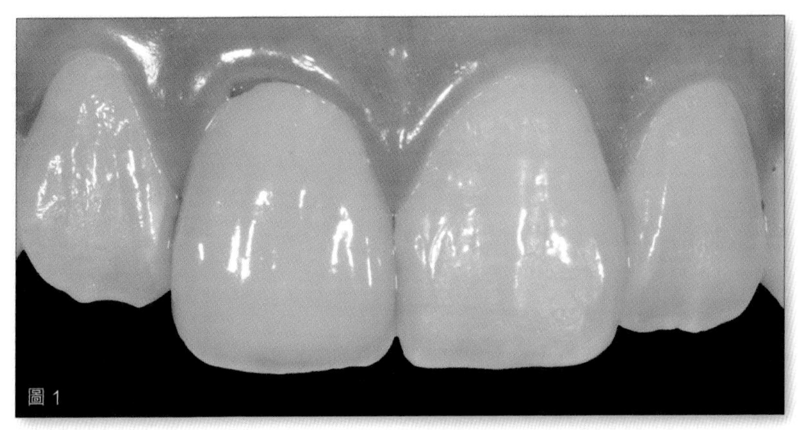
圖 1

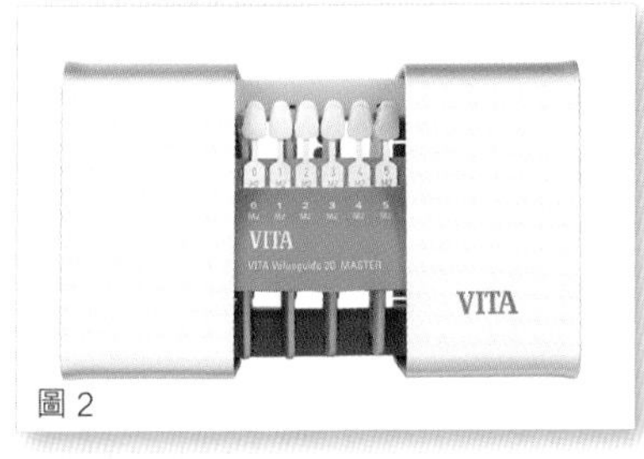

圖 2

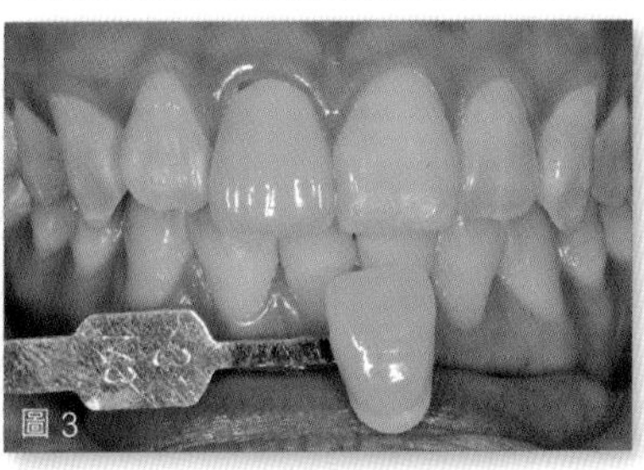
圖 3

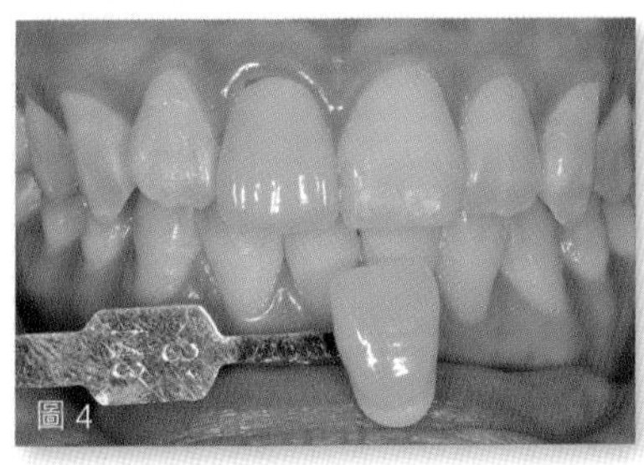
圖 4

圖 5

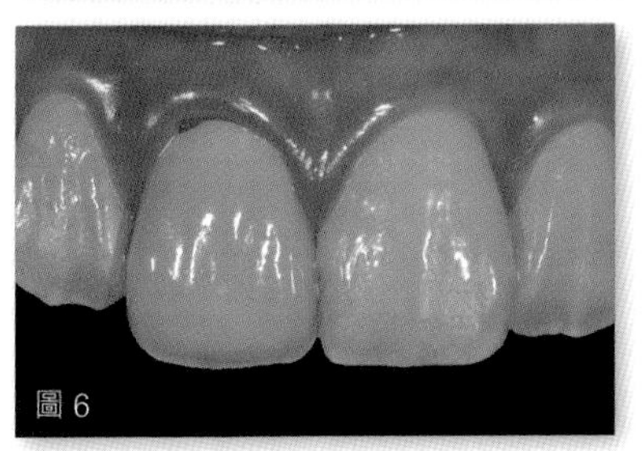
圖 6

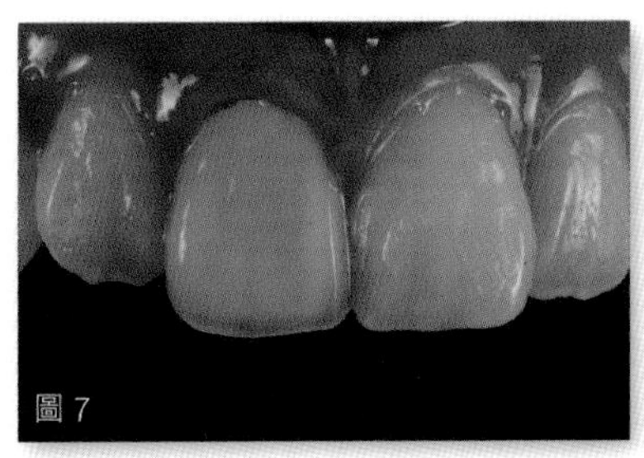
圖 7

光學特徵效果色板(圖1)

然後模仿鄰牙牙尖的透光和蛋白光，需要透過VITA光學特徵效果色板進行選色。

交叉偏振濾光片(圖2)

前文提及牙齒顏色主要來自象牙質，牙齒表面的反光會影響對色。用交叉偏振濾光片拍照(圖3)，可以減去牙齒表面的反光，直接看到象牙質的顏色，在對色方面有很大幫助(圖4)。

修復體顏色

全瓷牙冠有不同的物料，有不同的透明度。有些是高透明度(High Translucency)、低透明度(Low Translucency)、中度不透光(Medium Opaque)和高度不透光(High Opaque)，所以修復體(牙齒本身)的顏色很重要。假如牙齒底色較深色，我們會選擇較不透光的材料掩蓋牙齒的底色，所以我們透過用比色版對色(圖5)，讓技師可以選擇適合的材料。

全瓷牙冠

技師最後選用Zirconia Crown，因為它較不透光，可以遮蓋牙齒黑色的部分。這是北京知名牙齒技師徐勇的作品(圖6)，醫生和技師透過照片作遙距的溝通。

術後的照片(圖7)

牙冠顏色和形態，看上去與鄰牙一致，感覺和諧。

Tse Tak On Critical communication with well-documented digital photography, Esthetic shade matching for a single full ceramic crown. JCD Winter 2015.Vol 30 No 4 114-122

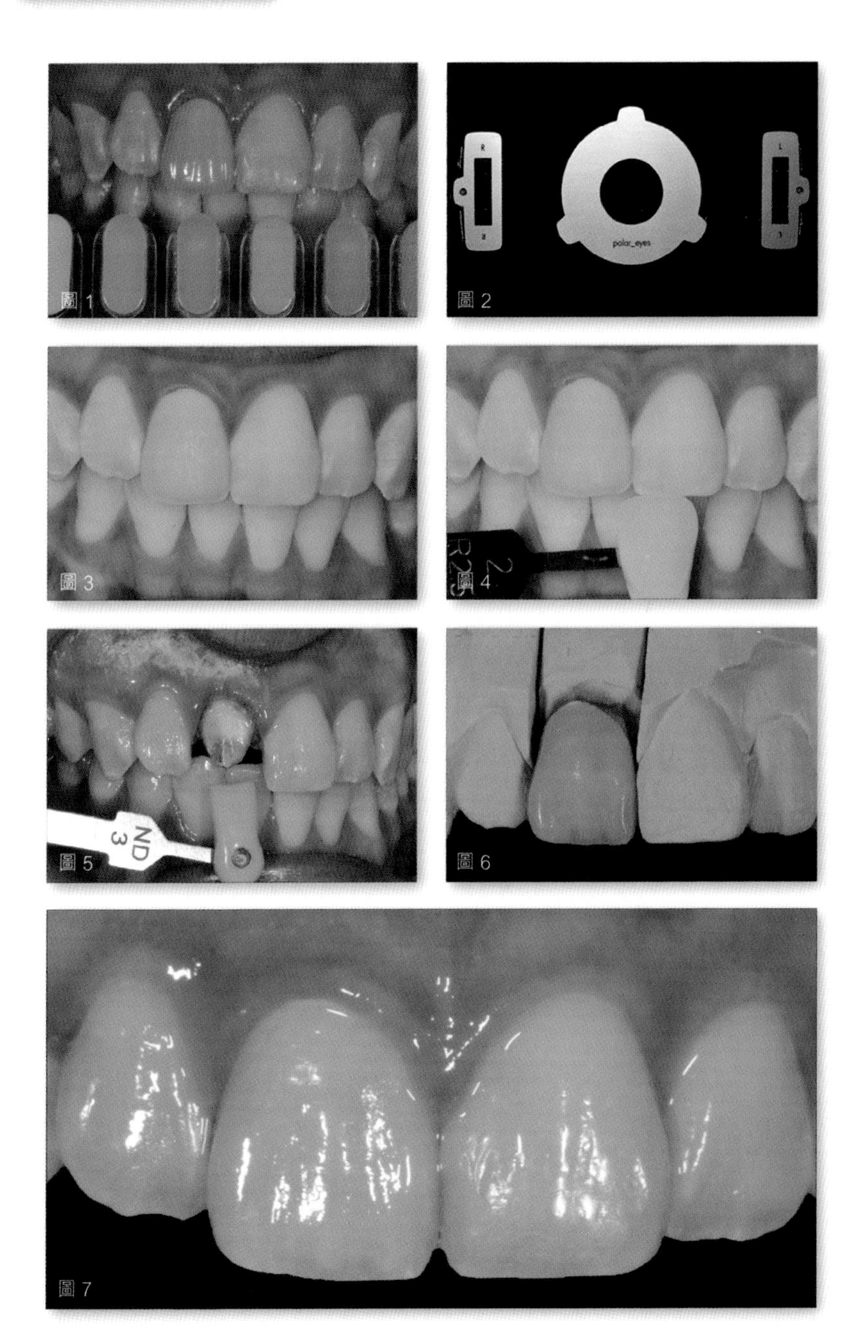

圖 1 圖 2 圖 3 圖 4 圖 5 圖 6 圖 7

eLab Card 數碼對色
（由牙科技師 Sascha Hein 開發）

隨着科技的發展，牙齒對色也進入數碼時代。

患者因意外撞崩前牙、兩隻正門牙和右側門牙，牙醫臨時用樹脂修復外觀（圖 1 黑線是崩裂的位置；圖 2 是利用黑底板拍照，技師可以見到更多顏色。）。他希望改善外觀，但基於經濟環境不好，希望以最經濟的方法。建議他可以先改善正門牙，治療計劃是先用層次複合樹脂修復右正門牙，然後用全瓷牙套修復左正門牙。單顆牙齒修復要求較高，有幸地香港有加工所引入數碼對色，不需要依靠外國技師，除了減少時間外，亦降低了成本，醫生和患者都得益。

光學特徵效果色板

然後模仿鄰牙牙尖的透光和蛋白光，需要透過 VITA 光學特徵效果色板進行選色。

交叉偏振濾光片和 eLab Card

用交叉偏振濾光片拍照(圖3)，加上灰色參考卡 eLab Card（圖4)，進行數碼對色，技師根據電腦的資料，配對牙齒的顏色。

修復體顏色

全瓷牙冠有不同的物料，所以修復體的顏色很重要，透過比色板對色，技師可以根據不同顏色，選擇不同材料。（圖 5）。

Zirconia Crown

本地技師作品（圖 6），技師可以先在電腦進行數碼對色，確保顏色的準繩度，才交予醫生。

術後的照片（圖 7、8）

牙冠顏色和形態，看上去與鄰牙一致，感覺和諧。

Tse Tak On Critical communication with well-documented digital photography, Esthetic shade matching for a single full ceramic crown. JCD Winter 2015.Vol 30 No 4 114-122

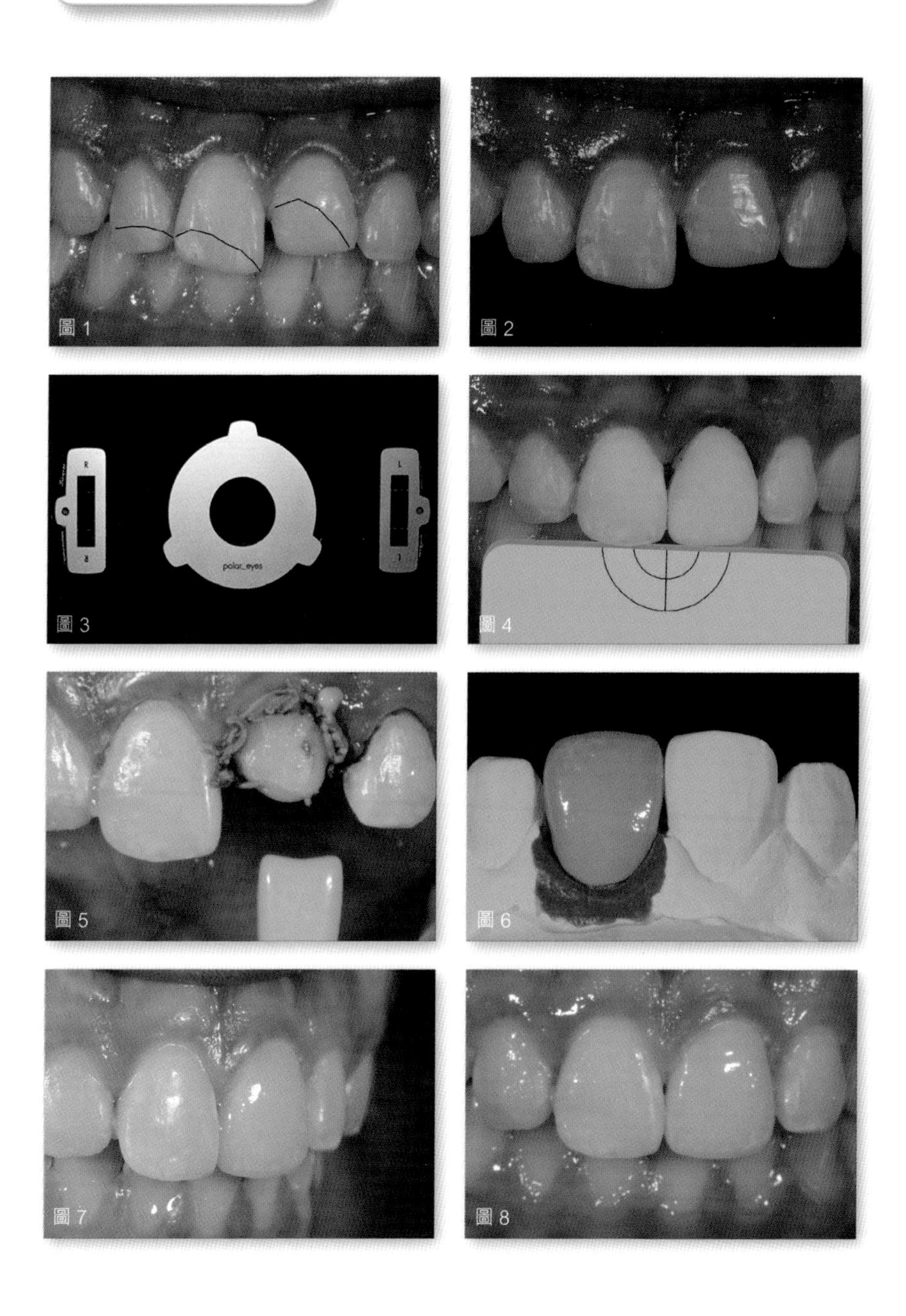

圖 1
圖 2
圖 3
圖 4
圖 5
圖 6
圖 7
圖 8

牙科攝影

我們理解了牙齒美學的重要指標，和面部主導的微笑設計。醫生會以人像攝影為患者作記錄和評估，但牙科的人像攝影和攝影師的有一些分別：牙科攝影比較標準化和規限化，替患者拍攝一系列照片和評估中線和微笑線（圖 1、2、3），亦會透過錄像分析嘴唇的活動，替患者設計微笑。

牙科攝影是一門學問，用特別的閃光燈和架拍攝口腔照片（圖 4），會從同一角度拍攝口腔照片（圖 5）和人像照片（圖 6）。照片可以重疊和比較外，拍攝的角度亦有要求，從而設計微笑線。拍攝時要在患者正前面，從而評估患者中線（圖 6）。

隨着 3D 面部掃描的普及，會取代攝影，因為醫生可以在電腦不同的角度評估和設計微笑。但現時價錢比較昂貴，所以大部分醫生亦只用攝影。錄影也很重要，因為很多患者在拍攝時比較緊張，不會笑或笑得拘謹，錄影可以拍攝到患者自然的一面。

當我初接觸牙齒美容時，發現很多國際大師的演講內有很多美麗的客人肖像相片，所以在 2012 年跟隨葉青霖的門徒學習攝影。但當我們拍攝牙科相片時要求就不同，治療前後的照片要規限化，光圈快門和閃光燈的位置也會是一樣。我們不能拍一張醜陋的治療前照片，和治療後漂亮的照片作比較。當然我會另外為客人拍攝個性化的治療後照片（圖 7、8）。

在外國，很多美學診所也會有攝影工作室，但在香港寸金尺土的環境下基本是不可能。所以我在設計診所時在診症室裝上影樓用的閃光燈，和安裝亞加力膠版，把天花變成攝影柔光箱（圖 9）。這個位置變成了我的攝影工作室，我只要開啟電掣便可以拍照。

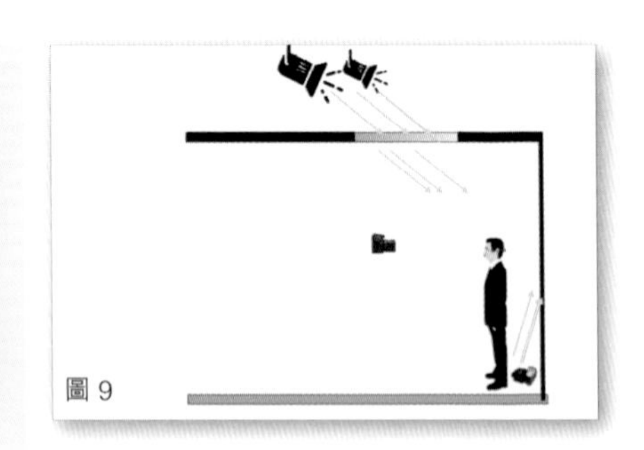
圖 9

圖 1

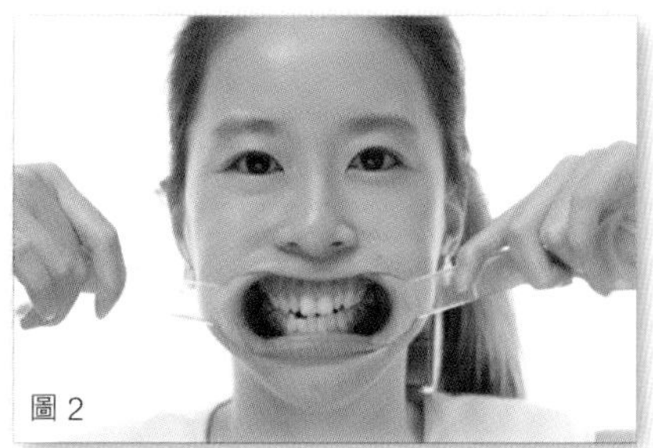
圖 2

圖 3

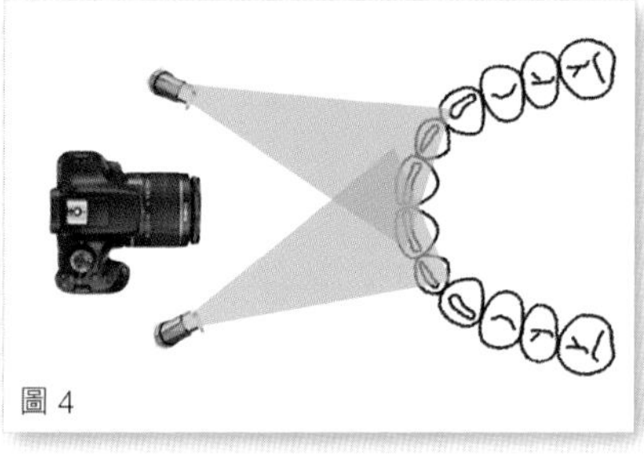
圖 4

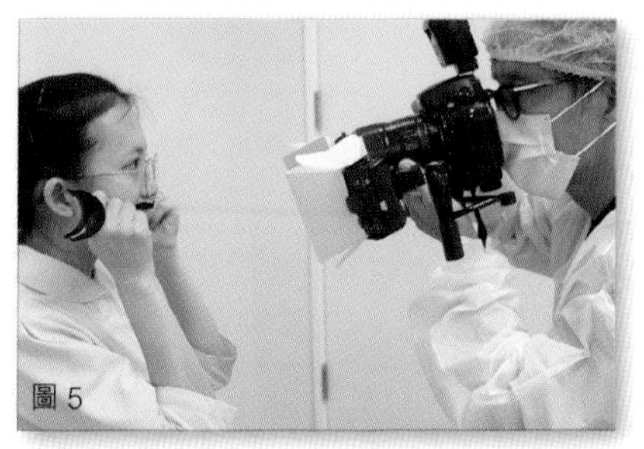
圖 5

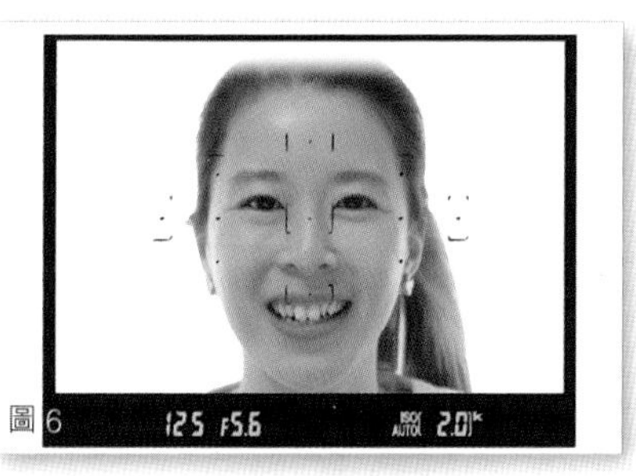

圖 6

圖 7

圖 8

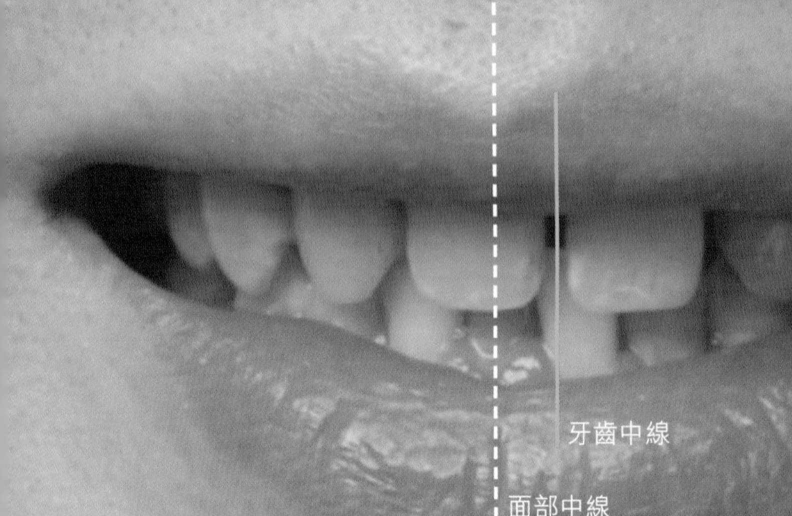

數碼微笑設計 Digital Smile Design

透過一系列的照片，我們為患者作美術評估，在此分享數碼微笑設計的個案。

患者先天缺少兩隻側門牙（圖 1），年青時雖然曾接受牙齒矯正，但由於沒有佩戴定位器，導致牙齒移位，有明顯的牙縫。因工作關係，患者拒絕再接受長時間的牙齒矯正，希望於短時間內改善笑容，最終牙醫決定用搪瓷牙面幫助患者，改變笑容。

透過電腦分析，我們發現患者的牙齒中線與面部中線有很大分歧（圖 2），我們用圖像向患者解釋，若他希望徹底改善情況，需要磨走大量牙齒組織，門牙亦需要接受根管治療，是一個重創治療，亦會帶來很多後遺症。但如果他接受牙齒中間線與面部中間線有兩毫米的偏差（圖 3），便可選擇微創治療，而這輕微的偏差，一般是不會被發現。

我們分析了他門牙的位置後（圖 4），再以下唇位置作參考，決定把他的門牙向外加 1.5 毫米。透過 Kois 面部分析器（圖 5），記錄面部中線和瞳孔線，把資料轉移到咬合器（圖 6），讓技師製作蠟模型（圖 7、8），最後讓患者試戴。

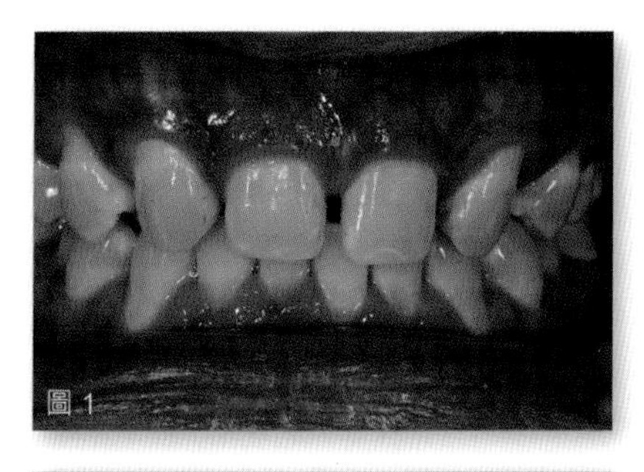
圖 1

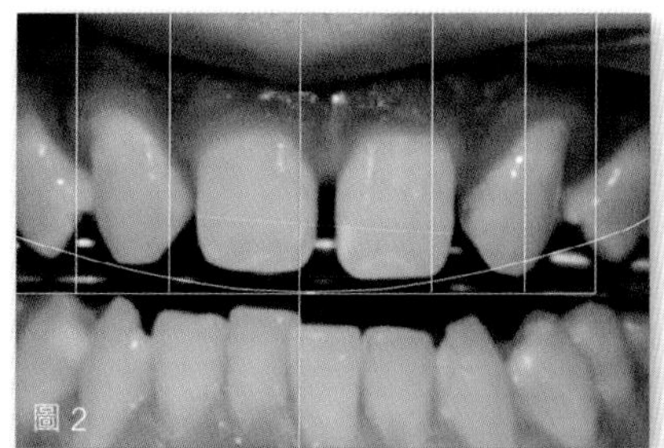
圖 2

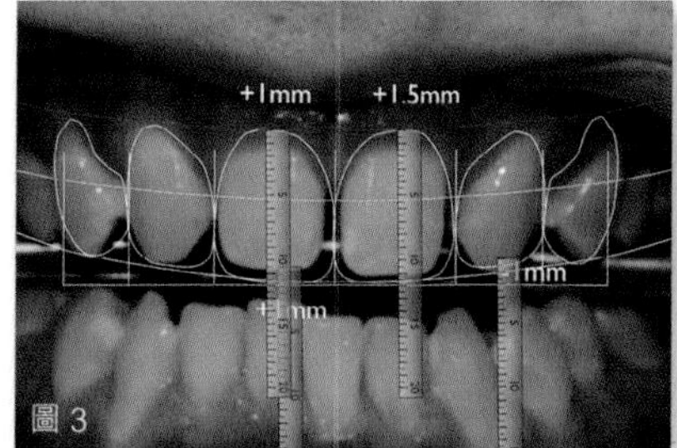

圖 3

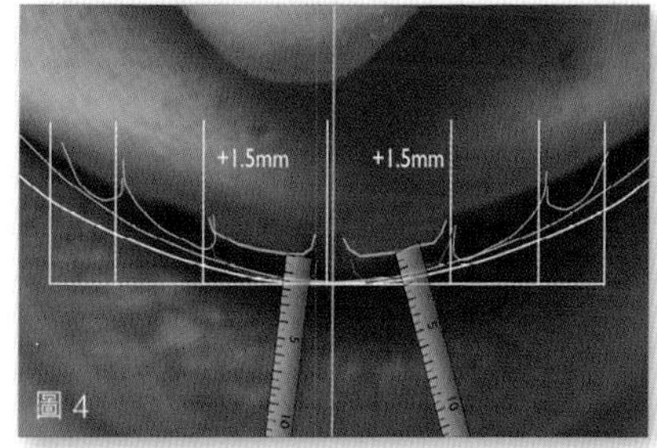

圖 4

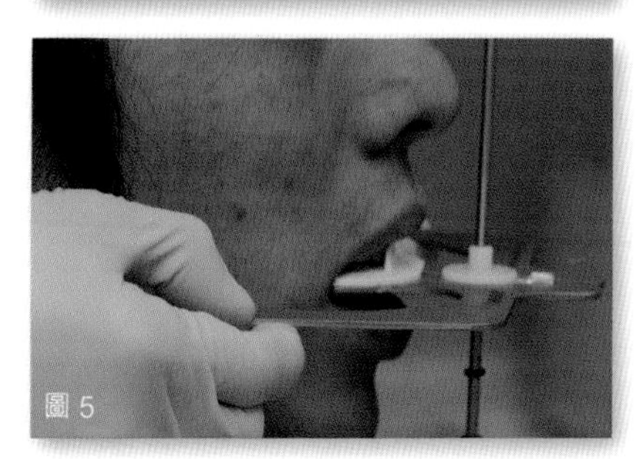
圖 5

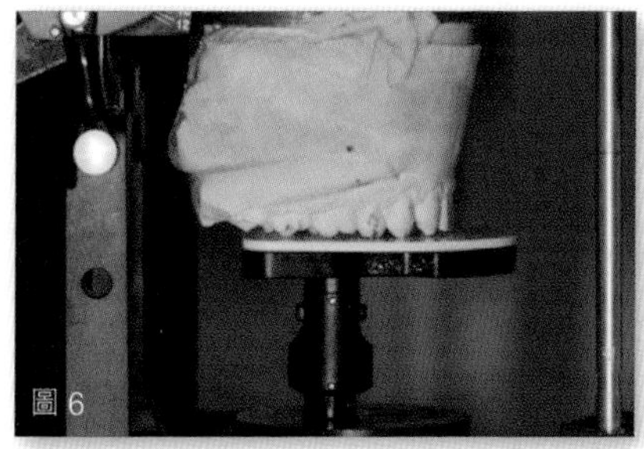
圖 6

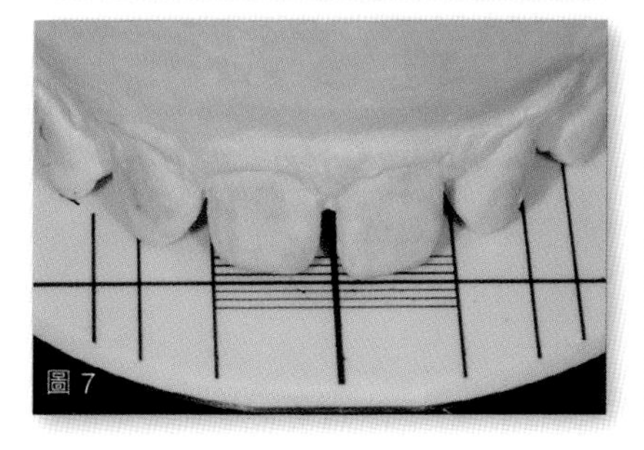
圖 7

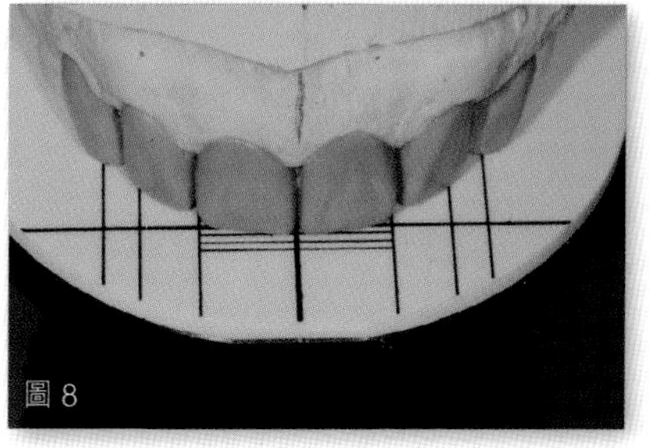
圖 8

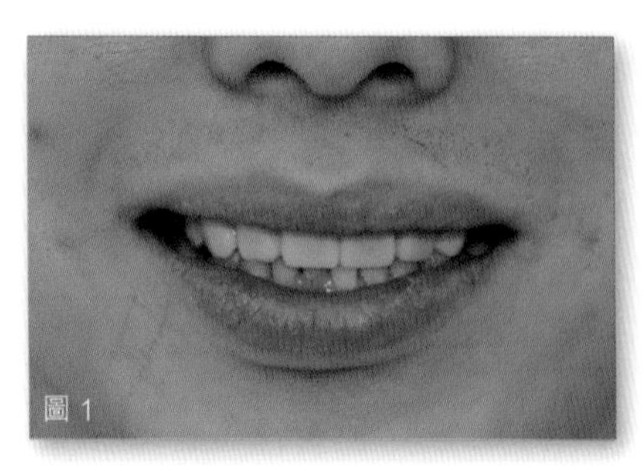
圖 1

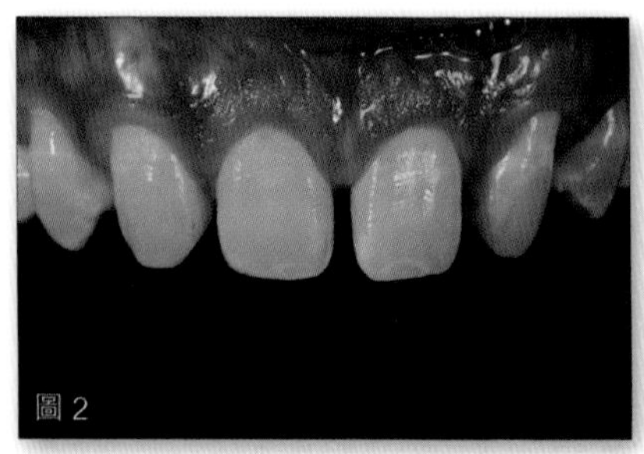
圖 2

患者進行微笑試戴後（圖 1），如果滿意其效果，便可進行微創治療。牙醫會先用激光改善門牙牙齦的位置(圖2)，然後根據最終修復的位置，磨走少量牙齒(圖3)，完成微創修復後（圖 4），便可貼上搪瓷牙面（圖 5）。

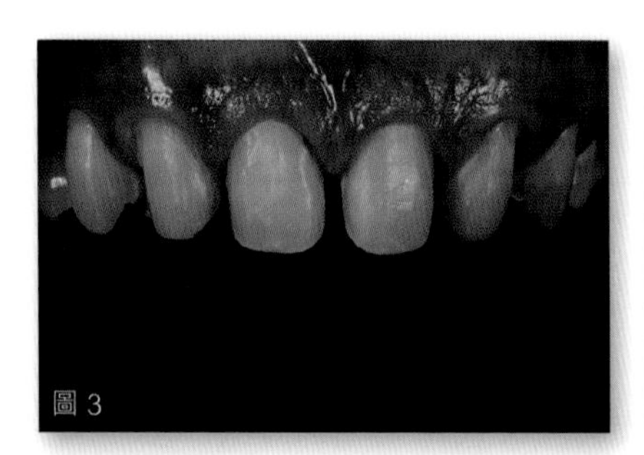
圖 3

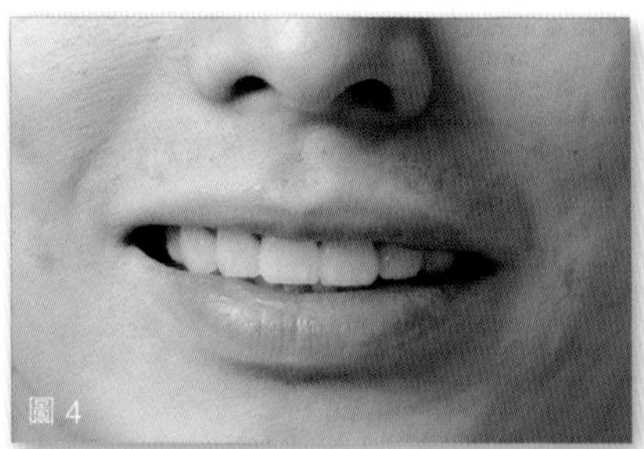
圖 4

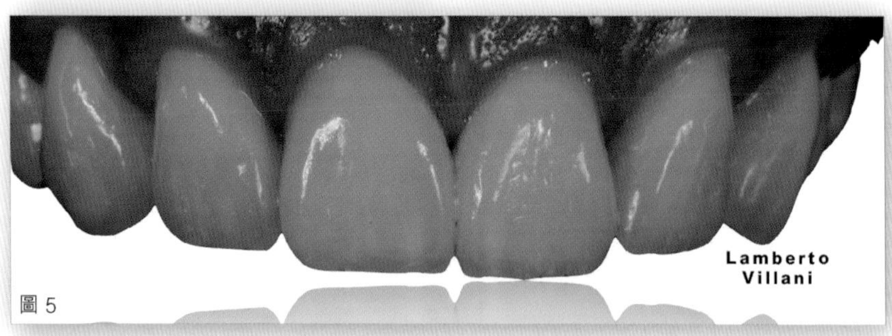

圖 5

這個結合數碼美術設計和 Kois 面部分析器的個案，有幸於 2016 與世界知名的牙齒教育家 John Kois，一同在美國 Compendium of Continue Education 發表文獻。

Digital Smile Design Meets the Dento-Facial Analyzer: Optimizing Esthetics While Preserving Tooth Structure
Tse Tak On Ryan, John Kois Compend Contin Educ Dent. 2016 Jan;37（1）:46-50.

牙齒結構

健康的牙齒在牙齒美容是很重要的，所以討論牙齒美容的療程前，我們先要談談牙齒結構（圖 1）、各種牙齒疾病和問題，以及其治療方法。

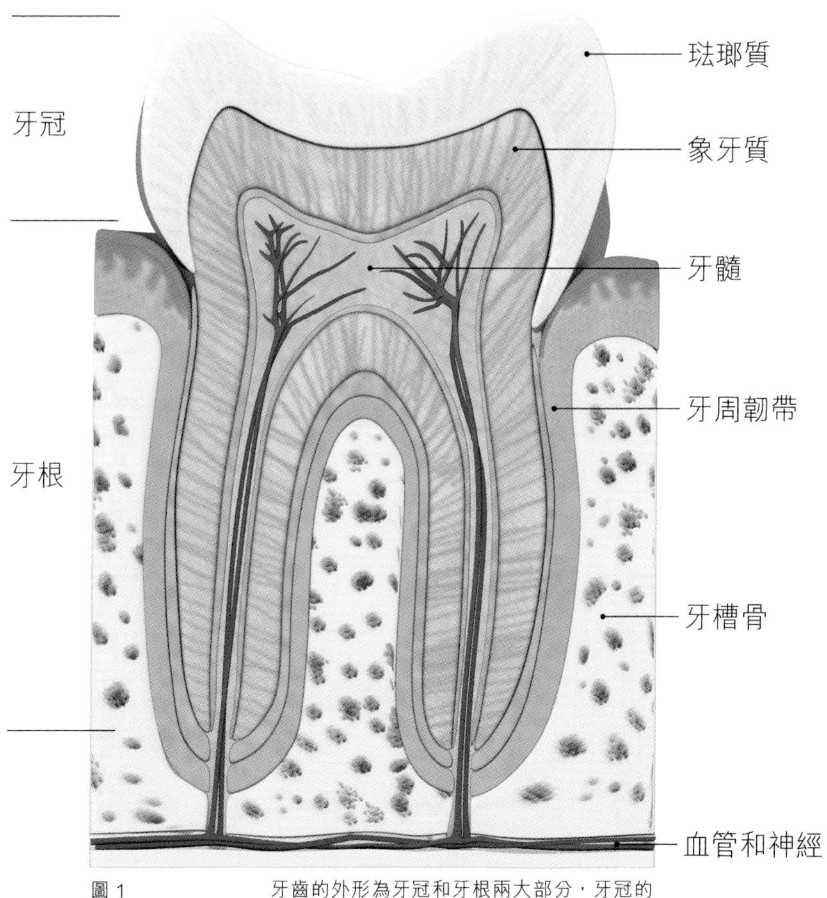

圖 1　牙齒的外形為牙冠和牙根兩大部分，牙冠的部分是指露於口腔的部分。

- 琺瑯質：牙冠的表面是琺瑯質，成熟的琺瑯質有 96% 由無機物組成，主成分是羥磷灰石（鈣和磷的一種晶體）（圖 2），其他則為水及有機物。琺瑯質面很堅硬，可以保護裏面柔軟及有彈性的象牙質。由於琺瑯質沒有細胞，當它形成後便不會再生，因此牙醫在修補牙齒時，會盡量保留琺瑯質，盡量不要磨走太多牙齒。

- 象牙質：琺瑯質裏面的一層是象牙質，當中 70% 為無機物，主要為鈣和磷，20% 為有機物，10% 為水分。硬度低於琺瑯質，比較柔軟有彈性。象牙質懂得自我生長，因此當牙齒出現蛀洞，會自行長出新的象牙質修復。象牙質本身有無數的小管，管內有細胞，受到外界刺激時會有疼痛反應。（圖 3）

- 牙髓：位於牙齒的中央，裏面滿佈神經、血管和淋巴管，這些神經、血管，與顎骨內的神經及血管連接。它具有幫助象牙質生長和維持牙齒生命的功用，由於牙髓內有痛覺神經末梢，會感受到冷、熱、物理和細菌的刺激，因此也擔任了牙齒感覺的職責。外來的刺激會使牙髓退化而死亡，整個髓腔也會逐漸變小。

琺瑯質和象牙質外剛內柔，形成獨一無二的牙齒，圖 4 是琺瑯質和象牙質的連接位。

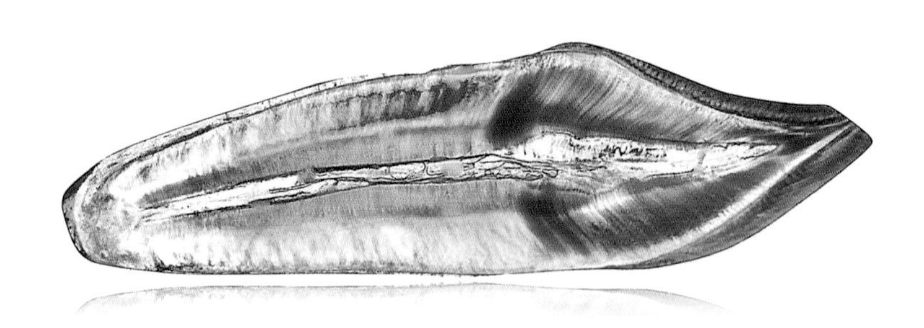

這是牙齒橫切片的圖片，也是封面的圖片，在特別燈光下拍攝。特別多謝羅馬尼亞知名技師 Miladinov Milos 的照片，可以見到琺瑯質和象牙質的完美結合。牙科新的趨勢，亦是保存琺瑯質，所以特別用這圖作為封面。

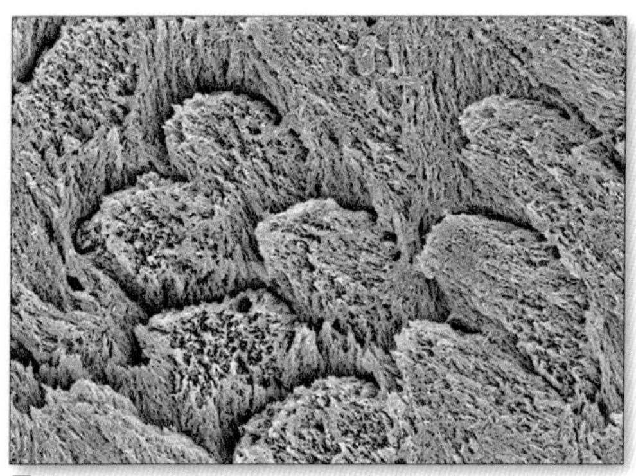
圖 2

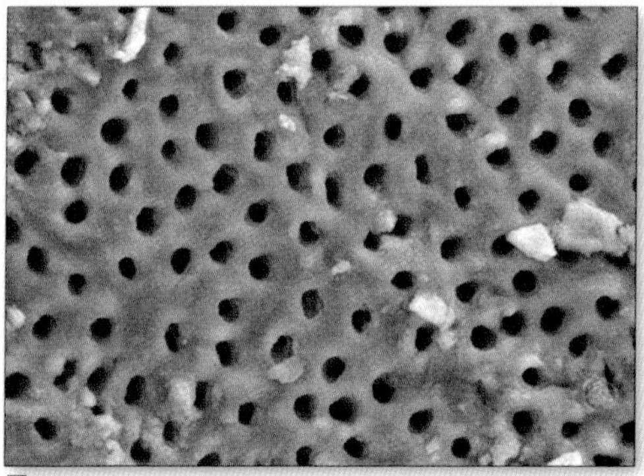
圖 3

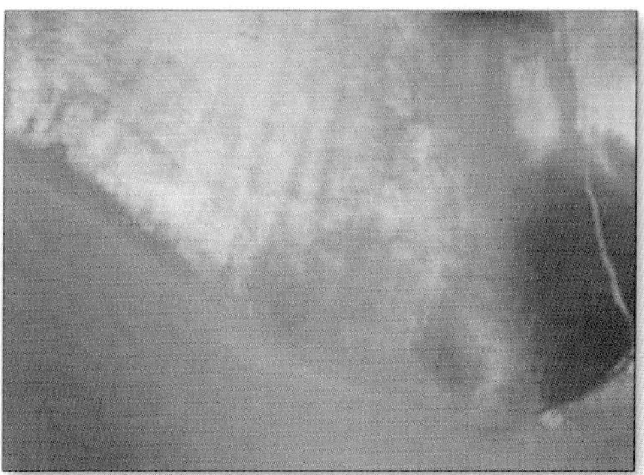
圖 4

牙患 - 蛀牙

細菌牙齒傷害

齲齒，俗稱蛀牙，是牙齒因細菌活動而導致分解的現象，常見的齲齒菌種包括乳酸鏈球菌（Lactococcus Garvieae）與轉糖鏈球菌（Streptococcus Mutans）等革蘭氏陽性好氧菌，它們代謝醣類後，會產生能腐蝕牙齒的酸性物質。蛀牙時，牙齒會呈現黃色到黑色之間的不同顏色，症狀包含牙齒敏感、疼痛與進食困難，亦有機會引致牙齒周圍組織發炎以及牙齒膿腫等併發症，嚴重更會喪失整顆牙齒。

初期的蛀牙：

主要在琺瑯質表面（圖 1），表面通常是完整的，不會有痛的感覺，需要照 X 光片才能確定。

治療方法：在蛀牙的部位塗上高濃度的氟化物或滲透樹脂，修復表面琺瑯質。

中期的蛀牙：

蔓延至象牙質（圖 2），牙齒可能出現蛀洞，進食時可能會感到牙齒不適。

治療方法：若蛀牙部分不大，可進行補牙，若蛀牙範圍大，牙齒變得脆弱，補牙物料有可能會收縮，醫生會建議用牙套或嵌體 Onlay 作修復（圖 4）。

後期的蛀牙：

蔓延至牙髓（圖 3），牙齒出現明顯蛀洞，出現劇痛。若牙髓受細菌感染，可能會壞死，細菌會從牙髓，經根尖孔擴散至鄰近的牙周組織，引致發炎，並可能產生膿腫。

治療方法：根管治療，俗稱杜牙根，首先移除發炎及受感染的牙髓以及牙根的神經組織，再用 Gutta-percha 的塑膠物料封閉牙根。但若蛀牙位置太大，不能修復的話，就需要拔牙。要注意的是，一般進行杜牙根後，由於牙齒結構受到嚴重破壞，因此牙齒會變黑，故建議以牙套做修復，亦可避免牙齒受到損傷（圖 5）。

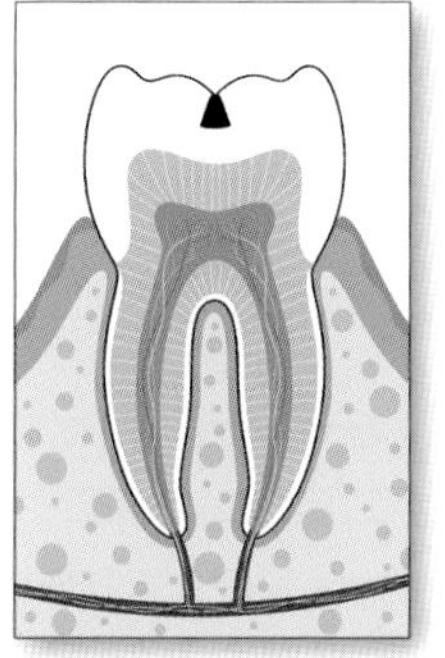

圖 1

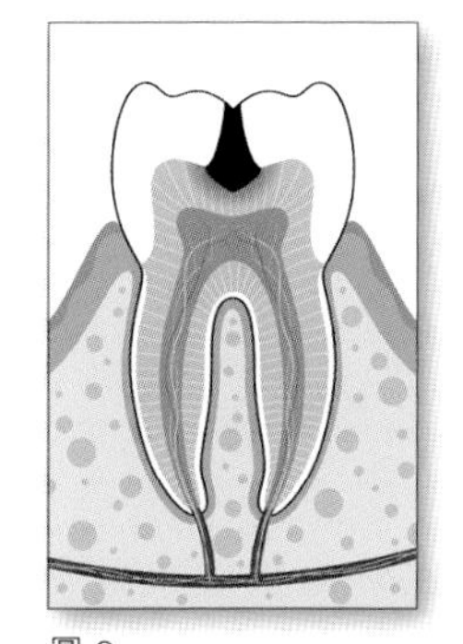

圖 2

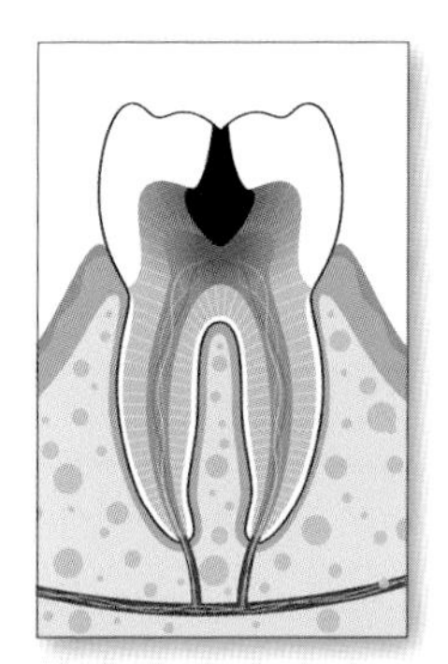

圖 3

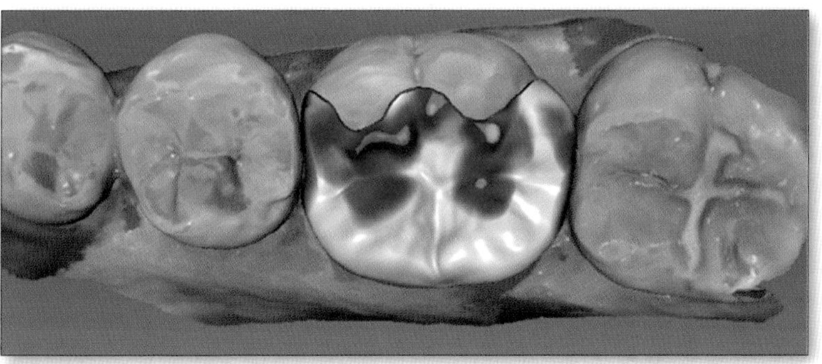

圖 4

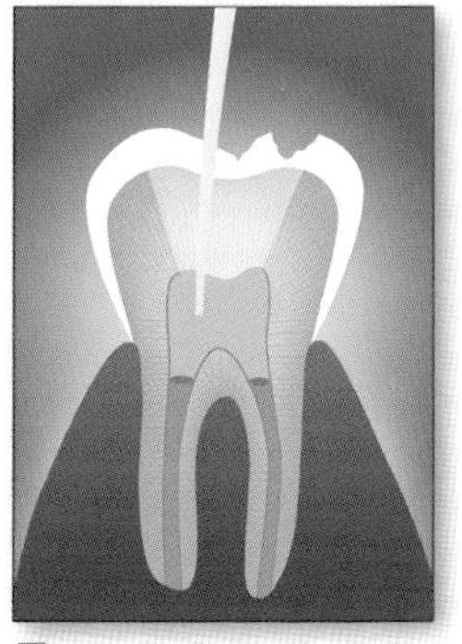
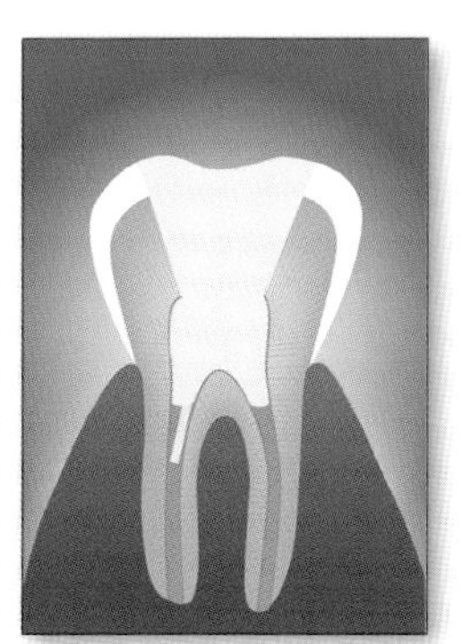
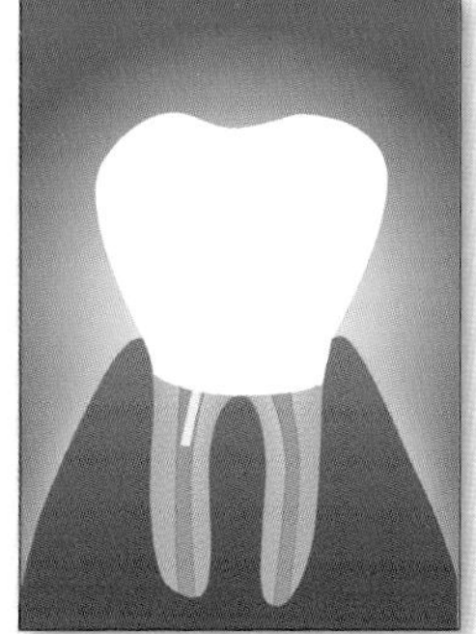

圖 5

牙患 - 牙齒傷害

- 刷耗（Abrasion）：刷牙力度太大，刷牙用了硬毛或不良刷毛，都有機會導致牙齒頸部位置凹陷，這情況一般出現在牙齦上。（圖 1）

- 咬耗（Abfraction）：經常咬緊牙關，或過度用力的咬合習慣，令牙齒出現破裂耗損，牙齒頸部的位置呈三角形凹陷，這情況一般出現在牙齦上。（圖 2）

- 酸蝕（Erosion）：是一種牙齒磨損現象，因牙齒受到酸性物質（非細菌性）溶解後，而出現磨損狀況。（圖 3）牙齒酸蝕的原因主要分為外因性及內因性，外因性主要為飲用太多酸性飲品，如檸檬汁、可樂等碳酸飲料以及酒類。內因性常見的，包括胃酸倒流及扣喉等，主要是因為胃酸而造成口腔內的酸蝕。另外，長期服用抗膽鹼能作用的藥物例如：抗高血壓藥、抗組胺藥、抗抑鬱藥、抗精神病藥、止吐藥、抗痙攣藥和抗帕金遜病藥物，以及曾接受放射線治療的患者，都會因為唾液減少而不能中和口腔內的酸性。

- 磨耗（Attrition）：睡覺時磨牙，又或者有牙齒咬合的問題（附錄 3），都會導致牙齒磨損（圖 4），不良的牙冠亦可導致牙齒磨損。

如果同時出現多種情況，譬如酸蝕加磨耗，牙齒會崩壞得更快，嚴重影響咀嚼功能及美觀，而大部分的傷害都是不可逆轉的，所以了解它及預防它才是上策。

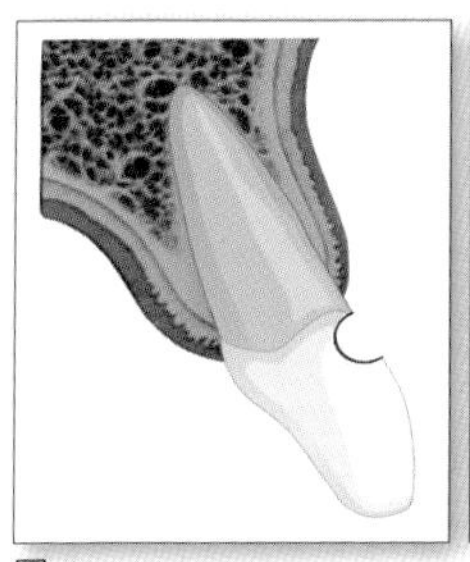
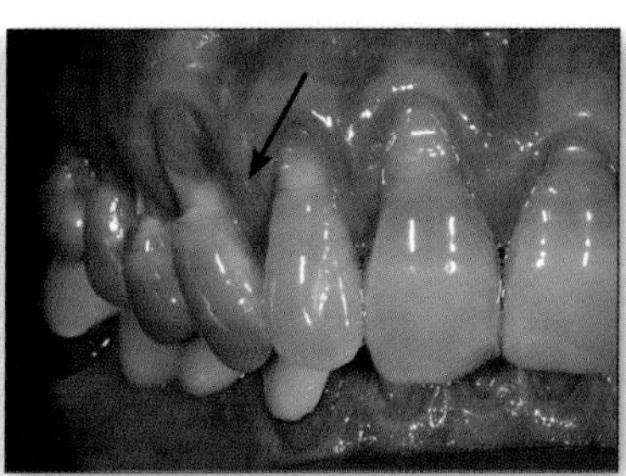

圖 1

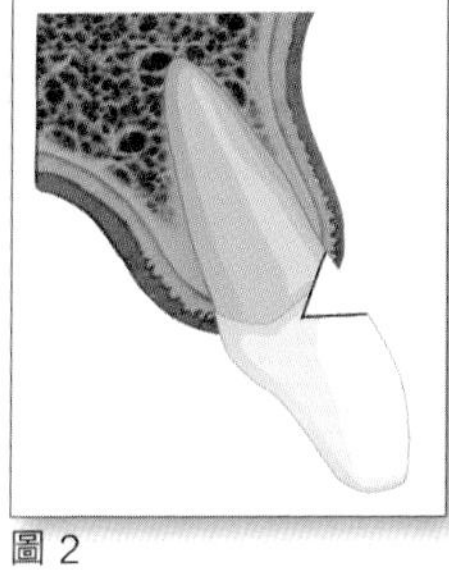
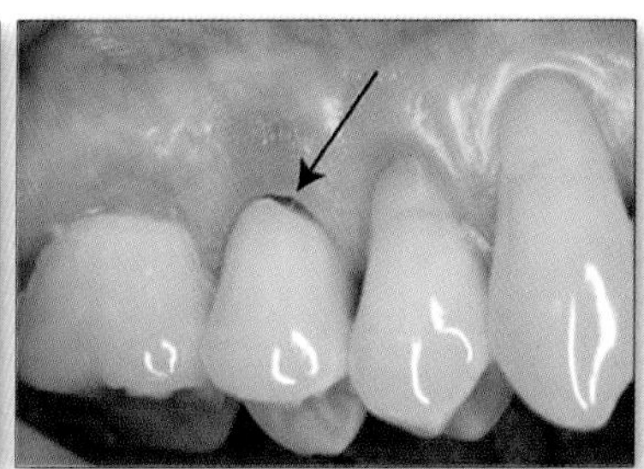

圖 2

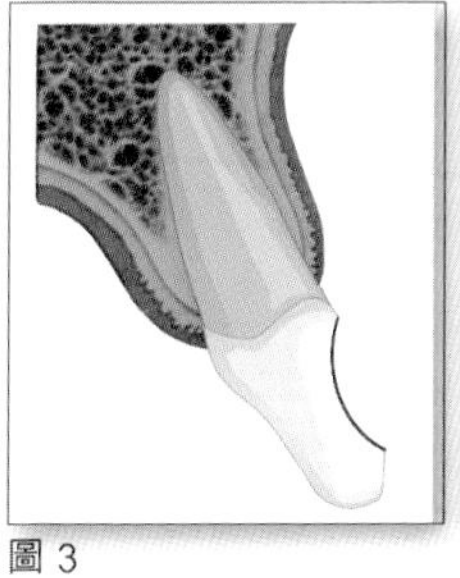
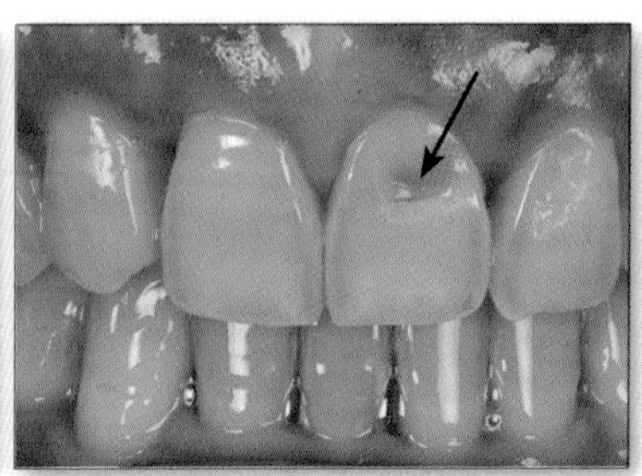

圖 3

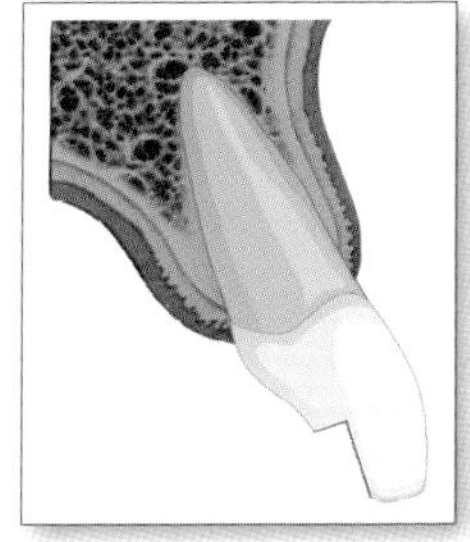
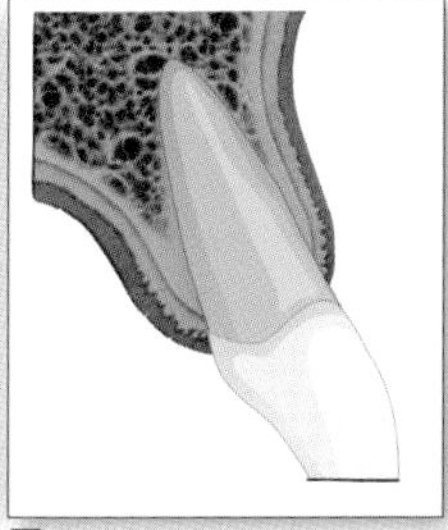
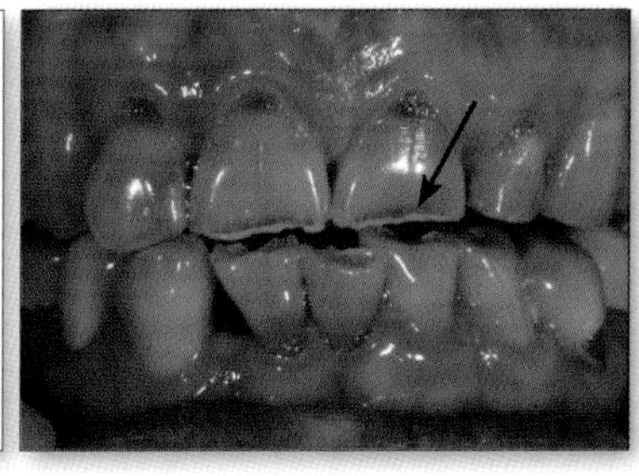

圖 4

阻生智慧齒

智慧齒即是恆齒第三隻大臼齒，大約於十七至二十五歲長出，共有四隻。部分人因為下顎骨較小，令智慧齒沒有足夠空位長出，形成阻生，導致以下問題：

- 冠周炎：牙冠周圍組織發炎，導致面部腫脹。(圖 1)
- 鄰牙蛀牙，牙周病引致牙肉發炎，腫痛。(圖 2)
- 上顎智慧齒過度生長 (圖 3)，有可能會咬到下顎牙肉，導致發炎及難於清潔、容易蛀牙或患牙周病。牙齒隙罅亦容易藏食物，令問題惡化。

有些三十至四十歲的患者求診，以為自己因為長出智慧齒而引致牙痛，但其實牙痛是因為阻生智慧齒而引致。

評估：

全景 X 光圖 (OPG) (圖 4)，評估上顎智慧齒、鼻竇、下顎智慧齒和下顎牙槽神經的距離，部分情況需要再照電腦斷層掃描 (CBCT Scan) (圖 5)，作立體影像分析。圖 4 顯示，左下智慧齒接近神經 (箭嘴位置)，所以要再照電腦斷層掃描，從立體影像清楚看見智慧齒的位置。如果評估是高風險的情況，可選擇尋求口腔面頰專科醫生的幫忙，或者採用 Coronectomy 牙冠切除法，剩下接近神經的牙根，讓牙根埋在牙床內。

程序：

手術於局部麻醉下進行，期間患者不會有任何痛楚，牙醫會先打開牙齦，把牙齒分割成小份，然後拔除它。醫生可使用超聲骨刀進行切骨和分割牙齒，減少手術創傷和減低手術風險。如手術複雜或患者緊張時，可考慮配上靜脈注射鎮靜，或在全身麻醉下進行。醫生一般會建議把同一邊的上下智慧齒一併拔除，免後顧之憂。

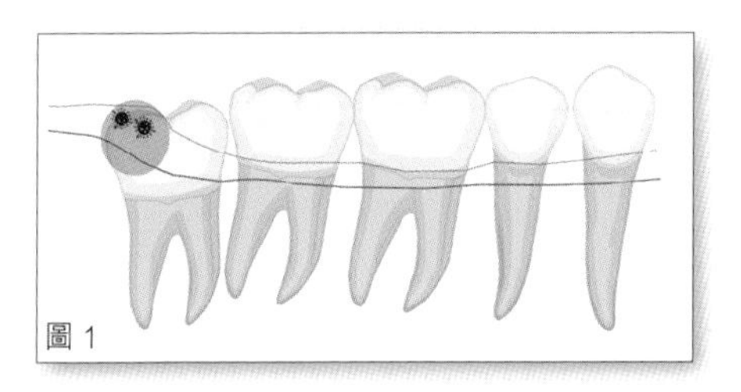
圖 1

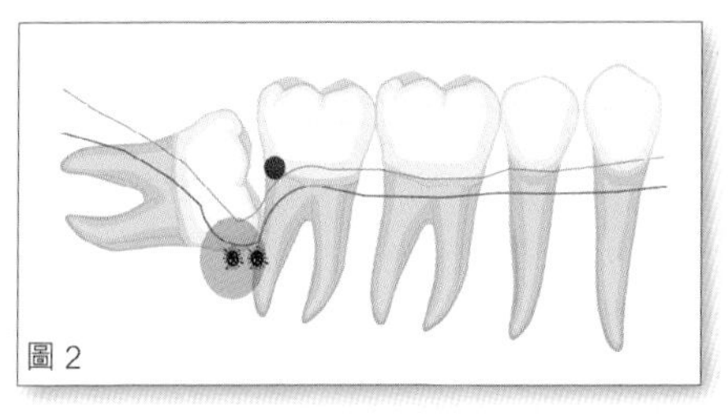
圖 2

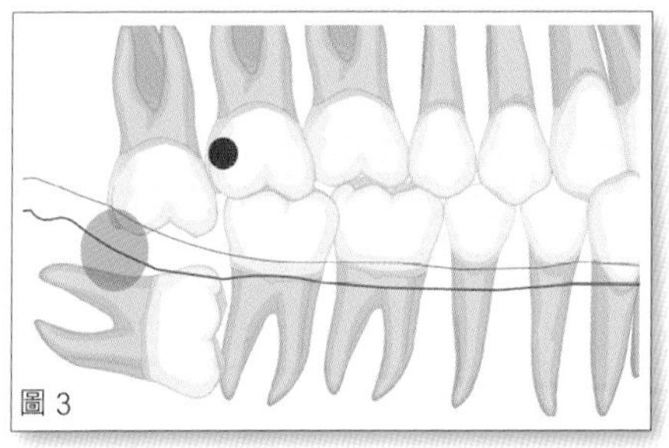
圖 3

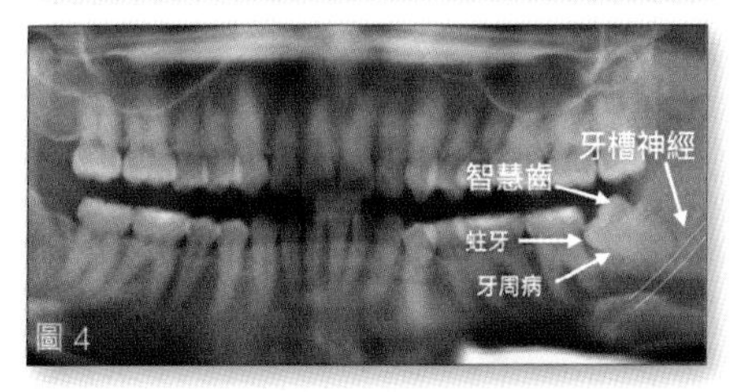
牙槽神經
智慧齒
蛀牙
牙周病
圖 4

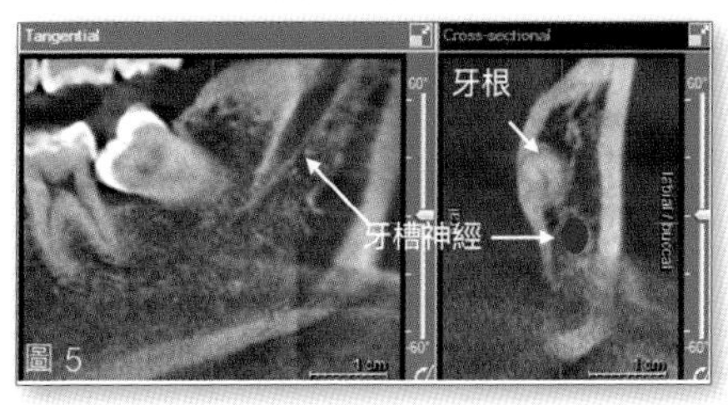
Tangential
Cross-sectional
牙根
牙槽神經
labial / buccal
1 cm
1 cm
圖 5

牙周病

牙周組織，指牙齒周圍的組織，包括牙齦、牙周韌帶及牙槽骨（圖 1）。

- 牙齦位於牙齒根部（下稱牙根）的周圍，是人或動物口腔內的黏膜組織。健康的牙齦是沒有顏色的，呈半透明狀，但因為裏面有血管，所以看上是粉紅色。牙齦與牙槽骨及牙周韌帶（Periodontal Ligament）相連，牙齒間亦靠牙齦連繫，因此護理牙齦與護理牙齒同樣重要。

- 牙周韌帶位於牙根及齒槽骨之間，是具有很大彈性的結締組織 ，當牙齒咬合時，具有緩衝作用，能將咬合力平均分散於牙槽骨內。

- 牙槽骨由膠質、礦物質、纖維蛋白以及基質所組成，牙槽骨與牙齒共存亡，當牙齒脫落後，它會自行吸收，逐漸消失。

牙周病

牙周病是常見的牙科疾病，如果口腔衛生欠佳，黏附在牙齒表面的牙菌膜就會長期積聚在牙齦邊緣，牙菌膜裏的細菌會分泌毒素，刺激牙齒周圍的組織，例如牙齦、牙周膜和牙槽骨等，導致發炎，引致牙周病。（圖 2）

預防及治療方法：醫生根據牙周病風險，為患者制定治療方案，牙周病風險較高的患者，需要每隔三個月洗一次牙。醫生亦可透過「牙周引導組織再生手術」，製造出新的牙周韌帶及齒槽骨，而最重要是良好的口腔衛生和護理。

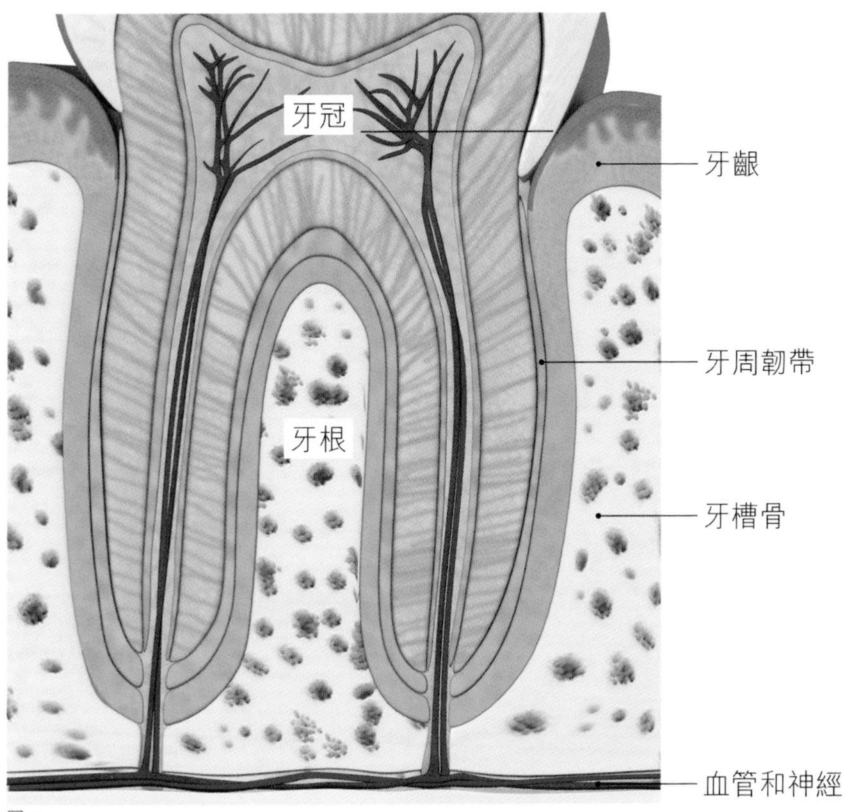

圖 1

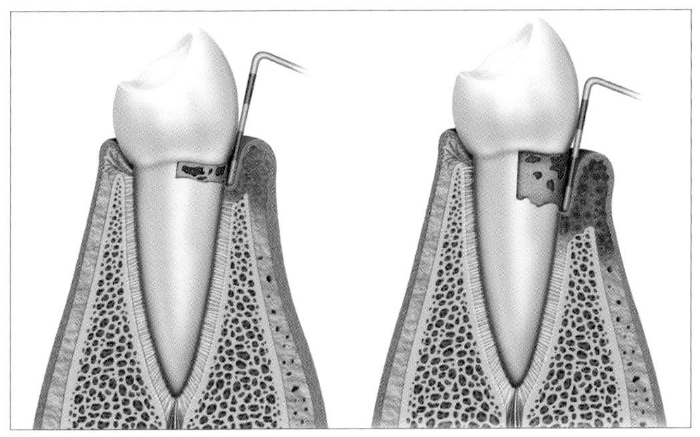

圖 2

牙齦萎縮

一旦出現牙齦萎縮，令牙腳外露，除了影響美觀外，亦會影響牙齒健康。由於牙腳沒有琺瑯質，象牙質外露會引致牙齒敏感，亦會較易形成蛀牙。

導致牙齦萎縮的常見原因：

1. 遺傳

牙肉的厚薄度是天生的，醫生會用牙周病探針測試牙肉厚度。以圖 1 為例，我們可以清楚見到牙肉下探針的顏色，因此這是屬於薄牙肉。至於圖 2，探針的顏色比較淺，代表牙肉較厚，而薄牙肉會較易有牙齦萎縮的問題 (圖 3)。

2. 牙周病

因不良口腔衛生習慣而引起的牙周病，會令牙齦萎縮。

3. 過度用力刷牙

刷牙力度太大或用硬毛牙刷會引致牙齦萎縮 (圖 4)，建議使用軟毛牙刷。

4. 牙齒位置異常

如果牙齒生長在擠迫的環境，凸出來的牙齒會容易引致萎縮，凹入去的牙齒則容易有牙周病。

5. 牙齦組織的創傷

外來的創傷，牙齒咬合位置不佳，又或者有咬筆等不良習慣，都會令牙齦受創。

6. 咬合創傷

不良的咬合，例如咬合太大力，上排的牙齒會損害下排牙齒的牙肉。

治療方法：針對原因，定出治療計劃，選用軟毛的牙刷，保持良好的口腔衛生，以及用正確的方法刷牙，或考慮使用聲波震動牙刷。至於牙齒位置不良，則可考慮接受牙齒矯正。

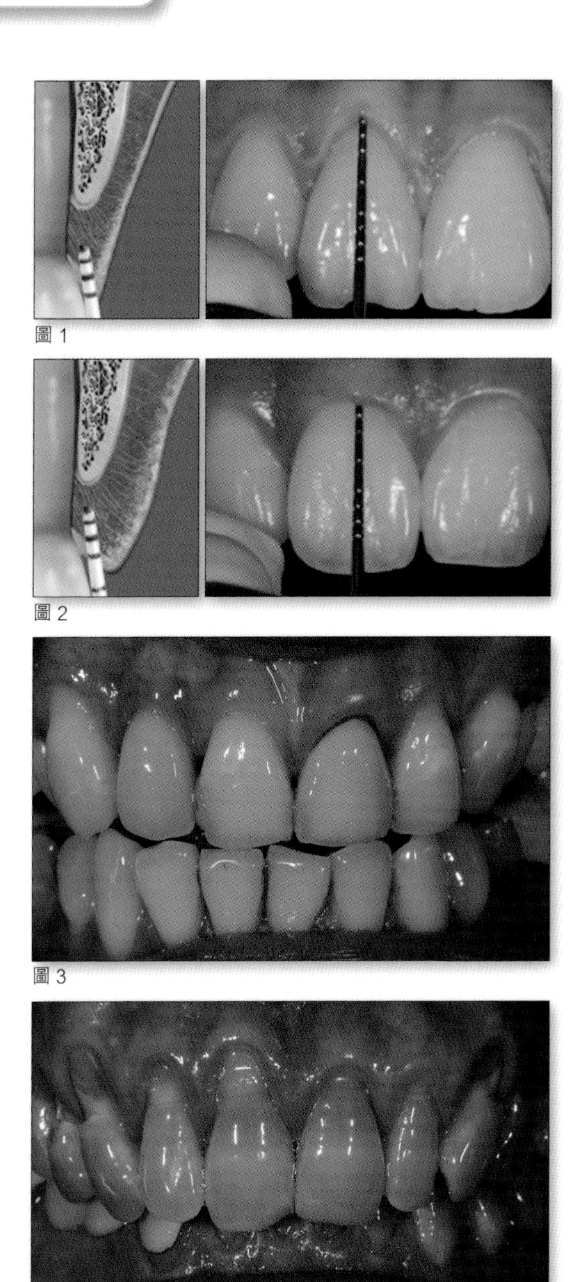

圖 1

圖 2

圖 3

圖 4

為什麼牙齒會染色？

牙齒染色分為外因性(Extrinsic)和內因性(Intrinsic)，讓我們先解釋一下甚麼是外因性牙齒染色。

外因性（Extrinsic）

外在染色，即是我們常常提及的牙漬。吸煙，以及咖啡、可樂、茶、紅酒等飲品，都是導致牙漬的主因，色素會慢慢浸入琺瑯質，令牙齒內在也染色。酸性的飲品亦都會溶化琺瑯質，令牙齒變黃。

如何避免：

減少飲咖啡茶、戒煙、定期檢查牙齒和洗牙、保持良好的口腔清潔習慣。

口腔衛生

牙垢膜的積聚亦都會導致牙齒染色，所以我們要保持良好的刷牙習慣，用正確的刷牙方法和使用牙線。另外，牙齒擠迫和不整齊都會引致牙齒染色。

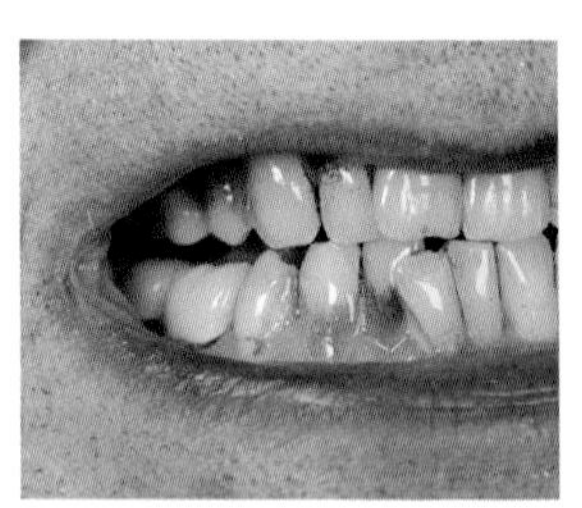

外因性牙齒染色治療方法

定期接受專業洗牙可去除牙齒表面的牙漬，而已滲入琺瑯質的染色則需要進行牙齒美白，包括使用梳打粉（soda powder）以及噴砂美白等材料，以磨擦的方式去除牙齒表面的色素。

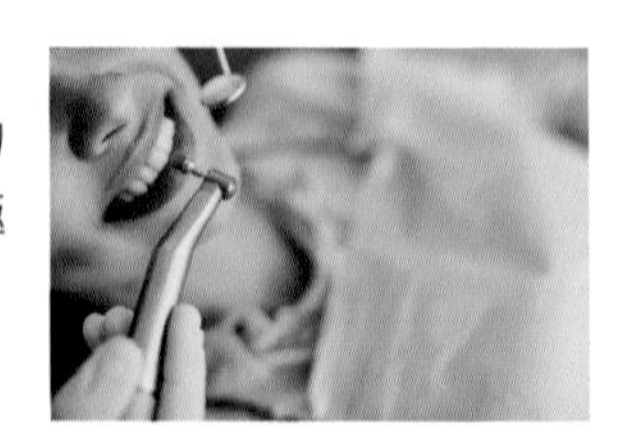

對於中等或嚴重的個案，需要用深層和較長時間的美白治療方法，不能以家居美白方法處理。至於極嚴重的個案，可能需用瓷貼面或牙冠作修復。

內因性（Intrinsic）

牙齒在成長期內，會受不同因素影響而導致內在染色，譬如患有氟斑牙、曾經受到創傷、蛀牙、接受杜牙根治療，以及服用太多一種叫四環素的藥物，都可能會令牙齒表面出現白斑及啡斑。

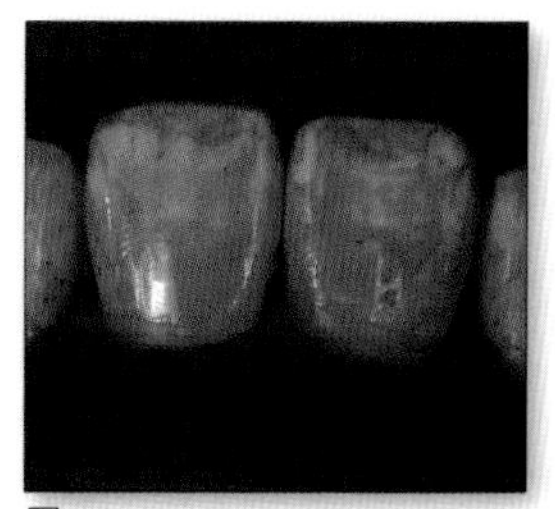
圖 1

氟斑牙（Dental Fluorosis）：

是一種牙科疾病。如果牙齒在發育期間，接觸太多高濃度的氟化物，會阻礙琺瑯質形成，並且在琺瑯質上形成細小的白色條紋或斑點（圖 1），嚴重的話更會留下棕色的條紋（圖 2），琺瑯質亦會變得粗糙，難以清潔。因氟斑牙而留下的條紋屬永久性，更會隨時間而變深。

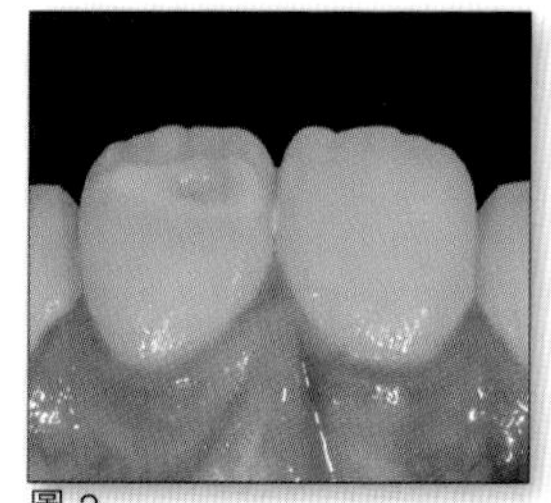
圖 2

為何會接觸到氟化物？

香港政府在 1961 年開始，在自來水中加入了氟化物，目的是希望減少蛀牙，當時水中的氟化物是 0.8ppm，1967 年更增加至 1.0ppm。後來政府發現濃度過高會引致氟斑牙，因此在 1978 年將濃度減低至 0.7ppm ，在 1988 年進一步減至 0.5ppm。因此於 1988 年後出生的香港人，較少有氟斑牙的問題。

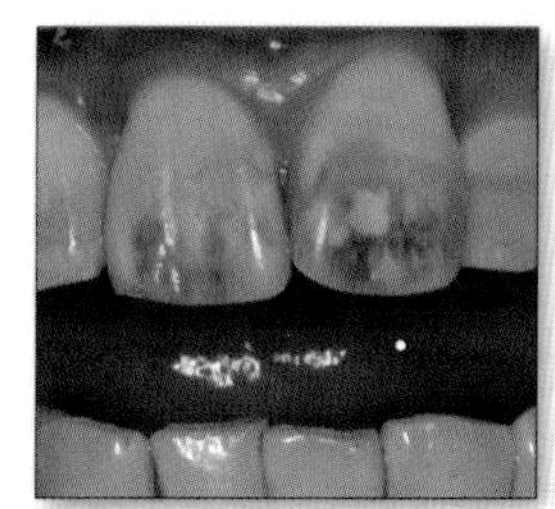
圖 3

乳牙的外傷性牙齒損傷（圖 3）：

未換牙的小孩（4-6 歲），如果乳齒曾受到撞擊，會影響在乳齒下的恆齒發展，導致恆齒的琺瑯質發育不良，牙齒表面就會有白斑或啡斑，這情況一般出現在單顆牙齒上。

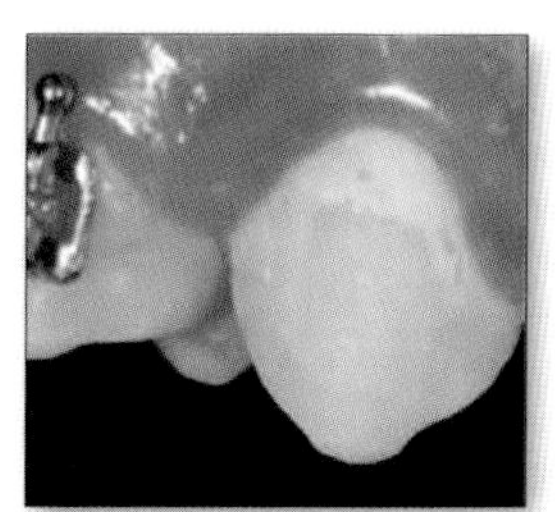
圖 4

最初期的蛀牙（圖 4）

初期的蛀牙會令牙齒琺瑯質表面溶化，令牙齒表面形成白班。一般發生正在箍牙齒的小朋友身上，牙釘側邊護理不好，加上不良的飲食習慣，形成蛀牙。

受創傷的牙齒

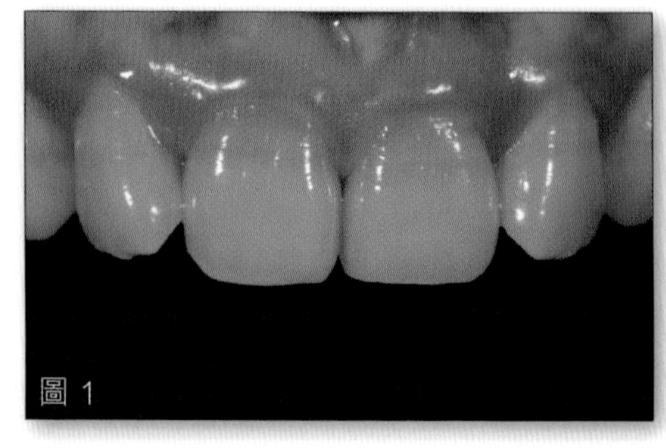
圖 1

牙齒受到大力撞擊若造成內部出血，會引致牙髓中的紅血球侵入象牙質小管造成染色，初期為粉紅色染色，以至後期的灰棕變色。（圖 1）

一般會見到在單顆牙齒上，嚴重情況下，牙齒會壞死成為死髓牙，需要進行根管治療（杜牙根），以去除壞死或感染的牙神經，並控制炎症。

杜牙根後遺症

因為失去養分供應，再加上治療過程接觸的藥物和裡面的填充劑，會造成牙本質成分結構改變，時間久了與旁邊牙齒產生色差。

遺傳疾病 (Genetic Disorder)

- 琺瑯質形成不全 Amelogenesis Imperfecta
  琺瑯質表面會有小溝或小凹點，嚴重時會深凹陷成一條線和覆蓋牙齒表面，牙齒容易被污染成黃褐色，或崩壞鈣化。

- 象牙質形成不良 Dentinogenesis Imperfecta / 象牙質發育不良 Dentin Dysplasia
  象牙質發展不良，會導致牙齒變黃和灰藍色，牙齒亦較弱，容易被破壞和磨損。

代謝失調 (Metabolic Disorder)

黃疸、苯酮尿症、先天或後天造成的代謝疾病，影響琺瑯質的厚度和成分，造成發育中牙齒變黃或變棕色。

四環素牙

是一個因長期服用四環素（Tetracycline）導致牙齒變色的問題。四環素是一種普遍用於醫治呼吸道感染的藥物，在 1950 年後期，牙醫發現很多服用過四環素的年青人，其牙齒變啡或灰。

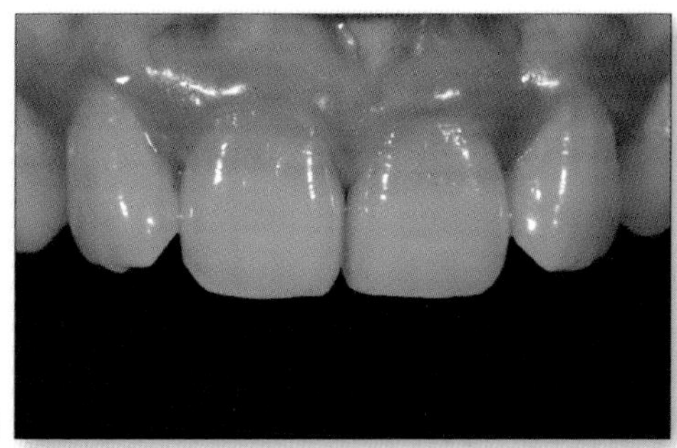
圖 1

在媽媽肚內三個月的胎兒，至到八歲的小童，由於他們的牙齒正值成長階段，一旦孕婦或小孩服用過四環素，四環素分子會進入牙齒的象牙質，令牙齒變啡或灰。而服用四環素的時間越長，啡斑便會越大；如果服用時間較短，啡斑則較細。

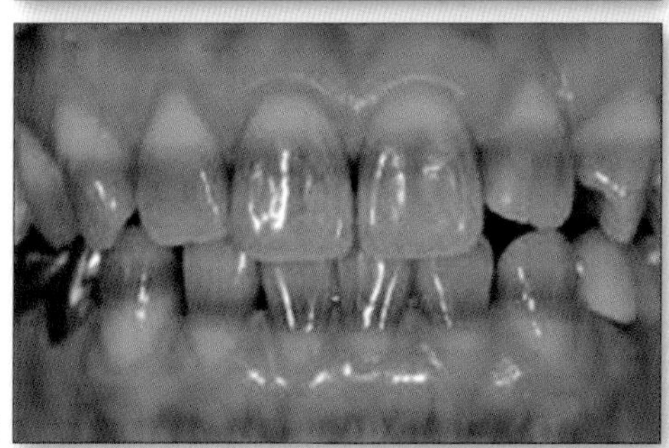
圖 2

輕微的啡及灰斑，通常出現在牙腳的位置（圖 1）。中等程度或較深色的斑，會出現在牙齒局部位置，例如在牙齒中間，其他位置則呈灰色（圖 2）。至於嚴重的個案，牙腳位置會有深色的啡斑，其他位置則呈深灰色（圖 3）。極嚴重的個案，全隻牙齒都有極深色的啡色和灰斑（圖 4）。

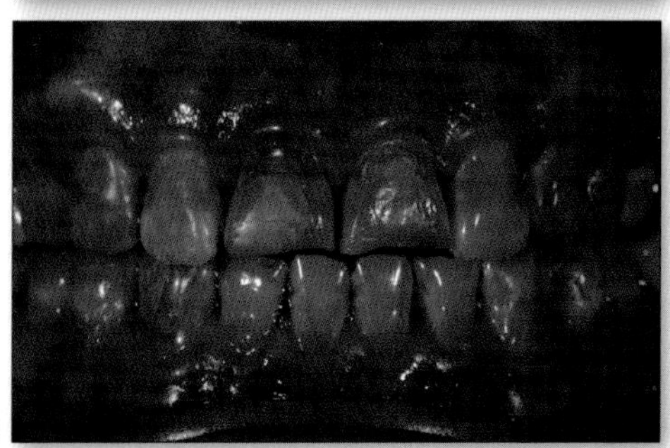
圖 3

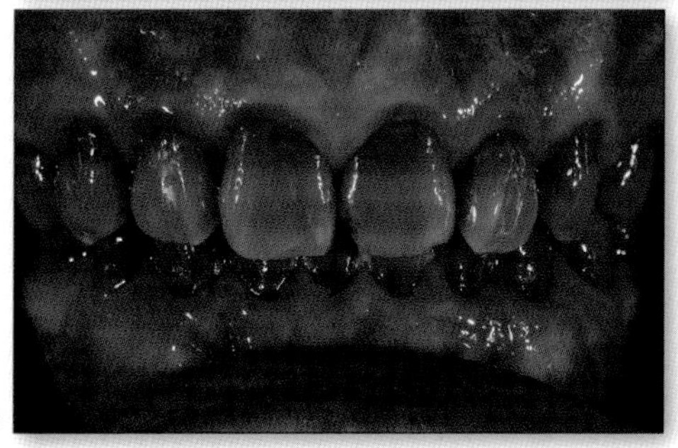
圖 4

牙齒排列

另一個我們經常提及的牙齒問題，就是牙齒排列不齊，牙齒太擁擠或者牙齒有太大的牙縫。讓我們先探討一下何謂完美的牙齒排列。

除了牙齒整齊、不擠迫之外(圖 1 及 2)，上下排牙齒的咬合關係也很重要(圖 3)。

覆合關係（Overjet）：

是指當我們咬合時，上門牙應該覆蓋下門牙，一般大約兩毫米（圖 4）。

覆咬關係（Overbite）：

是指當我們咬合時，下門牙貼着上牙後面中間的位置若太深，會導致兩隻牙齒的琺瑯質都受到磨損，嚴重的話，下牙有機會咬到上顎後面的牙齦，導致牙齦萎縮或牙齒鬆脫。

除此之外，門牙的位置亦要配合面部輪廓（圖 5），例如門牙太低，笑的時候會露出牙肉，即是我們所說的露齦笑。醫生會透過側位顱部 X 光片和照片（圖 6），從而定出牙齒的最佳位置，進行矯正治療。

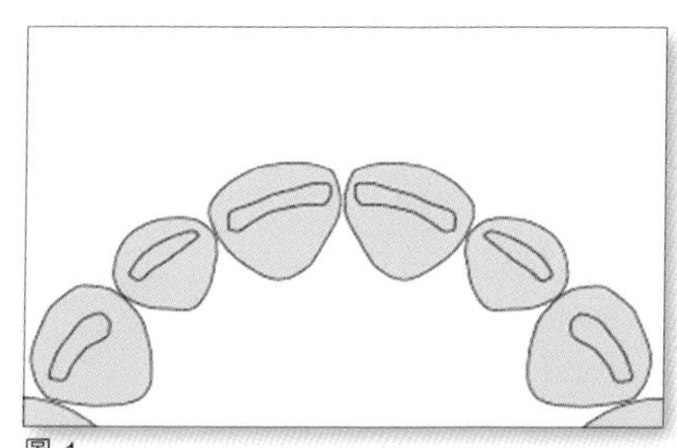
圖 1

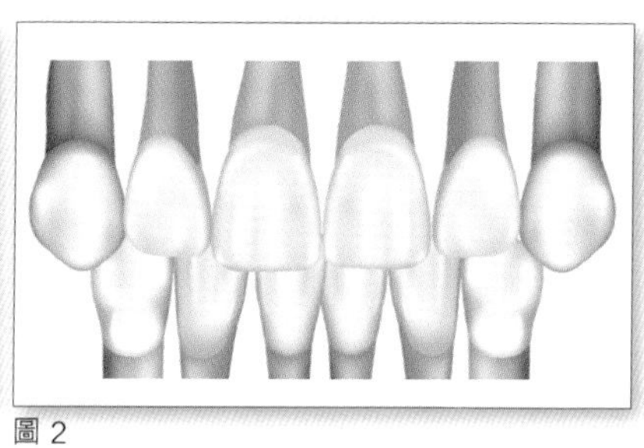
圖 2

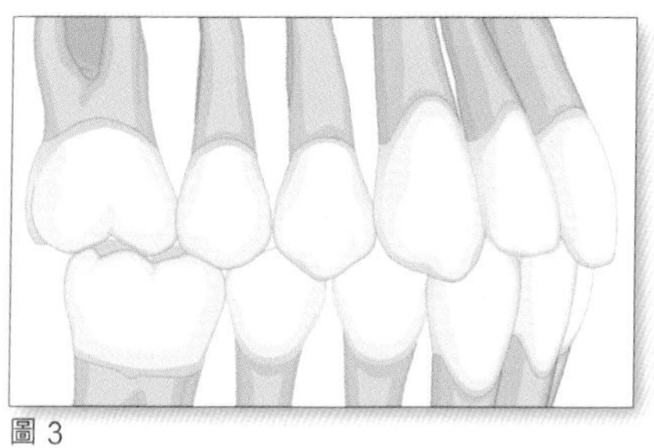
圖 3

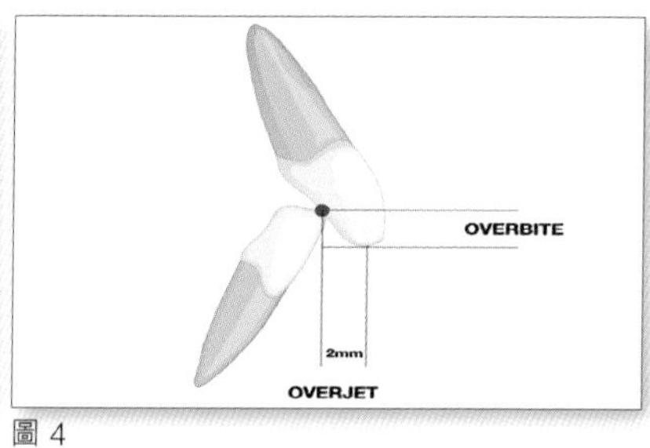

圖 4

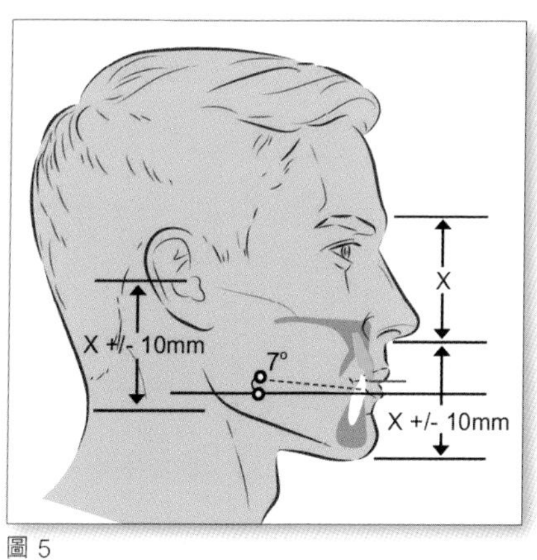

圖 5

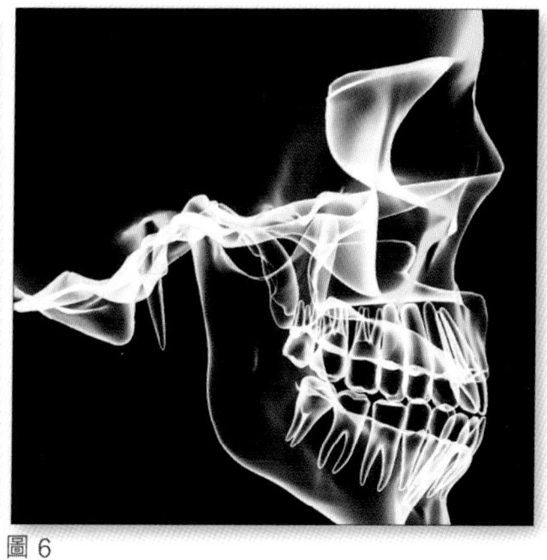
圖 6

牙齒擁擠

牙齒擁擠是指牙齒重疊或錯位，由於顎骨空間不足以容納所有牙齒，令牙齒變歪、擁迫及爆牙。除了直接影響笑容的美觀性之外，牙齒亦較難清潔，容易蛀牙及有牙周病。

整齊的牙齒是指牙齒能夠良好地排列在頜骨內（圖 1），而牙齒擁迫則分三種程度：
輕微擁迫：一兩隻牙齒輕微重疊（圖 2）
中度擁迫：兩三隻牙齒重疊（圖 3）
嚴重擁迫：全部牙齒重疊（圖 4）

成因

1. 遺傳，天生牙齒比較大，令顎骨空間不足以容納所有牙齒
2. 顎骨偏細，沒有位置讓牙齒發展
3. 太早失去乳齒，令恆齒沒有足夠位置發展
4. 不良的習慣，例如吮吸拇指

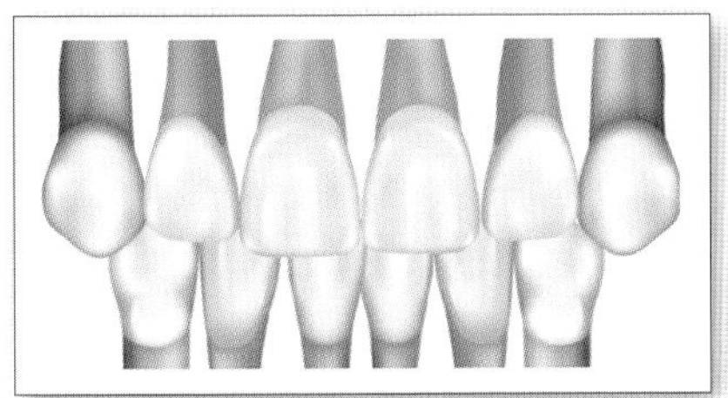
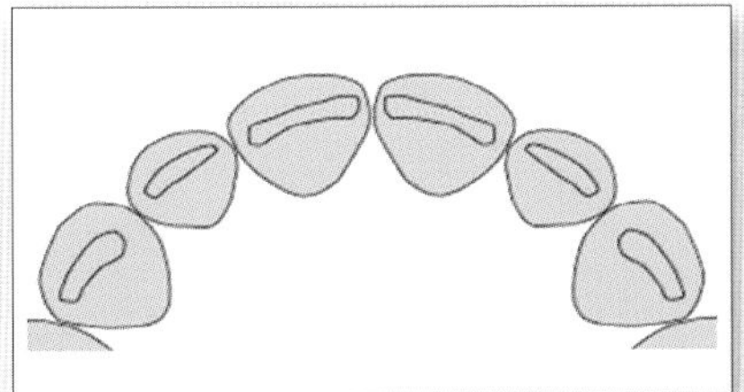

圖 1

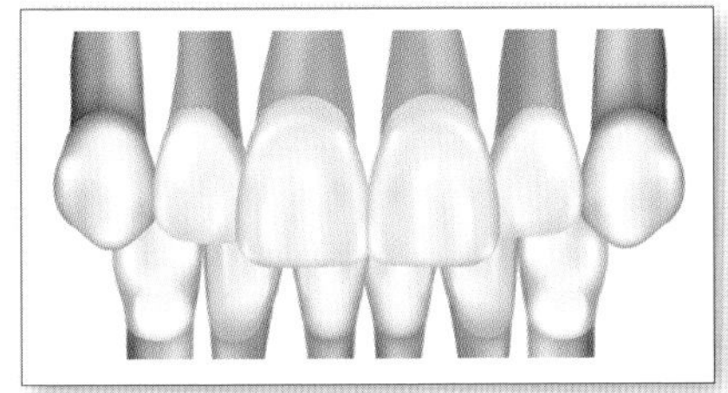
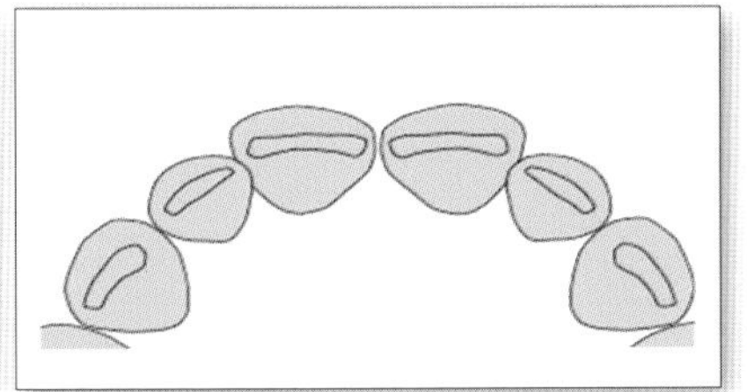

圖 2

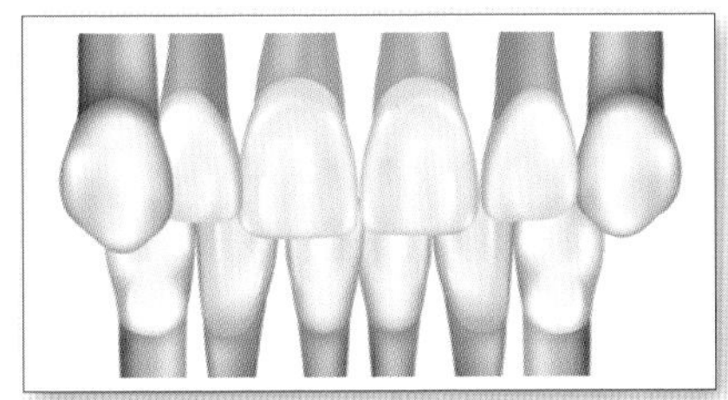
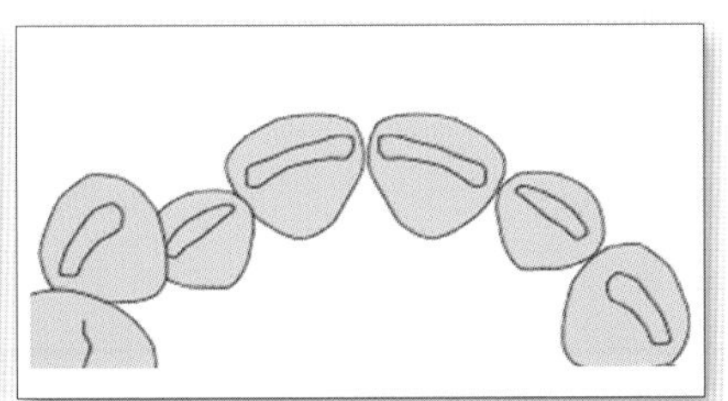

圖 3

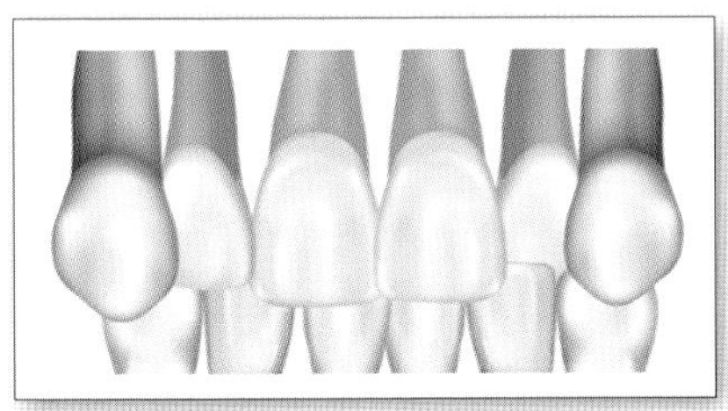
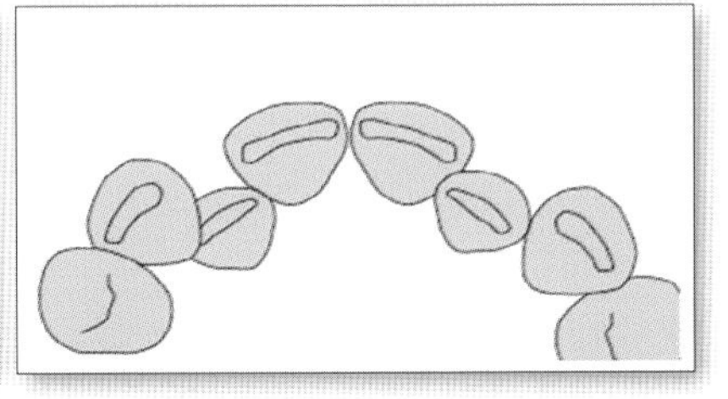

圖 4

如何改善牙齒擁擠？

治療方案

輕微擁擠的個案，可以用複合樹脂，搪瓷牙面或牙冠作改善；而中度個案，最好的治療方法是箍牙；嚴重擁迫則必須要箍牙才能改善。

前文提過，牙齒在治療過程中，會盡量保存患者的琺瑯質，所以就算輕微情況下，最好選擇也是牙齒矯正。但有些情況下，不需磨牙或只需輕微磨牙，便可用複合樹脂、搪瓷牙面修復，牙冠往往不是最好的選擇，除非牙齒本身有嚴重的磨損，才用牙冠作修復。

輕微擁迫的病例，右正門牙微傾側和內傾，醫生利用複合樹脂修復右門牙。（圖 1）

輕微擁迫的病例，正門牙微微重疊側門牙，醫生利用搪瓷牙面把牙齒整齊排列。（圖 2）

輕微

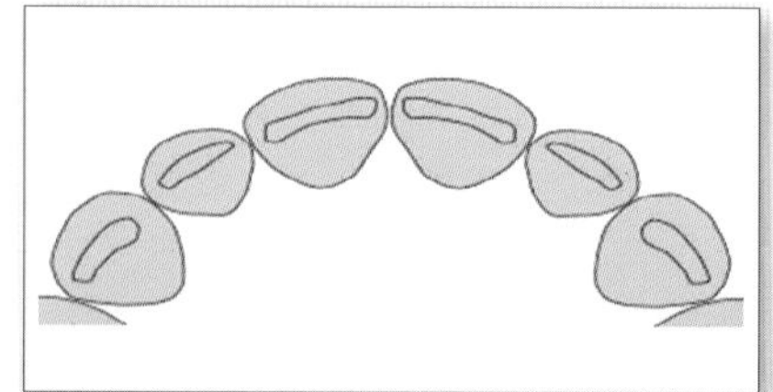

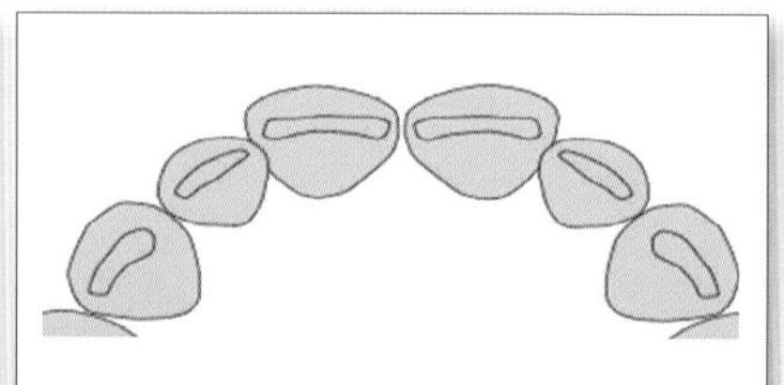

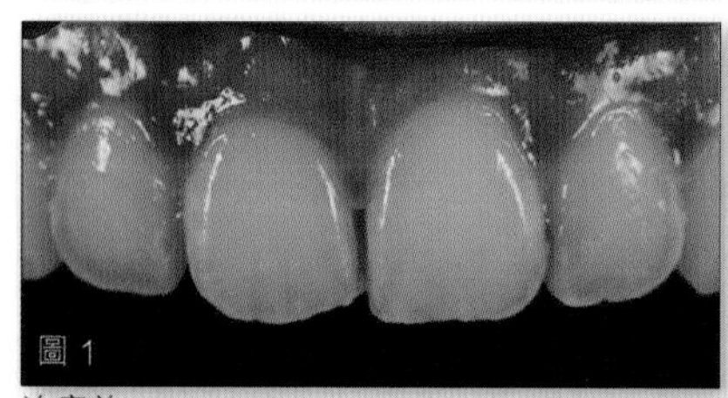

圖 1

治療前

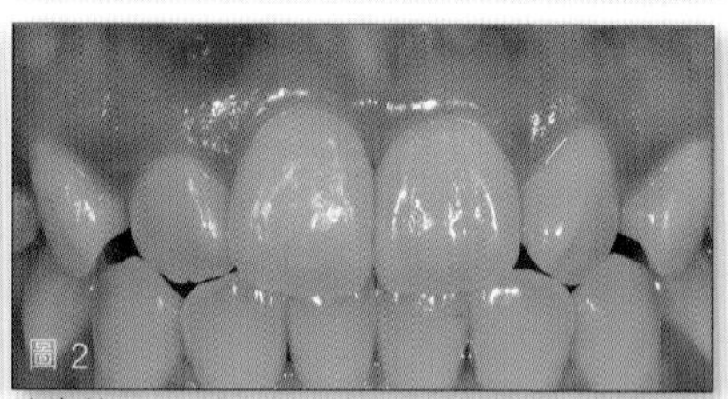

圖 2

治療前

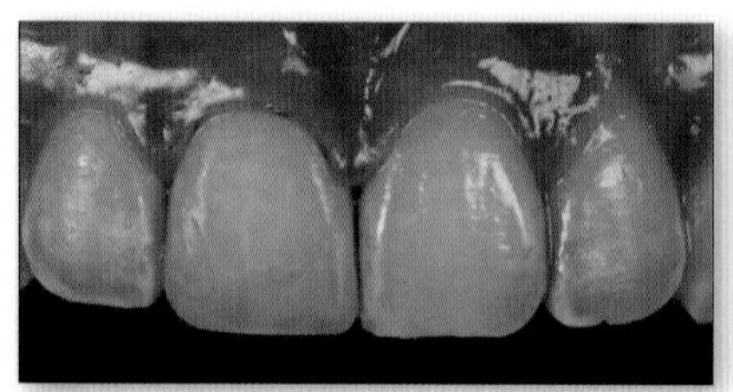

治療後

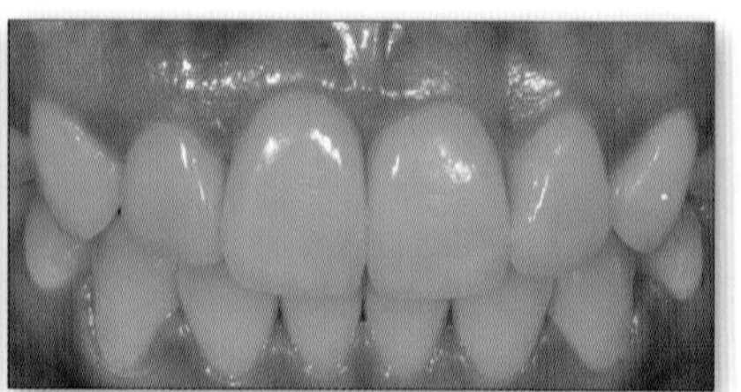

治療後

中度擁迫的病例，利用隱形箍牙作初步排列，再用搪瓷牙面治療。（圖 3）

嚴重擁迫的病例，正門牙前突出，用牙套的話，除了治療侵略性太大，效果亦不理想。（圖 4）

嚴重

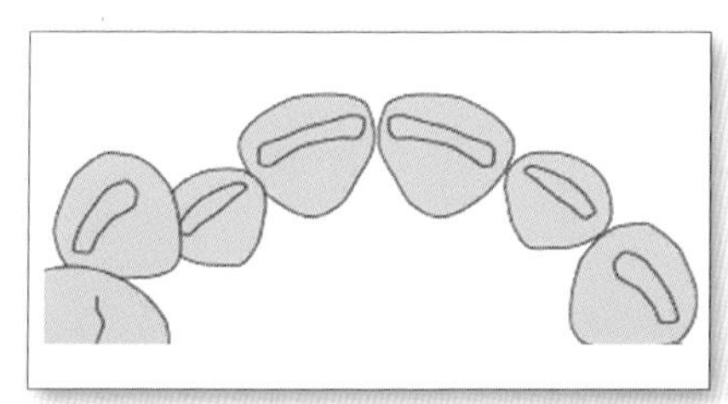

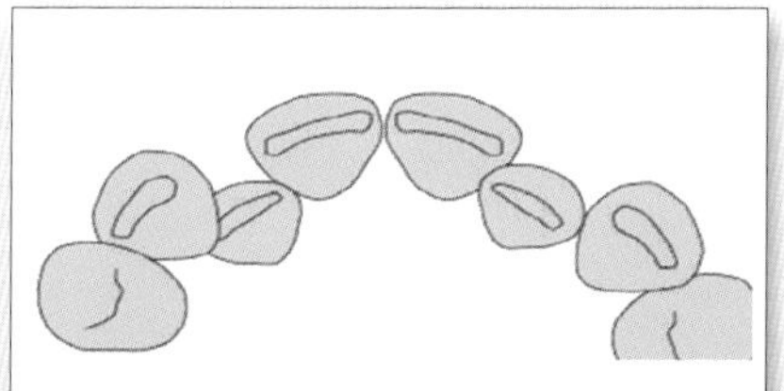

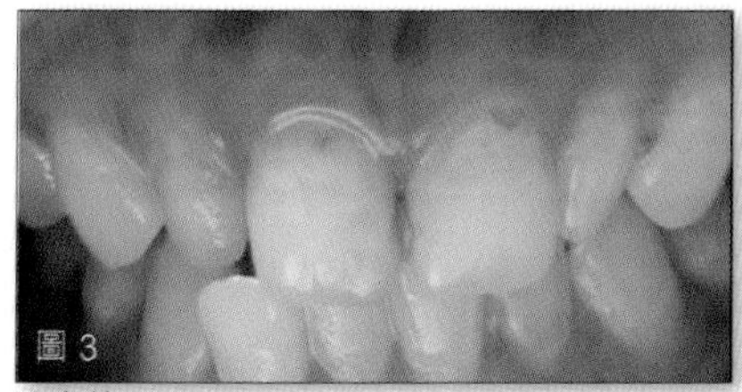

治療前

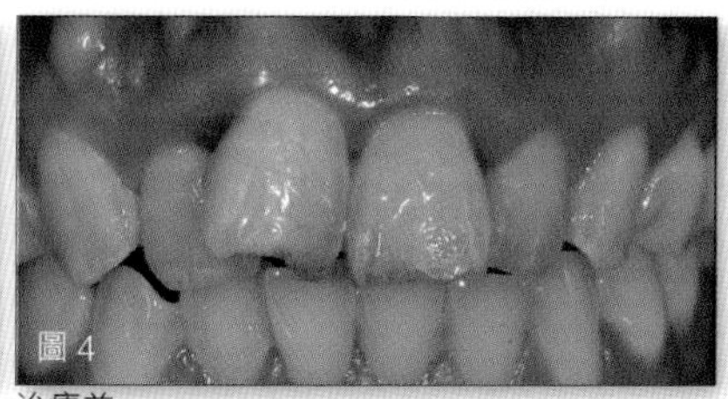

治療前

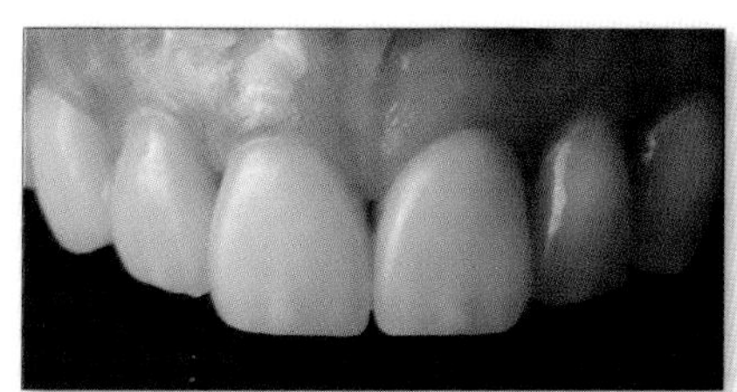

治療後

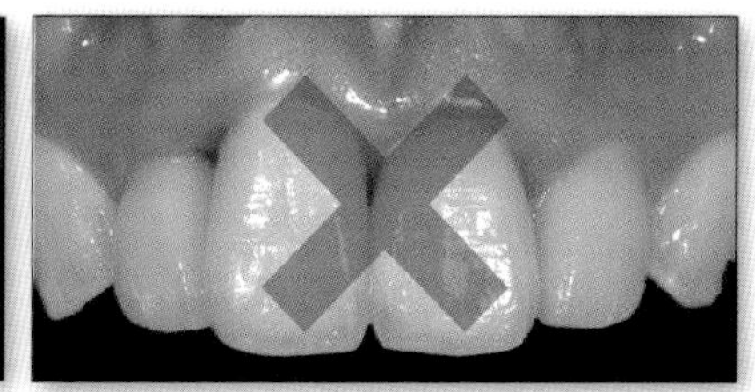

治療後

牙齒排列：牙縫

前牙間距，是指門牙之間有牙縫，除了影響外觀，亦嚴重影響發音。常見的例子是正門牙之間有牙縫（圖 1），在相學上被指會容易「漏財」。

輕微情況下，可以透過複合樹脂或搪瓷牙面作修復。但嚴重的話，便需要進行牙齒矯正，先把牙齒移到理想位置，再作修復。如果患者有缺牙情況，便要因應個別情況，訂立治療計劃。

成因

1. 牙齒天生比較細小，形成牙縫。（圖 1）
2. 側門牙呈釘狀，比較窄小。（圖 2）
3. 天生或後天缺少牙齒。（圖 3）

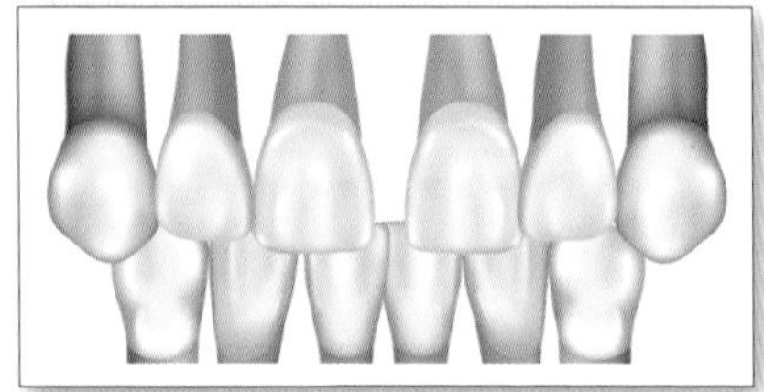
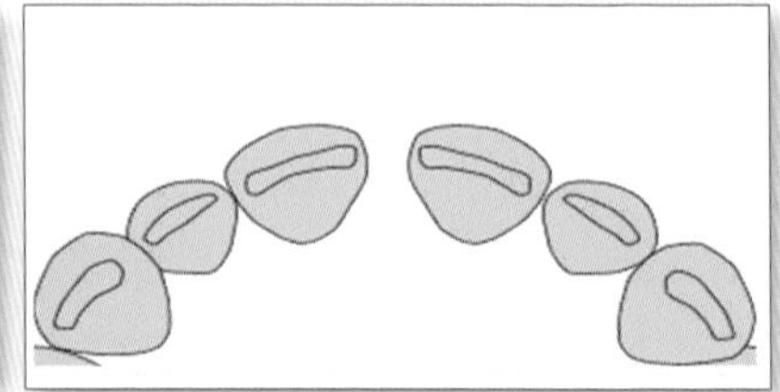

圖 1

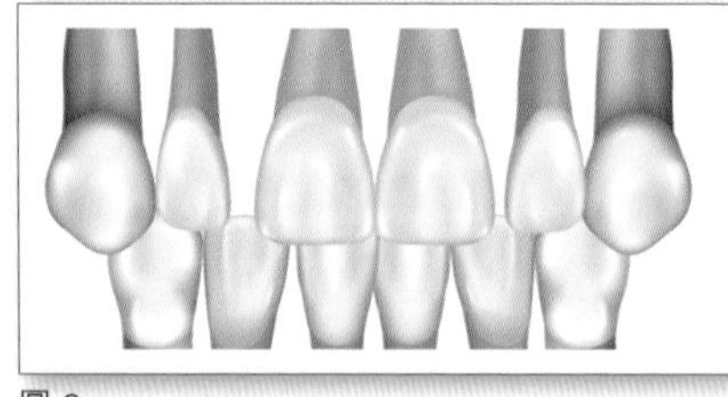
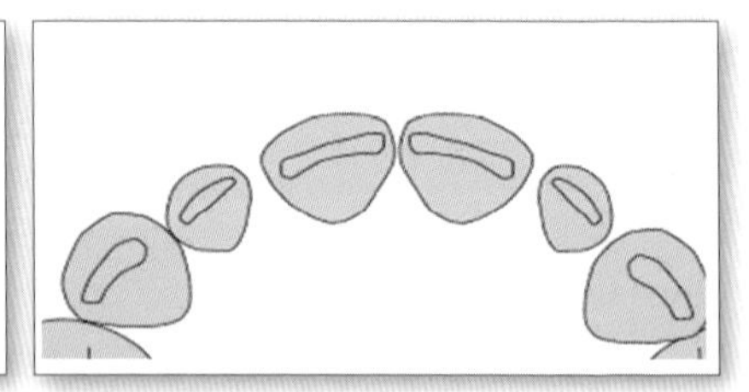

圖 2

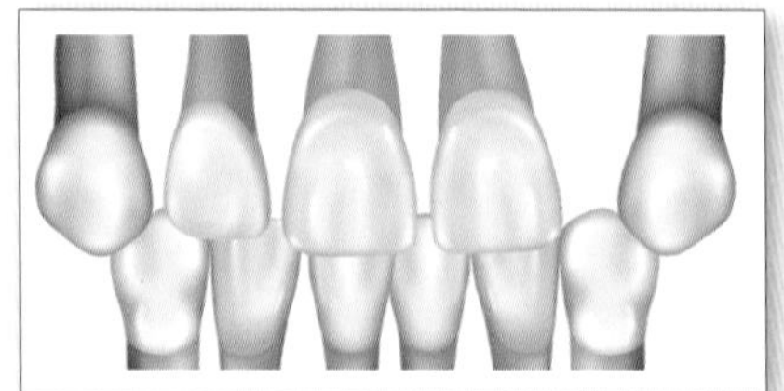
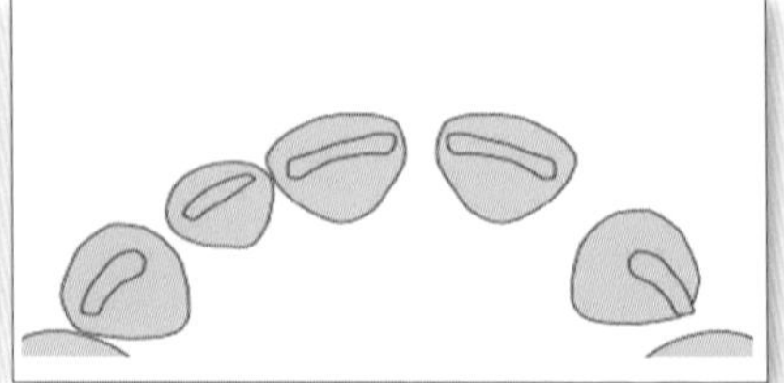

圖 3

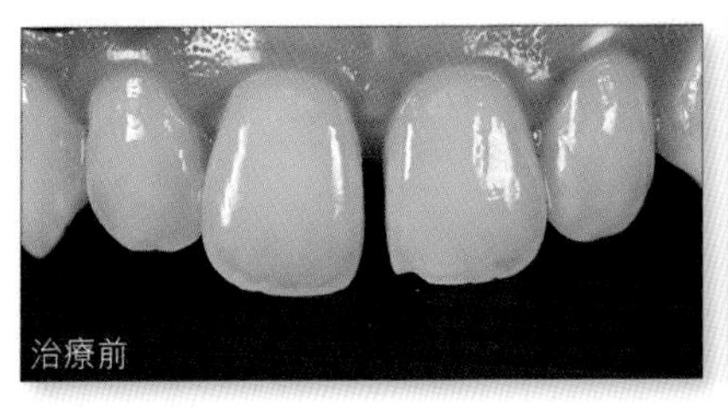
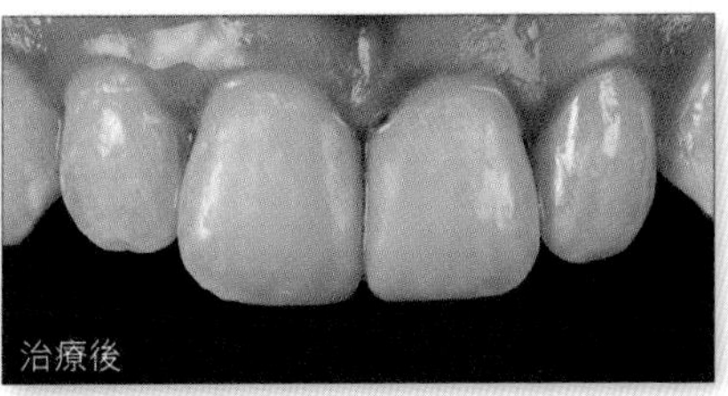

治療前　治療後

病例： 正門牙之間有兩毫米的間距，右門牙崩裂、犬齒和大臼齒咬合正常，最佳和簡單的方案是用複合樹脂修復。

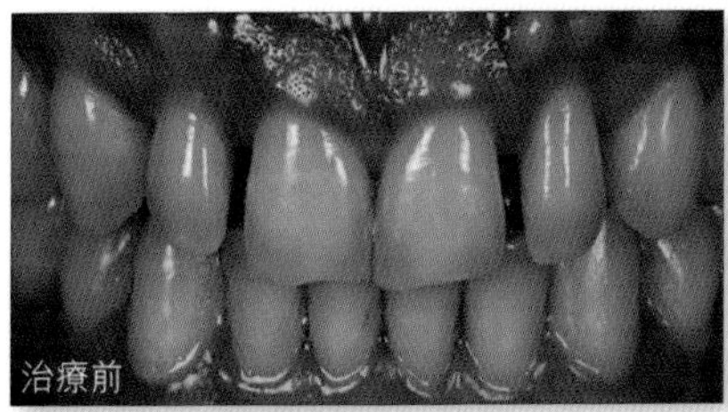
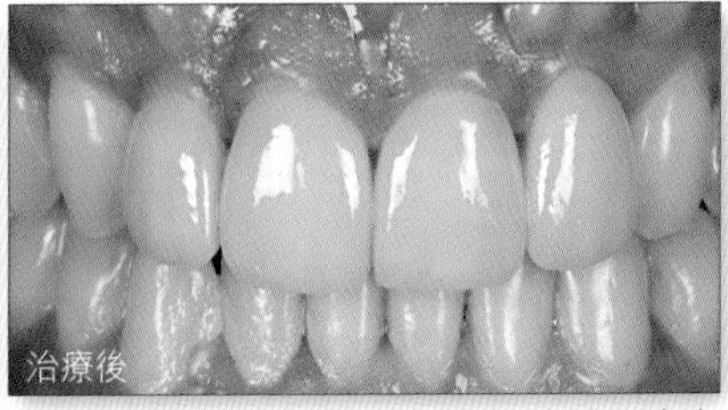

治療前　治療後

病例： 天生兩顆側門牙呈釘狀，形成牙縫，客人接受牙齒矯正，醫生再利用搪瓷牙面作修復。

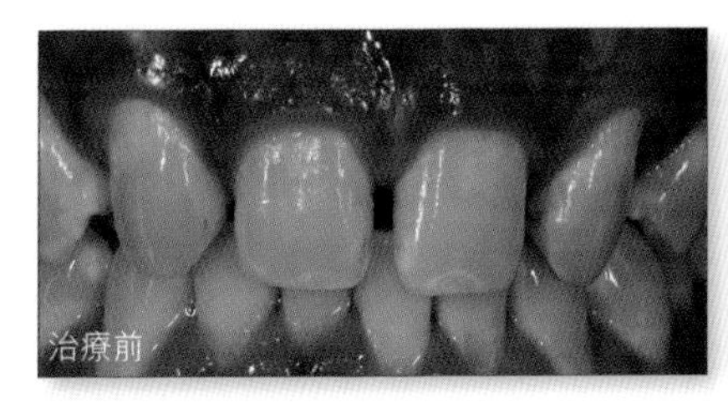
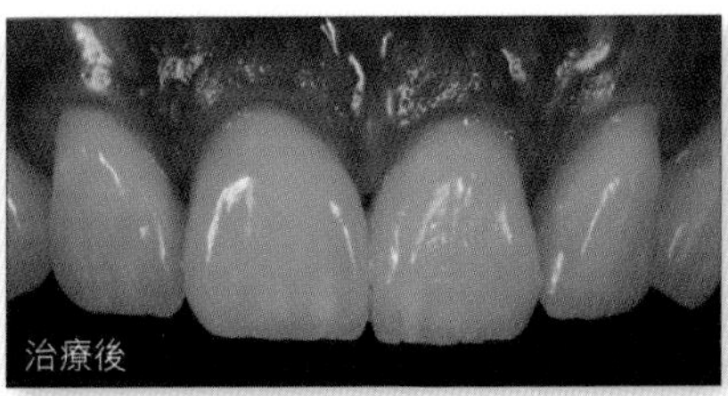

治療前　治療後

病例： 天生缺少兩顆側門牙，前牙有間距，患者拒絕牙齒矯正，醫生利用搪瓷牙面作修復。

牙齒排列：倒及牙

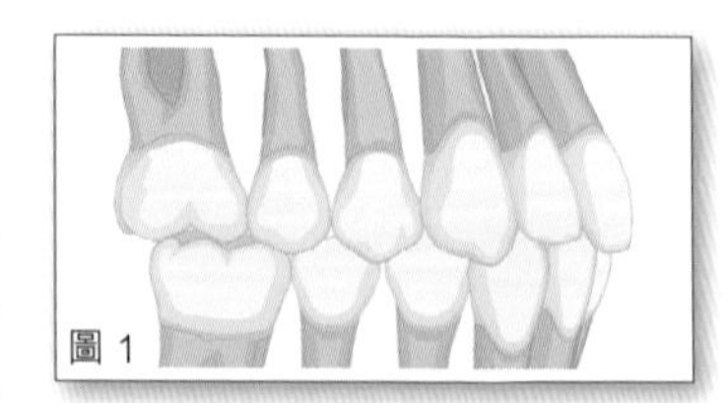
圖 1

顎骨發展異常，亦會影響牙齒排列，如下顎前突或上顎發育不足，便會形成倒及牙；上顎前突或下顎發育不足，則會形成哨牙等問題，會影響牙骹和咀嚼肌，所謂牽一髮動全身，甚至會引致頭痛、肩膊痛、腰痛和影響呼吸！

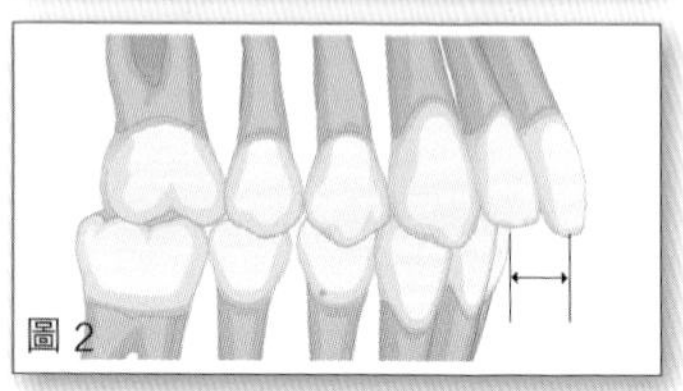
圖 2

情況嚴重者，需接受顎骨手術治療。牙齒矯正專科醫生先用約半年時間，將牙齒排整齊，然後轉介給口腔頜面外科專科醫生，住院開刀，將顎骨調整至計劃的位置。傷口癒合後，再轉交牙齒矯正專科醫生，完成牙齒矯正療程。

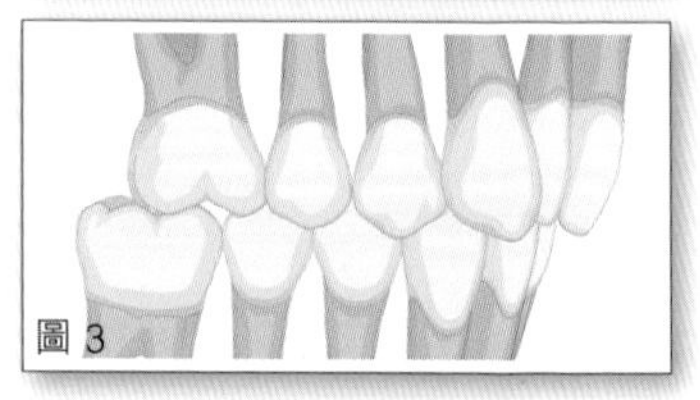
圖 3

第一類咬合（圖 1）

中性𬌗：臼齒的咬合關係正常

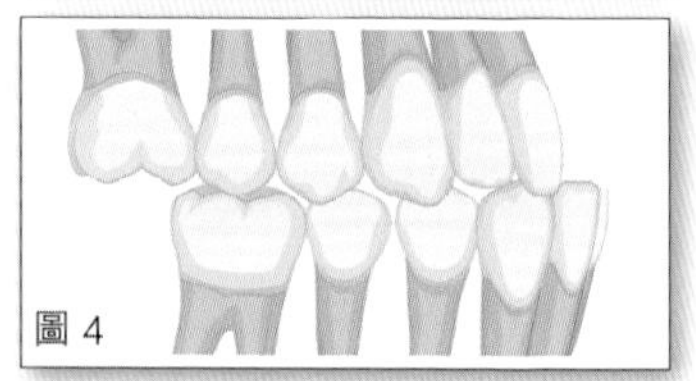
圖 4

第二類咬合（圖 2 及 3）

遠中𬌗：上顎的犬齒和大臼齒，落在下顎犬齒和大臼齒後面（遠中）。

第一次分類（圖 2）

上排門牙咬合時，落在下排門牙的前方，距離太大。

第二次分類（圖 3）

門牙向後傾，兩側的牙齒跟門牙重疊。

第三類咬合（圖 4）

近中𬌗：咬合時，下排門牙落在上排門牙的前方。

牙齒排列：牙齒不整齊

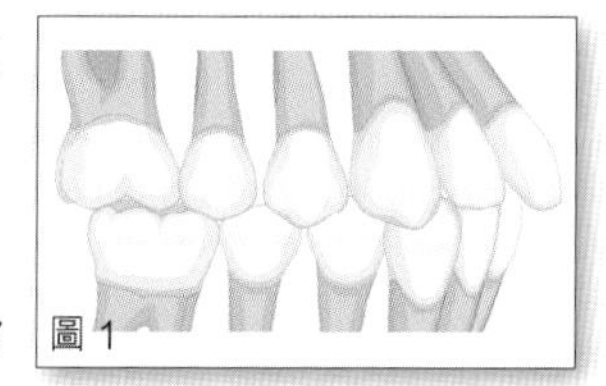
圖 1

上顎門牙前突 Protrusion（圖 1）

俗稱哨牙、爆牙，嚴重的話，會影響面部輪廓及嘴型，影響呼吸、咀嚼及對牙齒造成傷害。嚴重的哨牙會影響美觀，心理上也可能因而受創，是最多人求診想改善的情況。一般成因是由於兒時有不良習慣所引致，例如吮吸拇指，以及經常使用奶嘴等。

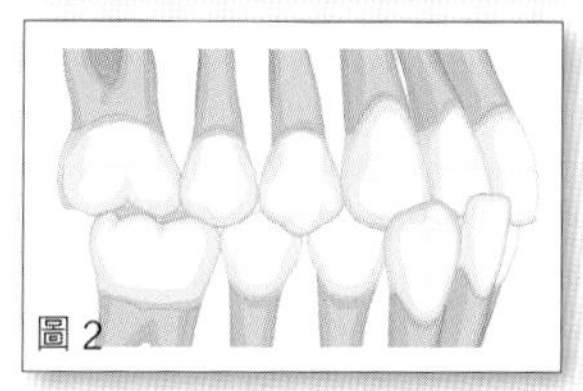
圖 2

前牙錯咬 Anterior Crossbite（反咬）（圖 2）

上顎的門牙反常地被下顎的門牙覆蓋，不單影響外觀，更會阻礙發音，嚴重時甚至增加牙齒鬆脫、面歪及形成「倒及牙」的風險。

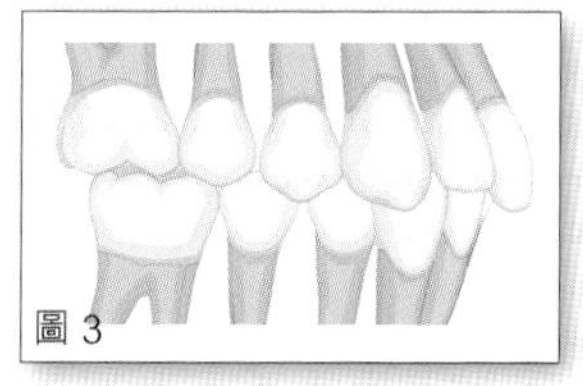
圖 3

深咬 Deep Bite（圖 3）

咬合時，下顎門牙幾乎完全被上顎門牙覆蓋住，導致牙齒琺瑯質磨損，嚴重的話，下牙會咬到上顎後面的牙齦，導致牙齦萎縮或牙齒鬆脫。

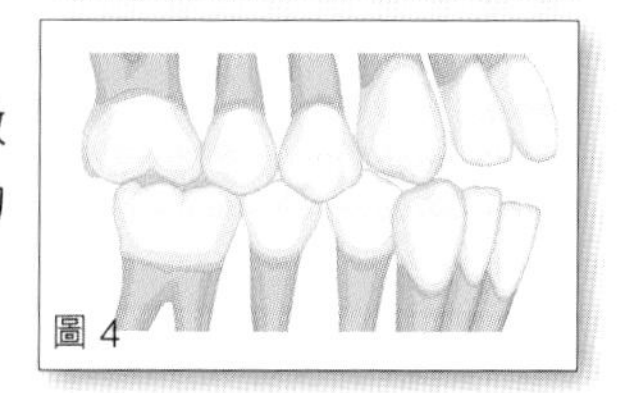
圖 4

前牙開咬 Anterior Openbite（圖 4）

咬合時，上下顎的門牙之間有一個空洞，沒有接觸，只有後排牙齒有接觸。有些前牙開咬的患者，牙齒排列很整齊，笑起來也看不出問題。但嚴重的話，有可能影響外觀和功能，例如前牙無法切斷食物，導致後牙負擔過大，以及阻礙發音。

牙齒矯正是最佳的治療方案。複合樹脂、搪瓷牙面或牙冠也可以改善較輕微的情況，但會對牙齒造成不同程度的影響！有些個案先進行牙齒橋正治療，後再用複合樹脂、搪瓷牙面改善形態和顏色。

牙周病跟心臟病的關係

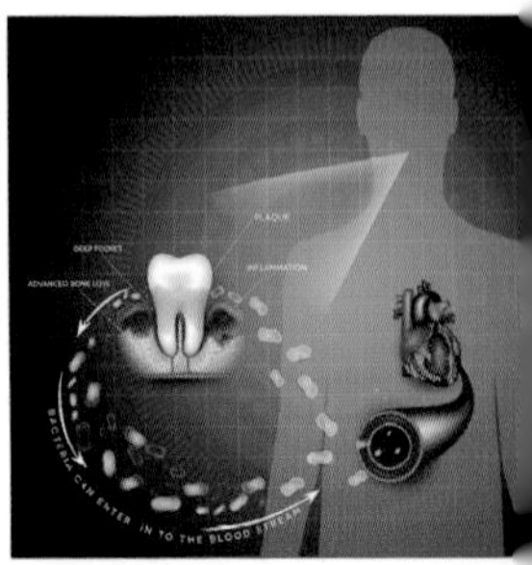

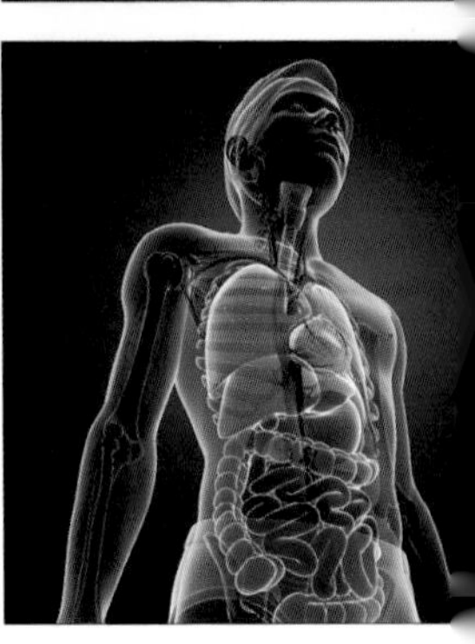

1. 牙周病患者冠心病風險較高？

牙周病加劇動脈粥樣硬化？

牙周病可能增加冠心病風險！有研究顯示患牙周炎者因冠心病死亡或入院的風險比無牙周炎者高 25%！而推斷長期牙周發炎可能刺激致發炎性蛋白，從而誘發血管發炎，加速血管硬化。動脈粥樣硬化也是一種慢性炎症狀態，這種炎症狀態持續存在，給動脈粥樣硬化斑塊的形成提供了有利的土壤。細菌感染會增加心臟壓力及誘導血小板凝集，增加血栓風險。

另外，在動脈粥樣硬化斑塊中發現牙周病的致病細菌，如牙齦卟啉單胞菌，這種細菌在體外實驗中顯示了侵入血管內皮細胞並在其中生長的能力，誘導血小板凝集，進而參與血栓形成。

另外，最近的一項研究對造成牙周炎的已知細菌及在心臟病中常見的血管壁增厚現象進行了檢查。調查者在檢查了 650 多個受試者的樣本後，得出的結論是血管壁增厚量與牙菌斑中發現可造成牙周炎的同一已知細菌有相關性。

並且，一些不良習慣會導致牙周炎和動脈粥樣硬化性疾病的風險雙雙增加，比如吸煙、糖尿病、焦慮或抑鬱、肥胖、靜息的生活方式，也可能在一定程度上可以解釋牙周病和冠心病手拉手的關係。

但從另一角度分析，牙周炎和動脈粥樣硬化性疾病患者有共同不良習慣或高危因素，如吸煙、糖尿病、焦慮或抑鬱、肥胖、缺乏運動、靜息……可能在一定程度上可以解釋牙周病和冠心病的連帶關係。

而糖尿病患者患牙周炎機會較非糖尿病患者為高，同樣地牙周炎亦令糖尿病患者血糖難於控制。雖然有研究發現每天刷牙兩次人士可能較低風險患冠心病，這可能是因這類人士較注重身體健康，而跟牙周炎未必有直接關係。

美國心臟病協會（AHA）於 2012 年把所有數據作出全面分析，最後否定其因果關係。

心之醫學：心臟科專科醫生謝德新

當評估你的牙周狀況及開發全面的治療計劃時，應對你各方面的健康情況進行考慮。對於心血管疾病的潛在或已有患者，要考慮的關鍵因素包括疾病的嚴重性、患病時間、是否存在其他會對心血管疾病造成影響的醫療狀況(例如糖尿病)及是否存在牙周病併發風險因素。此外，牙醫會與內科醫生進行溝通，以確定照顧、治療及你的綜合健康水平。

減少牙齦上下的細菌並消除生物膜，對於保持口腔和系統健康是必不可少的。除了進行良好的家庭護理外，還可通過傳統的潔牙、牙根整平術予以實現。對於所有患者，特別是心血管疾病患者之類的高風險患者，口腔衛生指導治療計劃是非常重要的一部分。治療應集中在牙周疾病和口腔炎症的預防上，這對於控制與心血管疾病有關的口腔併發症是必不可少的。此外，我們知道甚至在健康的患者中，細菌問題也是齒齦炎的風險因素，因此應鼓勵患者定期用牙線潔牙，並每天用抗菌牙膏刷牙兩次。

1. 選購合適的口腔護理產品

使用合適的牙膏、牙刷、牙線，避免選擇不合適的口腔護理產品導致牙齦問題的惡化。

2. 養成良好的口腔衛生習慣

堅持做到早起及睡前刷牙、飯後漱口，了解並掌握正確的刷牙方法。

3. 養成良好的飲食習慣

飲食結構要營養均衡，多吃白肉、蛋、蔬菜、瓜果等有益於牙齒口腔健康的食物；盡量少吃含糖食品，不抽煙，少喝酒，多吃富含纖維的耐嚼食物。

4. 密切關注牙周疾病的早期信號

如果在刷牙或吃東西時，出現牙齦出血現象，要及時治療，以免牙周炎惡化造成牙齦萎縮、牙齒脱落。

心之醫學：心臟科專科醫生謝德新

2. 心瓣病病患者脫牙前 要服用抗生素以防止心瓣發炎？

口腔內暗藏很多細菌，心瓣病病患者脫牙時，細菌有機會經傷口入血並在心瓣滋生，導致心瓣發炎。

所以過往醫生會建議脫牙前先服食抗生素以減低心瓣發炎風險。

但美國心臟病協會（AHA）於 2007 年改變抗生素指引，並不建議所有心瓣病病患者於術前服用抗生素。

原因如下：

1. 日常生活（如刷牙）所導致細菌入血以致心瓣發炎風險遠比脫牙或其他手術更高
2. 術前抗生素只能防止極少數心瓣發炎個案
3. 服用抗生素副作用比其可能帶來好處更高
4. 維持口腔健康及衛生更能有效減低日常生活（刷牙）所導致細菌入血以致心瓣發炎風險

不過對於高風險患心瓣發炎或高風險嚴重併發症人士，仍建議處方抗生素：
1. 植入人工心瓣膜或其他物料以作心瓣修補
2. 有心瓣發炎病歷
3. 先天性心臟病
4. 心臟移植並患有心瓣病

若心臟病患者沒有服食抗生素，洗牙或脫牙後心瓣壞死風險，較有食抗生素者高 5 至 10 倍。

心之醫學：心臟科專科醫生謝德新

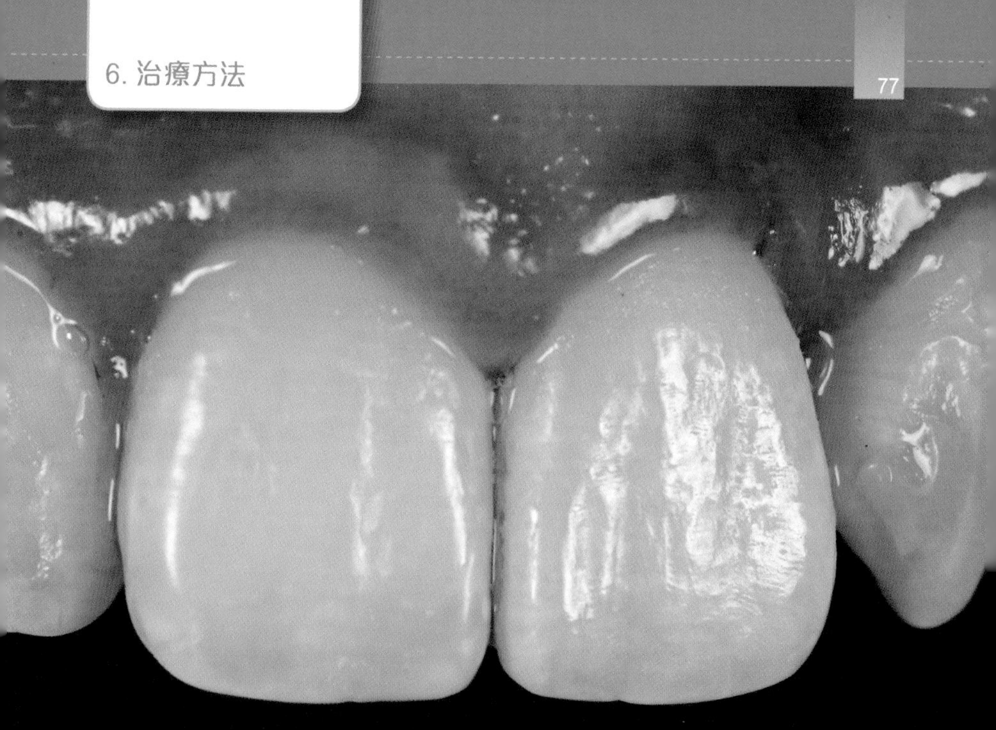

層次複合樹脂修復
Composite Layering

不同的牙齒問題，需要有不同的治療方法，以下章節我們將逐一介紹各種治療方法，包括層次樹脂修復、搪瓷牙面修復，隱形箍牙以及牙周手術等等。

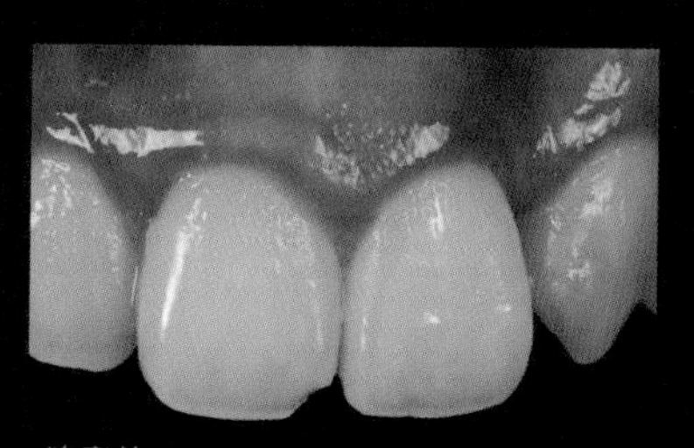

治療前

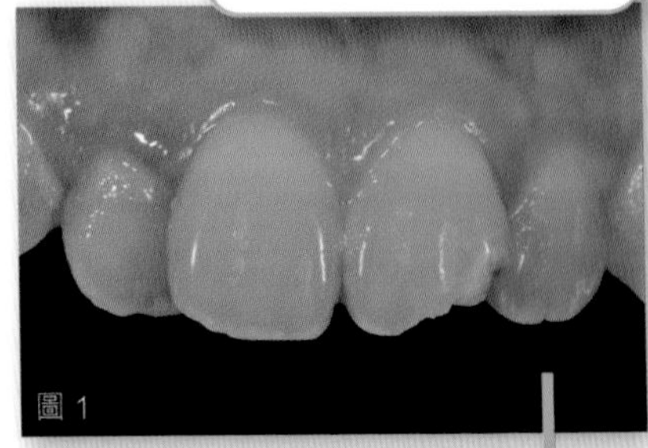
圖 1

層次複合樹脂，即是利用幾層的複合樹脂模仿琺瑯質和象牙質的顏色和牙齒的形態，達到微創修復的效果。

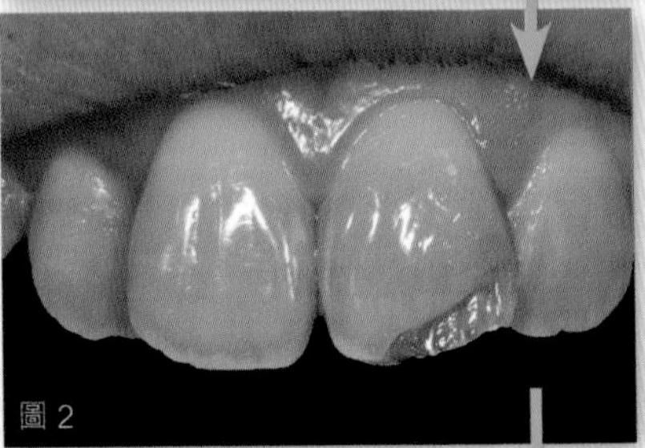
圖 2

個案：

患者前面門牙意外撞崩，由於年輕，牙齦組織未成熟，樹脂修復是最好的選擇。

優點：

1. 微創
2. 仿真度高

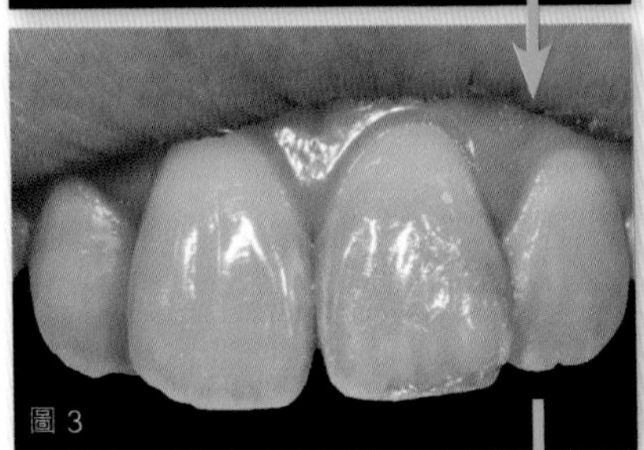
圖 3

缺點：

1. 技術要求高
2. 複合樹脂壽命短（4-5 年）

程序：

圖 1：患者右正門牙崩掉

圖 2：先用半透明的複合樹脂，建立顎面的琺瑯質層

圖 3：再用象牙色樹脂建立牙齒象牙質的形態和顏色

圖 4：最後用半透明樹脂，建立唇面的琺瑯質層，然後打磨形態和光滑面

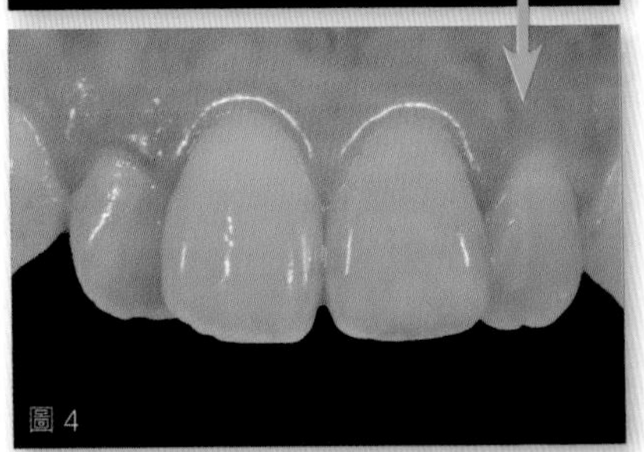
圖 4

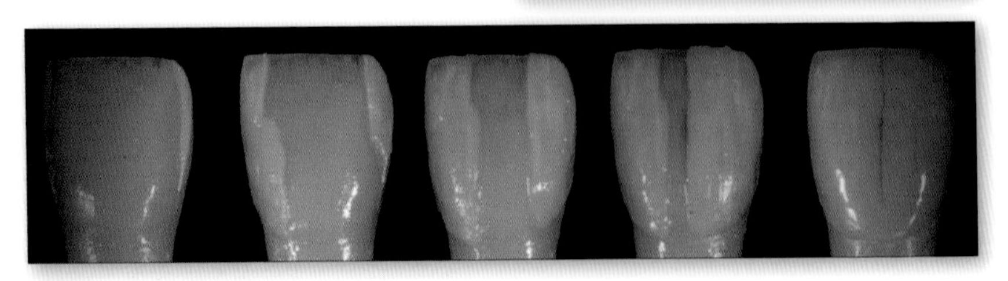

個案 1：

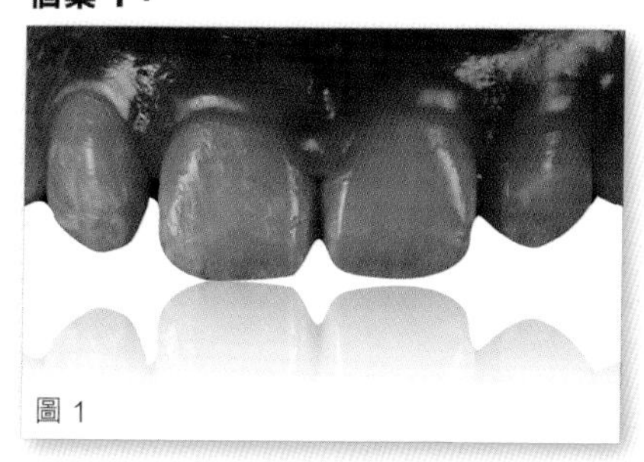

圖 1

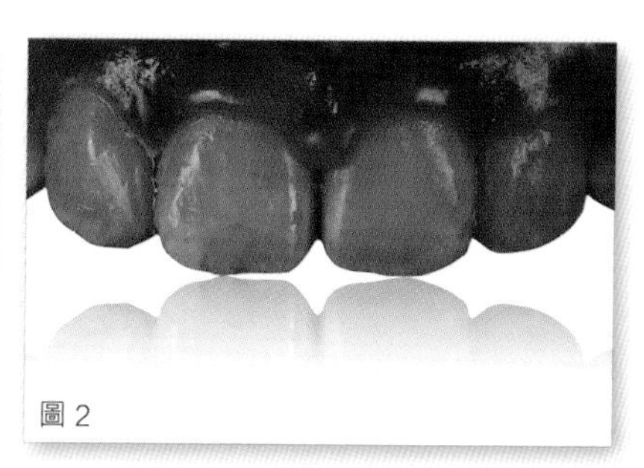

圖 2

患者在接受牙齒矯正時，醫生已有計劃地預留側門牙近中的空間（圖 1）作樹脂修復，令前門牙和側門牙達到適當的比例，側門牙的軸心亦是往近中傾斜（圖 2）。

個案 2：

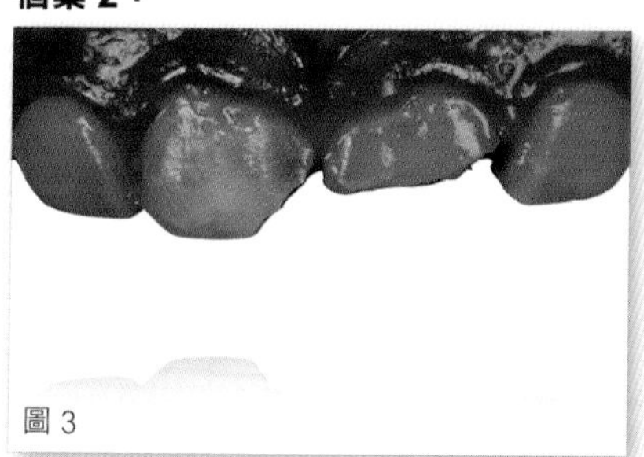

圖 3

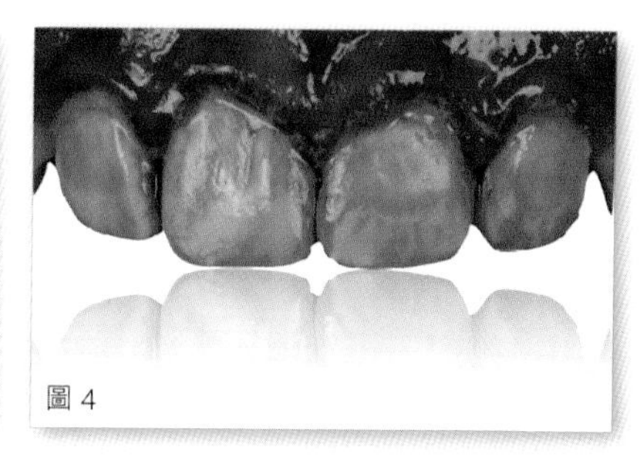

圖 4

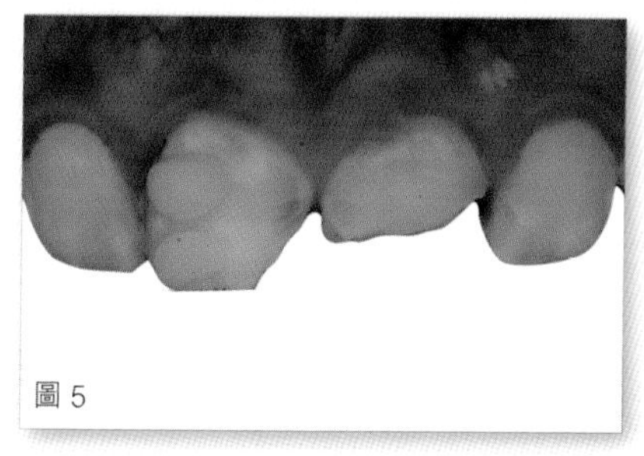

圖 5

患者前面門牙意外撞崩（圖 3），由於年輕，牙齦組織未成熟，樹脂修復是最好的選擇（圖 4）。 醫生利用特別拍攝的技術，減少了牙齒表面的反射，可以清楚分析象牙質的顏色（圖 5），模仿牙齒內的色彩。

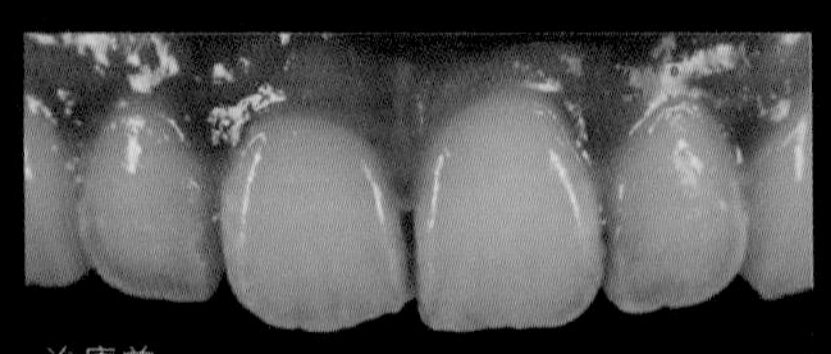
治療前

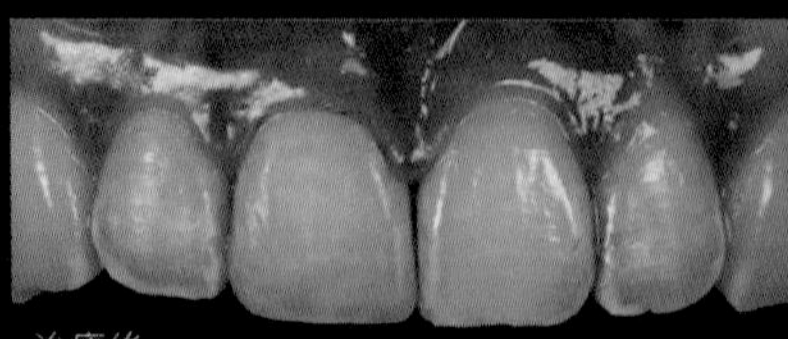
治療後

患者左右門牙不對稱，利用複合樹脂層次修復，在不磨牙的情況下加上複合樹脂，能保存所有琺瑯質。

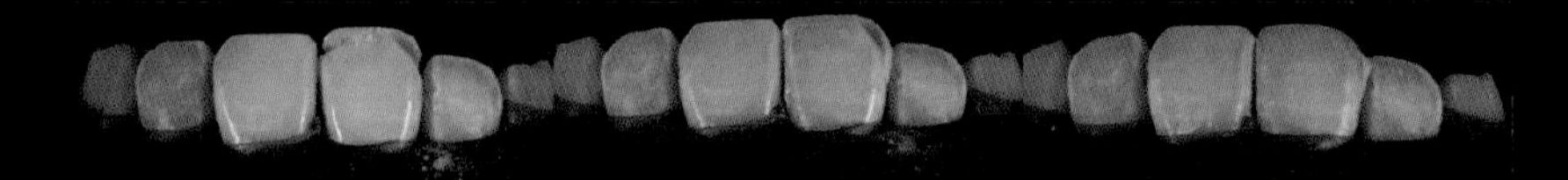

牙縫黑三角

牙齦萎縮，導致牙縫黑三角，這情況特別容易出現在三角形的牙齒上。

治療方法：層次複合樹脂修復，將牙型改為橢圓形。

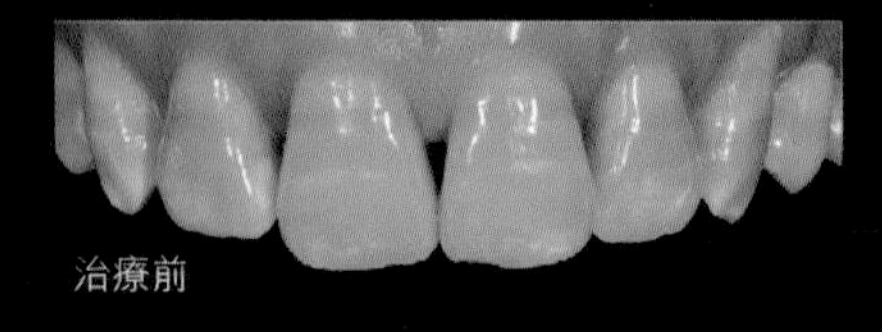
治療前

治療前

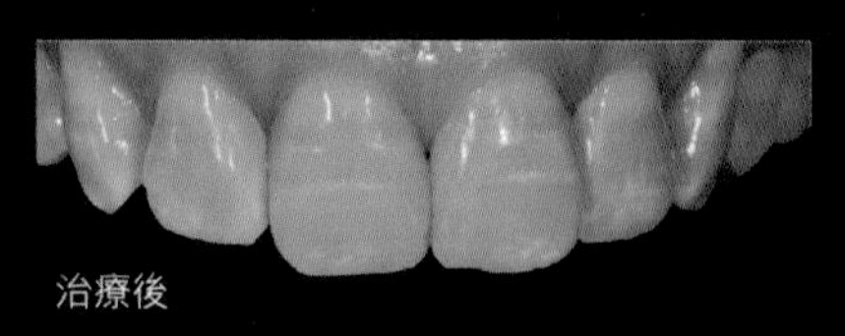
治療後

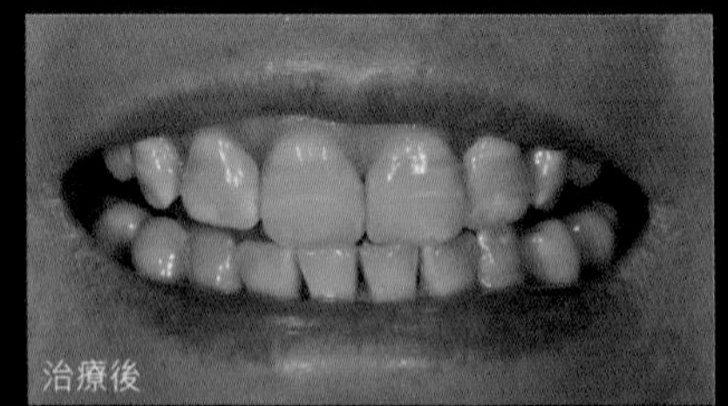
治療後

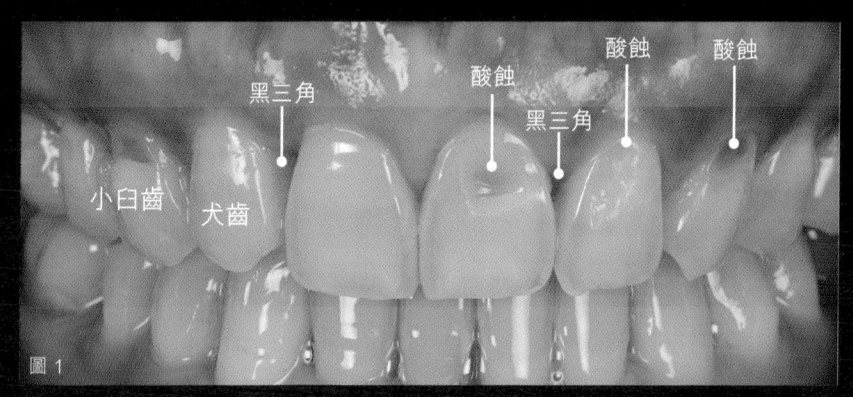

圖 1

個案：患者缺少了側門牙，牙齒表面琺瑯質有酸蝕，牙齦萎縮形成牙縫黑三角（圖 1）。

患者因為年紀漸長，牙唇下垂，笑的時候，露出的牙齒不足，笑容顯得老化（圖 2）。

治療計劃：利用層次複合樹脂修復（圖 3），在沒有磨走牙齒的情況下，修補牙齒的形狀，以及修復牙縫黑三角（圖4），同時將牙齒加長，改善微笑線（圖5）。

圖 2
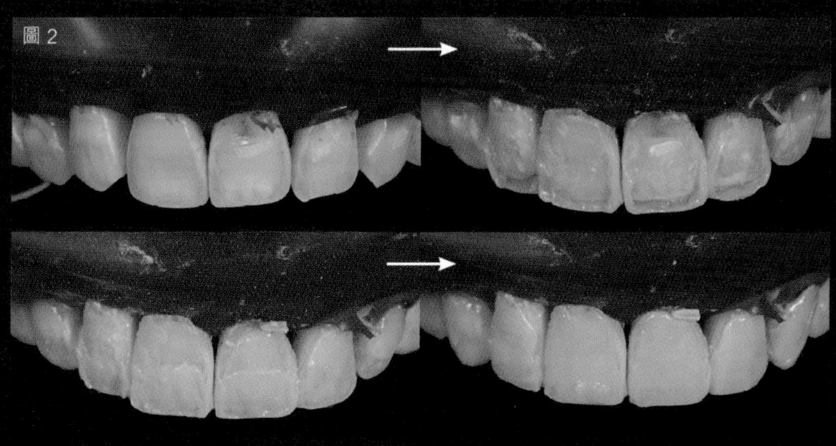

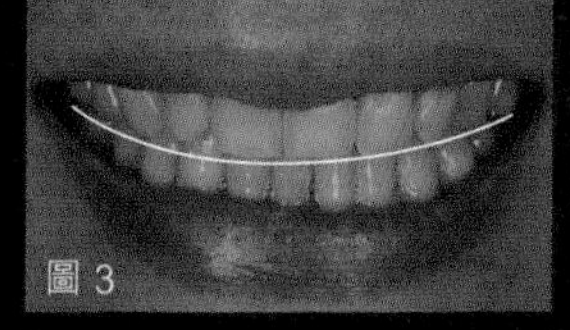
圖 3

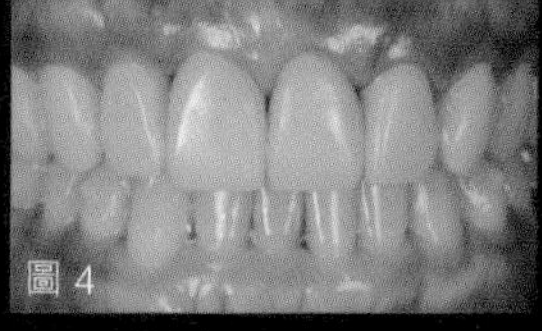
圖 4

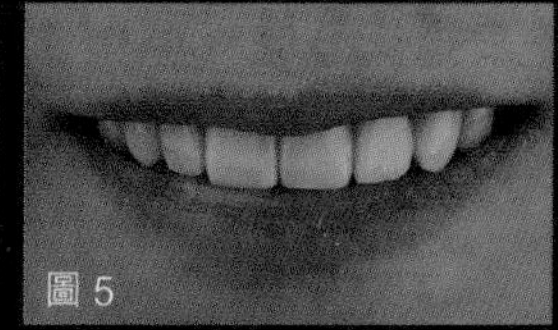
圖 5

搪瓷牙面 / 牙冠

搪瓷牙面 Porcelain Veneer

搪瓷牙面，又名「瓷貼面」，顧名思義就是於牙齒表面貼上一塊厚度大約 0.3 至 0.7 毫米，如蛋殼般薄的瓷片，從而改善牙齒顏色、形狀、外觀，甚至排列。要成功貼上搪瓷牙面，牙齒表面的琺瑯質百分比很重要，至少要保留牙齒 90% 的琺瑯質，所以過程不能磨走大量琺瑯質。

搪瓷牙面本身是永久性的，但隨着歲月過去，我們的牙齦會外露及退化，故大約十五年左右便需要更換「瓷貼面」。此外，為了保護搪瓷牙面，我們要小心護理，不能咬太硬的食物，例如骨頭、蟹殼、冰塊等，睡前亦須戴上牙膠保護。

優點：傷害較少，效果顯著，壽命較長，大約十至十二年。

缺點：昂貴，不能全面改善牙齒排列問題，只適用於輕微情況，嚴重情況需先接受牙齒矯正。

搪瓷牙面屬於藝術品，價錢取決於技師的名氣和質素。現今科技先進，3D 瓷雕可以製作出效果不錯的牙面，但我認為始終高端技師的手藝，是不可取替。

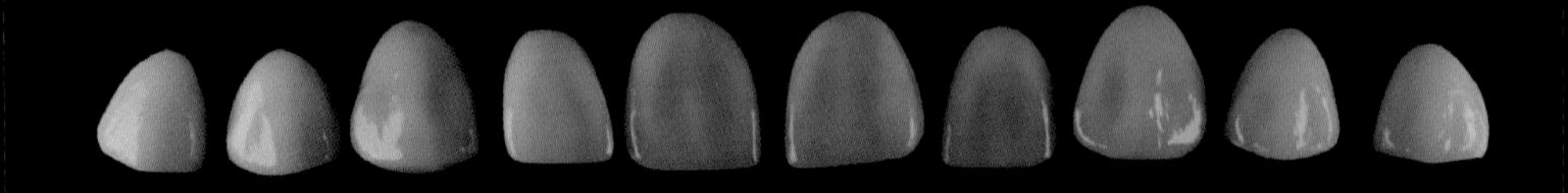

搪瓷牙面的歷史 Porcelain Veneer

1938 年
荷里活開始從紐約引入演員，要求不單外表美觀，也要能言善辯，但不幸地發現演員們的牙齒上鏡時不好看，當中包括有蛀牙、缺牙以及牙齒擠迫等問題。因此第一代的荷里活美國美學牙醫 Dr.Charles Pincus，首次為一名小演員貼上第一代的牙貼面，當時只是用膠水粘貼，用作臨時上鏡之用。當年荷里活電影是黑白片，所以製作牙貼面時，他盡量做得白一些，成為當時經典的荷里活笑容。而當年的小演員就是享譽全球的美國傳奇童星及外交官秀蘭· 珍· 鄧波爾（雪莉· 譚寶）(Shirley Jane Temples)，它是全世界第一位獲得奧斯卡獎的童星，亦是甘迺迪中心榮譽獎得主。

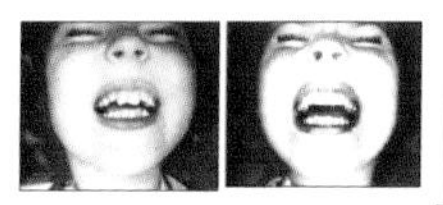

1950 年
Dr. Michael Bounocore 發現酸蝕後的珐瑯質，可以和樹脂粘結。

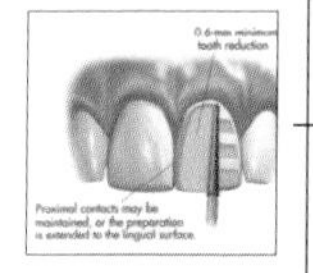

1990 年
粘結的突破，搪瓷酸蝕和硅烷偶合劑成就今日搪瓷牙面的成功。
第一代搪瓷牙面，醫生利用特製的車針來磨牙，可以控制磨牙的份量。

1998 年
美國牙齒美學之父，把搪瓷牙面發揚光大，有預期性的美學效果。

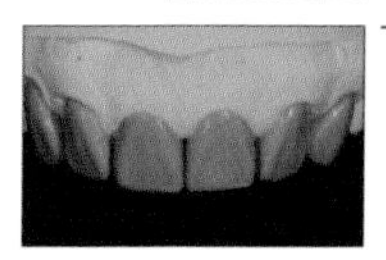

2000 年
第二代的搪瓷牙面，利用蠟模型和矽，作微笑試戴。

物料上的突破，Empress 搪瓷、薄、硬和美觀。

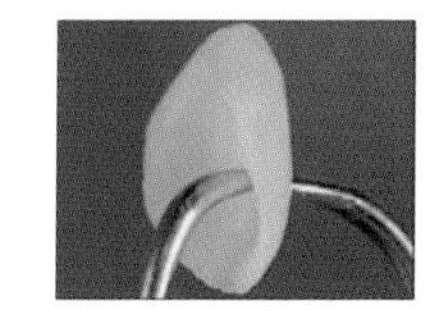

2002 年
第三代搪瓷牙面，國際美學大師 Pascal Magne 提出，利用蠟模型預備微笑試戴，他稱之為美學臨時評估，當患者滿意效果時，再用這模型評估磨牙的份量，達到微創效果。

2003 年
Galip Gurel 發表的書有着同樣的觀點。

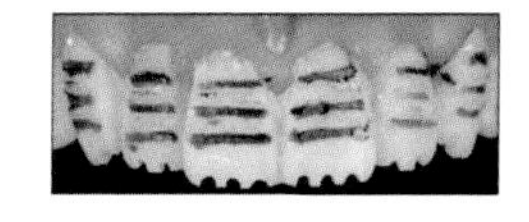

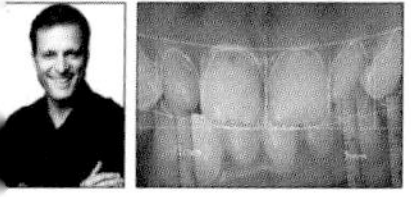

2011 年
Christian Coachman 發表數碼微笑設計，利用圖像和畫圖，與患者技師和團體的溝通。

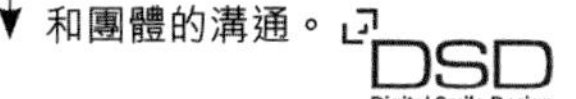

搪瓷牙冠
Porcelain Crown

搪瓷牙冠又名牙套，有全瓷或合金搪瓷兩款(圖 1)。前者較美觀及自然，亦較昂貴。搪瓷牙套可改善牙齒顏色、形狀、外觀及排列。如牙齒遭嚴重破壞、受損(圖 2)，便需要把牙齒 360 度打磨（圖 3），套上牙套加以保護及改善其外觀(圖 4、5)。

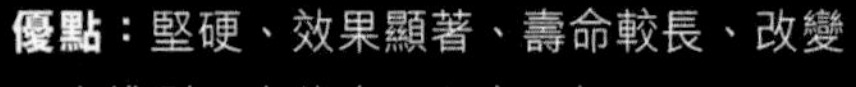

優點：堅硬、效果顯著、壽命較長、改變牙齒排列，大約十二至十五年。
缺點：昂貴，磨走牙齒的份量比較多，侵略性強。

搪瓷牙套在物料選擇方面比搪瓷牙面多，可以選擇較堅硬的物料，如二氧化鋯。加上磨牙比較多，物料的厚度增加，所以相對搪瓷牙面比較堅硬耐用，亦不依賴牙齒的粘貼性，因此壽命較長，但同時因為治療的侵略性強，牙齒容易被破壞，因此牙套只會用於遭嚴重破壞的牙齒上。

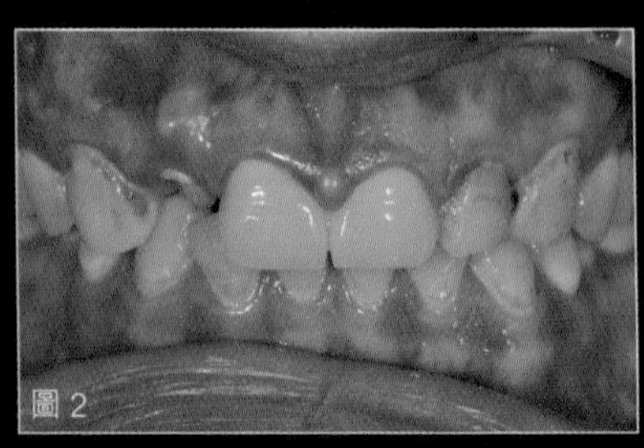
圖 2

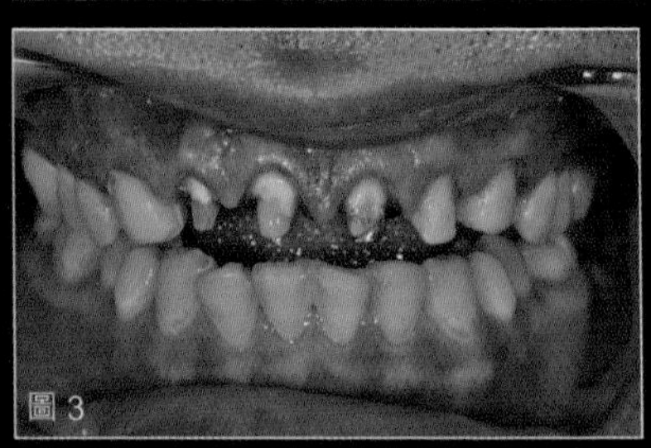
圖 3

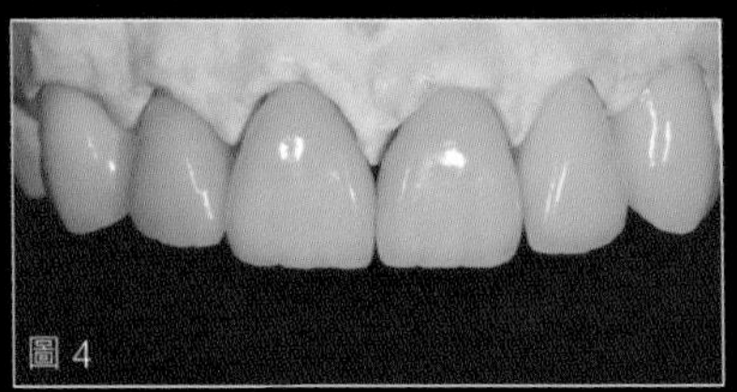
圖 4

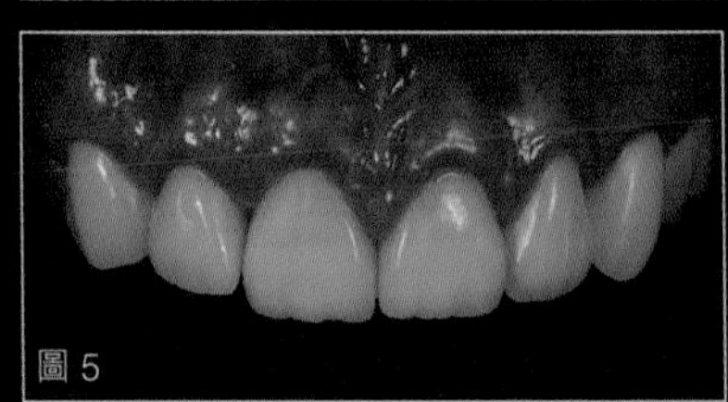
圖 5

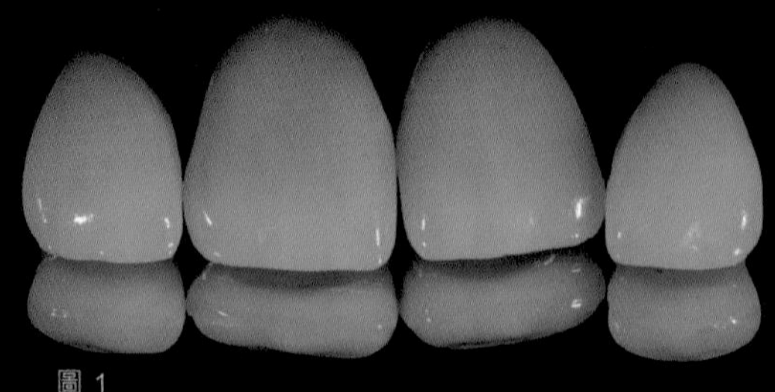
圖 1

美白牙齒的原理

漂牙

了解完令牙齒泛黃及變色的種種原因後，到底如何可以令牙齒回復美白？

其實美白技術已有數十年歷史，家居美白更於上世紀七十年代開始流行。美白的原理是利用過氧化氫（圖 1），在牙齒表面進行氧化作用，即是利用氧化氫，將色素分子打碎成較細的分子。只要牙齒及牙肉健康的話，美白絕對不會令牙齒及琺瑯質受損，亦不會帶來負面影響。

至於牙齒美白的效果，要視乎患者牙齒本身的色澤而定，並非所有患者都能得到理想效果。牙醫會用牙齒美白色版（圖 2），由深色至淺色共分為 16 度顏色，配對患者的牙齒原色，美白後再配對色澤。

接受美白的人士，美白效果一般可維持 8 － 10 個月不等，其後若有需要，可進行另一次美白。

牙醫建議，曾接受激光美白或其他美白方法的患者，在美白後兩小時內，都不要吃喝有色素的東西，例如咖啡、茶、紅酒等，否則會令牙齒容易上色，回復原狀。患者往後亦應盡量避免吃喝這些帶有色素的東西，令牙齒的美白效果更持久。

至於清潔牙齒方面，只要維持一般的刷牙習慣，用牙線及定期接受牙齒檢查等便可。

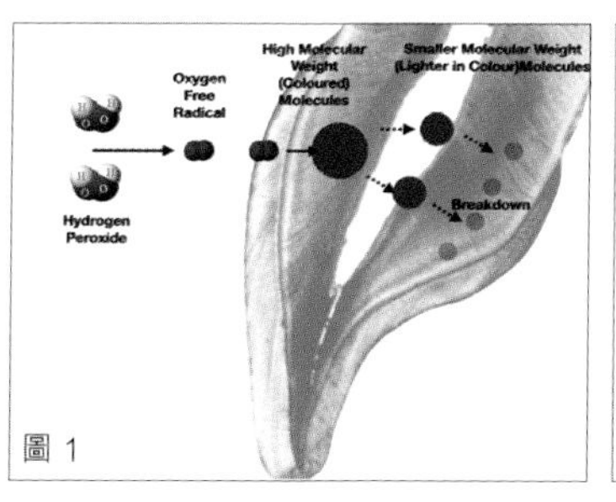

圖 1

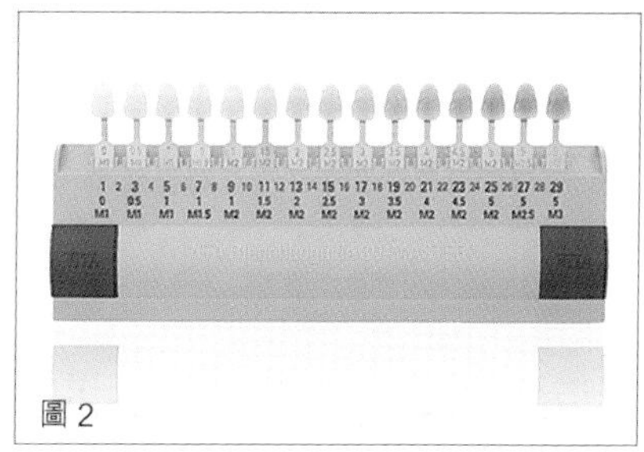
圖 2

A. 市面漂白產品

市面漂白產品 - 效果普通

市面上有不少漂牙產品，如凝膠、美白筆、美白牙貼、美白牙膏和漱口水等。雖然此類產品大多含有氧化劑，有美白作用，但效果不太顯著。

美白牙貼：美白度一般只可提升 2 至 3 色，只適用於整齊的牙齒，如牙齒擠迫，美白牙貼便無法覆蓋所有牙齒範圍。（圖 1）

美白凝膠：坊間的 DIY 產品，會配合藍光進行，但一般只用低濃度的氧化劑，所以效果有限，市民不要盡信廣告所呈現的美白效果。（圖 2）

美白牙膏：氧化劑成分不足，加上與牙齒接觸時間短，所以美白效果極之有限，若牙膏內的顆粒過粗或刷牙方式不當，可能令牙齒表面變得粗糙，更易變色。（圖 3）

木炭牙膏：最近潮流的牙齒美白產品，但根據研究報告顯示，產品不但沒有美白效果，更因為牙膏不含氟（Fluoride），因此會增加蛀牙風險及加速牙齒磨蝕。（圖 4）

美白漱口水：以李施德林為例，內含多磷酸鹽（Polyphosphate），可移除色素，並阻擋色素堆積於牙齒表面，也不會磨損琺瑯質，但效果有限。（圖 5）

由於坊間產品繁多，建議市民應選擇美國 FDA 食品企業註冊的產品。使用牙貼前亦應先接受牙醫檢查，確保牙齒和牙肉正常健康，以免使用產品後出現發炎以及敏感等情況。

圖 1 圖 2 圖 3

圖 3 圖 4 圖 4 圖 5

B. 專業美白

家居美白(Home Bleaching)— 較實惠

清潔牙齒後，將美白劑加入特製的牙膠內，再將牙膠套上牙齒，待約 2 小時。連續使用兩星期，一般都能獲得不錯的美白效果，若漂牙程序正確的話，家居漂牙亦可令牙色提升至 6-9 度。

診間美白(In Office Bleaching)— 效果快

在診所進行漂牙，牙醫會先以樹脂保護牙肉，只有牙齒外露，然後在牙齒表面加上高濃度的美白劑，再以藍光或激光進行美白。由於藍光儀器的售價比激光便宜，因此也較為普遍。

一般接受診間漂牙者，其牙齒美白度應可由原色提升至 6-9 度。當然最終效果亦要視乎患者牙質而定。另外，美白範圍一般為上排十二隻牙齒和下排十二隻牙齒，由於激光及藍光照射燈呈弧形，因此可同時美白較入的牙齒。

分子水活牙齒美白

是利用 Mavrik's Thera-Oral 系統，透過它專利的真空封鎖 iowave™ 喉舌器，控制漂牙劑的分量和溫度，達到即時和非常顯著的持久美白效果。圖 1 中可見，患者小時候因服用太多四環素，而導致牙齒嚴重變色(圖 1)，接受了分子水活牙齒美白後(圖 2)，效果顯著，較傳統的診間漂牙更有效。

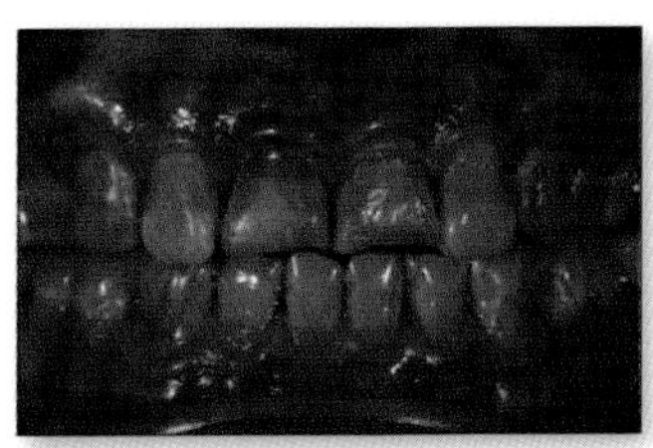
圖 1

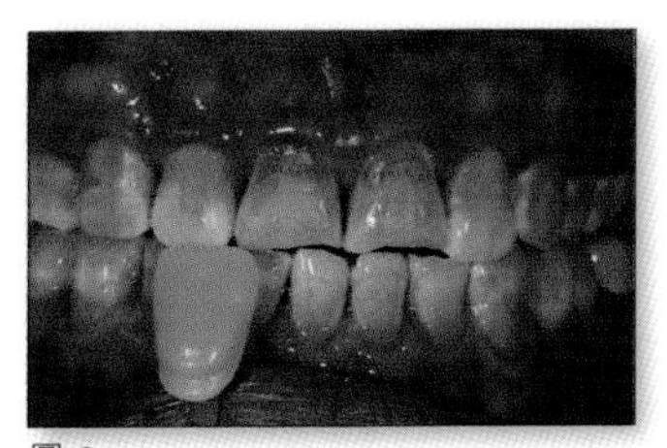
圖 2

牙齒美白效果因人而異，視乎牙齒本身的顏色，偏黃的牙齒較容易有效果，啡或灰的牙則效果一般。

家居美白和專業美白效果相若，視乎患者的取捨，若急於出席飲宴或應酬，或者比較懶惰的話，接受專業美白會比較適合。若每晚都能夠有時間做家居美白的話，家居美白也是一個經濟及有效的選擇。

若選擇家居美白，可選擇先美白上牙，再用下牙作美白效果的比較。如果口腔本身有牙面、牙冠或樹脂補牙的話，要特別留意，因為牙齒美白不能美白修復體。

如個別門牙要作修復，可以先美白牙齒，牙醫以美白後的牙齒幫你作修復。當然，患者日後需要定期美白維持牙齒的光亮度。

美白牙齒可能會導致牙齒有輕微敏感，若你本身牙齒有敏感的情況，要先考慮清潔。

進行美白之前，應先要接受牙醫全面檢查、洗牙，確保沒有牙周病等問題，才接受美白。

美白牙齒（真實個案）

微酸蝕打磨（Microabrasion）[1]

牙齒表面的啡斑，可以用微酸蝕打磨，Opalustre 含有 6.6% 鹽酸以及碳化矽微粒（Ultradent Products）（圖 1），原理是利用 6.6% 鹽酸，溶化牙齒表面的琺瑯質，再利用碳化矽微粒打磨把啡斑淡化。

個案： 患者因門牙有啡斑及牙齒偏黃而求診（圖 2）。十多年前，牙醫曾建議他用牙套改善正門牙啡斑，但他拒絕，多年來沒有接受治療。患者牙齒排列整齊，而且要求不太高，醫生建議可採用微創治療，先做牙齒美白（圖 3），再用微酸蝕打磨，把啡斑淡化（圖 4），治療效果明顯，雖然啡斑仍隱約可見，但患者已很滿意（圖 5）。

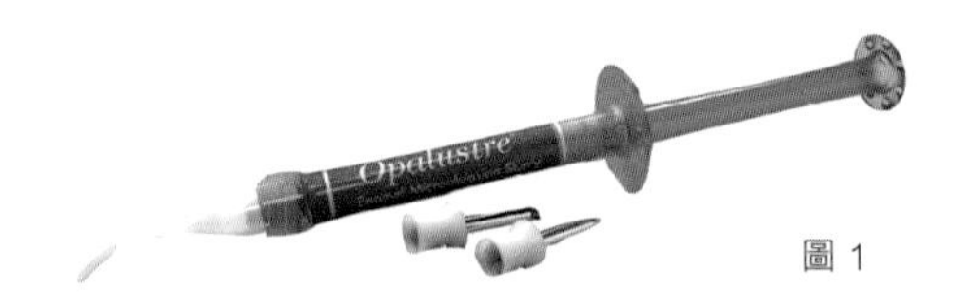

圖 1

ICON 滲透樹脂（DMG Germany）

白斑形成的原因，是由於琺瑯質的孔隙積存空氣和水，折射率比完整琺瑯質的折射率低，治療原理是用滲透樹脂（圖 6）還原牙齒的折射，回復美觀。

個案： 患者希望用牙套改善門牙的啡斑和白斑（圖 7、8）。但牙醫檢查後，發現他的牙齒排列及形狀屬理想，建議接受微創治療便可，用微酸蝕去除表面啡斑，再用滲透樹脂淡化白斑（圖 9、10），治療效果理想，患者非常滿意。治療過程不需要打麻醉針，也沒有不良後果。

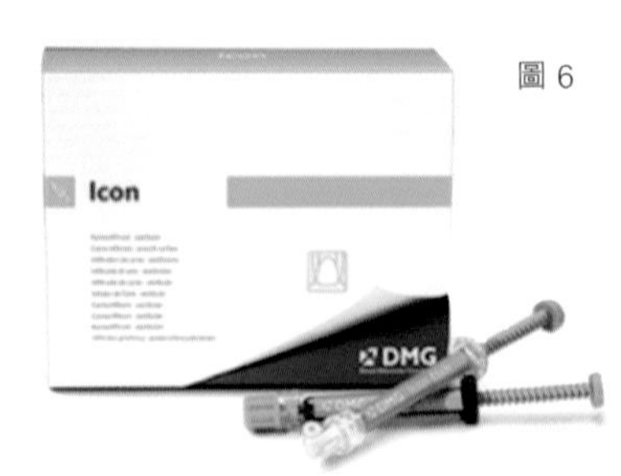

圖 6

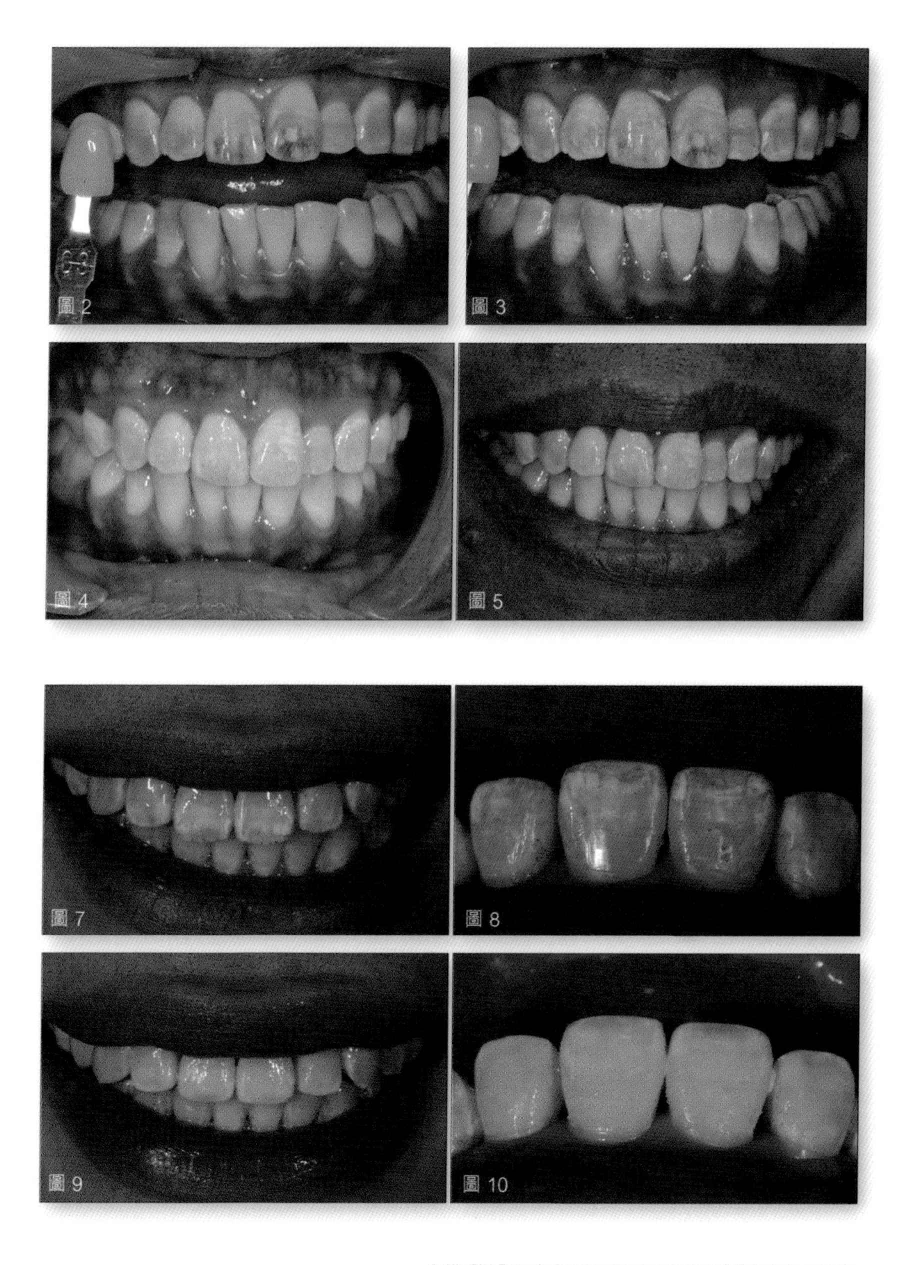
圖 2 圖 3 圖 4 圖 5 圖 7 圖 8 圖 9 圖 10

1. Nip Pini Enamel microabrasion: An overview of clinical and scientific considerations.World J Clin Cases. 2015 Jan 16; 3（1）: 34-41.

個案： 患者的門牙因曾經受創傷求診（圖 1），治療方案視乎創傷的程度，一般表面的白斑，可以用滲透樹脂治療，醫生利用特別攝影效果（雙重偏光鏡的照片）評估白斑的大小和深淺（圖 2），但因為白斑範圍較大及深色，要接受滲透樹脂治療，將白斑範圍縮小。醫生先用琺瑯質酸蝕處理牙齒表面（圖 3），再加上滲透樹脂，慢慢滲入牙齒表面（圖 4），白斑減少後，再磨去較深的白斑（圖 5），然後再作層次樹脂修復（圖 6）。圖 7、8 是治療後的照片，效果相當理想。

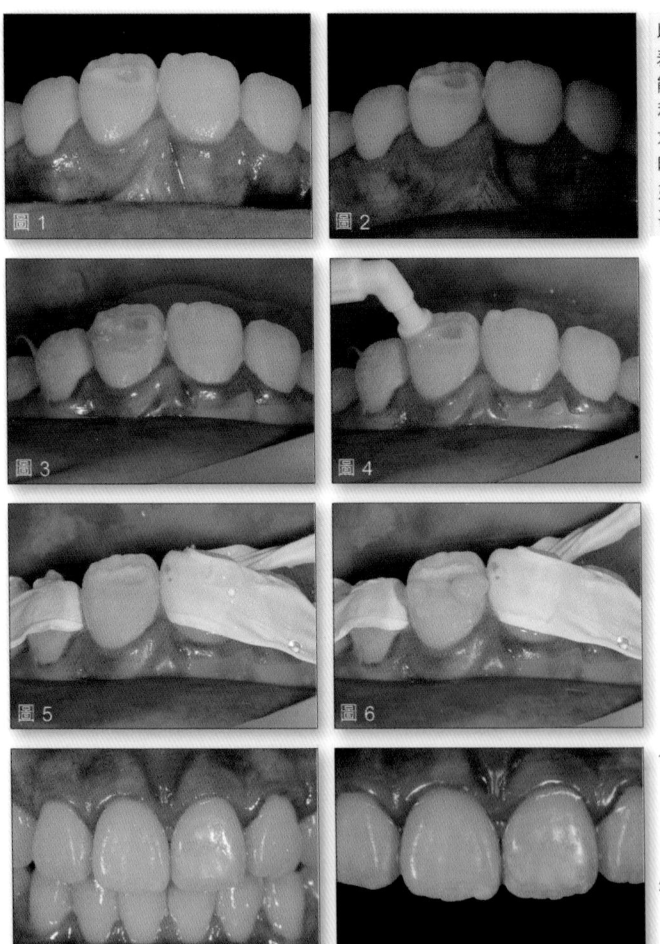
圖 1 圖 2 圖 3 圖 4 圖 5 圖 6 圖 7 圖 8

以上治療改善牙齒表面的缺陷，但不能改善牙齒的形態和外貌。如患者要求較高，可考慮侵略性較高的治療，如層次樹脂修復，甚至是搪瓷牙面。

1. N Gugnani, Caries infiltration of noncavitated white spot lesions: A novel approach for immediate esthetic improvementContemp Clin Dent. 2012 Sep; 3 (Suppl 2) : S199-S202.
2. V Shivanna,Novel treatment of white spot lesions: a report of two cases:J Conserv Dent. 2011 Oct-Dec; 14 (4) : 423-426.

死髓牙（杜牙根）的持續漂白技術：

一般接受根管治療，即是杜牙根後，牙齒會變黑，可以通過內漂白，將氧化物漂牙劑放入牙髓腔，治療因杜牙根管填充劑引起的內部變色，或因受到創傷，其血液導致內部變色。（圖 1）

進行內漂白時，要避免漂牙劑放入根管過深的位置，避免漂牙劑擴散到鄰牙的牙周韌帶。

操作過程：

先取走杜牙根時放置的填充物，再用牙科物料封閉及保護根管，再用棉花球將漂白劑放入牙髓腔中，然後用臨時牙粉封閉牙齒，讓漂白劑放在牙髓內約一個星期。每次覆診都會更換漂白劑，直到效果令人滿意，最後再用樹脂，填補牙齒。（圖 2）

一般漂白效果大約維持三至四年，之後或需再治療。

根管治療後的牙齒由於部分牙齒組織缺損，損害牙齒的強度。所以建議採用最保守的治療方案，避免再造成牙齒組織的喪失。治療最大的優點是不需要磨走牙齒的琺瑯質，保留牙齒的強度。
優點：不用磨牙

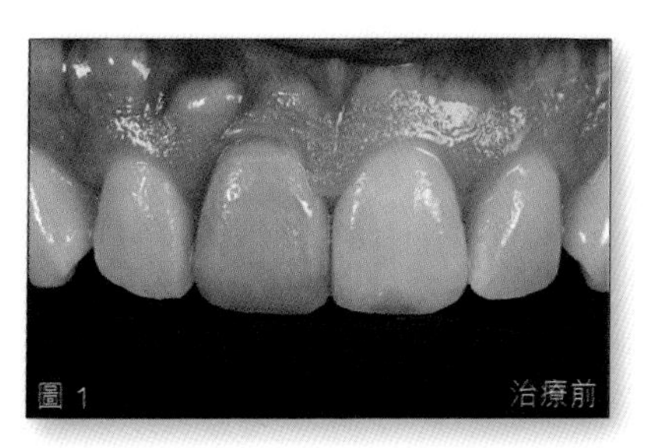
圖 1　治療前

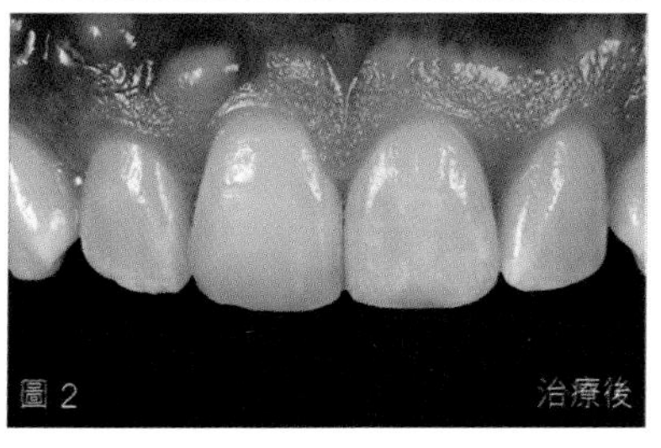
圖 2　治療後

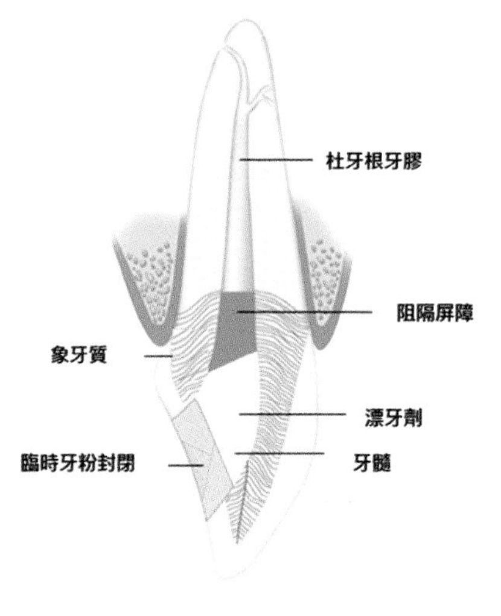

層次複合樹脂修復（Composite Veneer）(圖 1)

層次樹脂修復以及搪瓷牙面，除了可以用來治療牙齒的各種問題，亦可用來美白牙齒。

用半透明的複合樹脂，一層一層的粘貼在牙齒表面上，改善牙齒顏色。

優點：安全，無痛，只需磨走少量牙齒
缺點：易崩及起漬，壽命較短，不能有效掩蓋深的牙色

搪瓷牙面（Porcelain Veneer）(圖 2)

於牙齒表面貼上一塊厚度大約 0.3 至 0.7 毫米、如蛋殼般薄的瓷片，可以改善牙齒顏色、形狀，外觀，甚至排列。

優點：傷害較少，效果顯著，壽命較長，大約十二至十五年。
缺點：昂貴，不能全面改善牙齒排列問題，只適用於輕微情況，嚴重情況需先接受牙齒矯正。

搪瓷牙冠（Procelain Crown）(圖 3)

搪瓷牙冠又名牙套，有全瓷或合金搪瓷兩款。前者較美觀及自然，亦較昂貴。搪瓷牙套可改善牙齒顏色、形狀、外觀及排列。如牙齒遭嚴重破壞、受損，便需要套上牙套加以保護及改善其外觀。

優點：由於磨走約三分之一的牙齒，故能改善牙齒參差不齊的情況，及給予多些空間給技師燒瓷，令其更美觀及自然。
缺點：侵略性高 (Most Invasive)

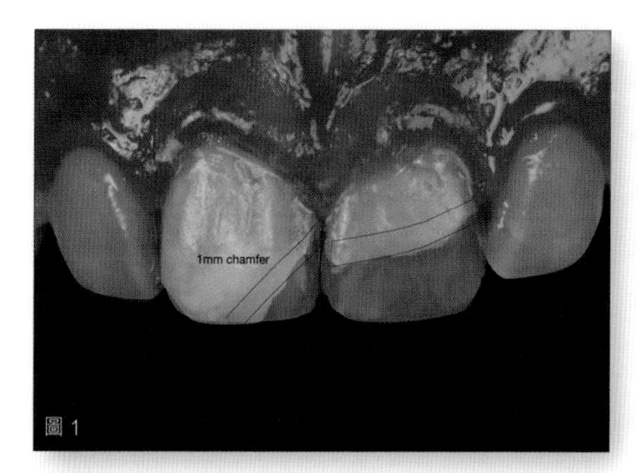
1mm chamfer
圖 1

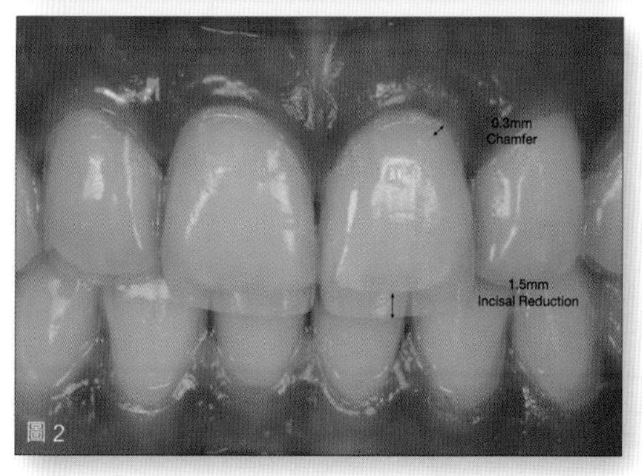
0.3mm
Chamfer
1.5mm
Incisal Reduction
圖 2

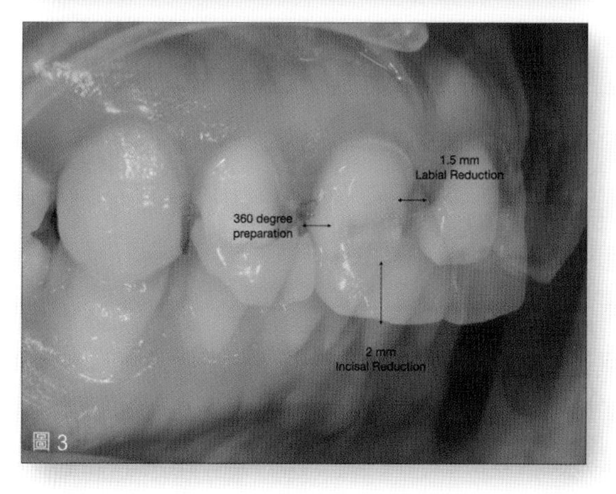
1.5 mm
Labial Reduction
360 degree
preparation
2 mm
Incisal Reduction
圖 3

哪種治療方案最適合你？

	牙齒美白	樹脂修復	搪瓷牙面	搪瓷牙冠
治療時間	家居美白： 2-4 個星期 1 次， 每天 2 小時 診間美白： 大約 1 小時， 視乎嚴重情況	先評估 治療兩次	先評估 治療兩次	先評估 治療兩次
保養	避免進食和飲用一些容易上漬的食物及飲品，例如咖啡，特別在美白後的兩天內	避免進食或飲用一些容易上漬的食物，需要定期檢查，維修及打磨，亦要避免用門牙咬硬的食物	門牙咬硬的食物要小心 要定期檢查	門牙咬硬的食物要小心 要定期檢查
效果	視乎牙齒顏色 深黃色可以有明顯效果 深灰色或灰色則效果有限	明顯改善 但樹脂本身半透光，因此對深啡色牙漬的效果有限	非常有效 能改變牙形 能輕微改變牙齒排列	非常有效 可改變牙形及 牙齒排列
壽命	8-10 月 視乎飲食習慣	4-5 年 視乎飲食習慣和咬合情況	10-12 年 視乎飲食習慣和咬合	6-15 年 視乎飲食習慣和咬合
優點	安全，無痛，不需磨牙及麻醉 價錢相對便宜	安全，無痛，只需磨走少量牙齒，相對便宜，容易修補	比較堅硬 粘貼力強 只需磨走少量牙齒 效果顯著	有效改善所有深的牙色 改變牙齒排列 壽命較長
缺點	敏感 不是每個個案都有效 可能需要接受多次治療 可能不能達到患者預期的美白效果	易崩 起漬 壽命較短 能有效掩蓋深的牙色	較貴 不能修補 可能要麻醉 磨牙太多會影響粘貼 可能會剝落	較貴 可能會崩 要麻醉 磨牙份量比較多 侵略性強

如何矯正牙齒？

牙齒矯正

牙齒矯正，俗稱箍牙，就是利用矯正器，讓牙齒與顎骨慢慢地移動及變化，達至理想的位置。年紀越輕，顎骨發育未完全時，牙齒移動的速度及效果越好。相反，年紀越大，顎骨發育成熟而且緊密，牙齒在牙骨內移動速度會較慢，故療程亦較長。

至於甚麼時候開始箍牙，需視乎情況決定，有約七成的箍牙個案，需要待所有恆齒長成後，才開始治療，有三成病例則提前於混合齒期或之前便進行治療。在美國，每約二至三人中，就有一人從早便接受箍牙治療，而在香港，箍牙治療亦很流行。

傳統鐵線鋼箍是常用的牙齒矯正方法，由粘貼在牙齒上的矯齒器，俗稱「牙釘」以及連結在牙齒外面的鋼絲所組成。矯齒器可選擇用鋼、塑膠或陶瓷所製成。患者亦可選擇將牙箍固定於牙齒外側（圖 1），俗稱「外箍」，又或者將牙箍固定於牙齒內側（圖 2），俗稱「內箍」。

另外，牙醫會幫患者在齒槽骨的位置，植入臨時性植體（骨釘）（圖 3 箭嘴），主要功能是為箍牙的過程提供一個施力的固定源，為牙齒移動提供外力。

優點：

1. 技術發展成熟
2. 適用於大部分情況

缺點：

1. 不美觀
2. 較難清潔
3. 不舒服，引起口腔磨損和不適

牙齒矯正是一種利用移動牙齒來改善咬合與美觀的治療方法。牙齒矯正可以追溯到 1800 年代中期，兩位紐約的醫生 Norman William Kingsley（1829-1913）和 Edward Angle（1855-1930）對這方面有很大的影響和貢獻。Edward Angle（1855-1930）創建了第一個用於咬合的分類系統，該系統至今仍在使用。

1970 年代中期，矯齒器「牙釘」通過用金屬圈的方法，纏繞在牙齒上，隨着粘貼技術發展，演變成小小的「牙釘」，貼在牙齒上。

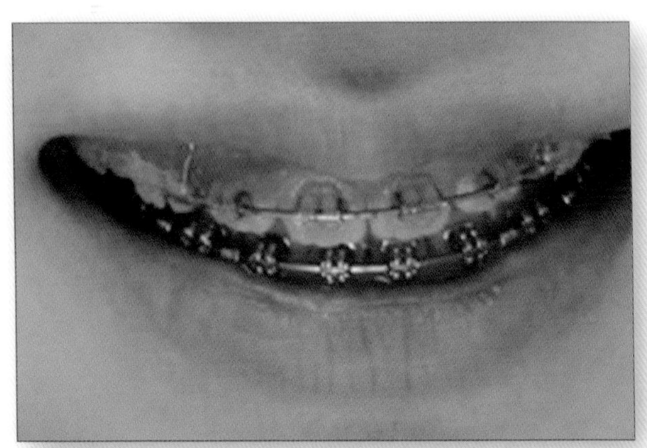

圖 1

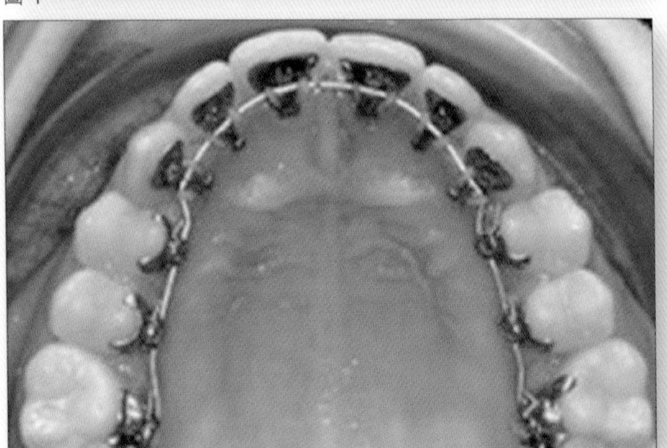

圖 2

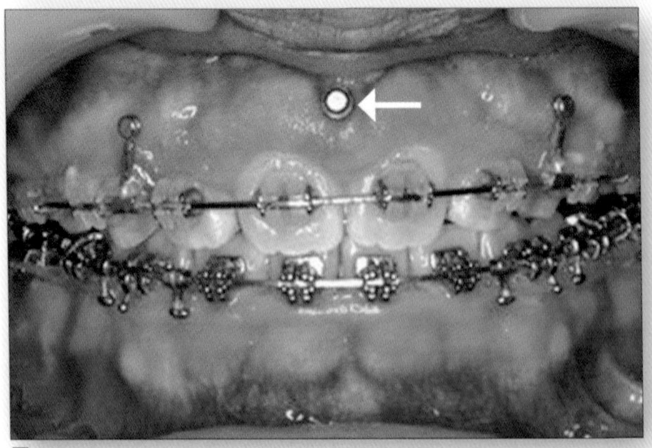

圖 3

隱適美 ®（Invisalign®）

「隱形牙箍」（Aligner）源自美國，約有 22 年歷史，它採用嶄新的立體電腦矯齒科技，為患者度身訂造一系列透明及可除下的隱形牙箍，患者大約每星期要換一個新牙箍，慢慢將牙齒移動到理想的位置。這技術起初只是適用於簡單的個案，如輕微擠迫、牙縫問題等，但隨着技術進步，在牙齒貼上不同的配件，能有效控制牙齒和牙腳的移動，可用於較為複雜的個案。以下我會分享一個案例。

患者主訴：上顎門牙有牙縫，希望利用搪瓷牙面改善問題（圖 1）。經檢查後，我們發現他除了上顎門牙有牙縫外，下顎門牙亦較擠擁，故建議他脱去下顎的側門牙，騰出空間，讓隱形牙箍發揮作用，將牙齒往後拉，令下顎牙齒變得整齊（圖 2），同時改善上顎門牙牙縫和微笑線（圖 3），治療效果顯著，微笑亦大大改善（圖 4）。

圖 3 所見，牙齒上的粉紅色配件是由隱適美公司研發的，作用像傳統牙箍的「牙釘」，能有效移動牙齒。試想像上顎門牙，如果沒有配件的話，隱形牙箍便不能抓緊門牙，不能把它往下拉。

二十年過後，隨着專利開放，坊間有不同品牌的隱形牙箍供購買，但配件的專利仍然屬於隱適美公司，所以它依然是領導者和最佳的品牌。

優點：

1. 美觀，牙套是透明的，不易被人察覺。
2. 舒適，沒有傳統固定式矯齒器所引起的口腔磨損和不適的問題。
3. 可自行除下清潔，保持口腔衞生。

缺點：

1. 不是所有牙齒問題都可用這方法治療。
2. 需要自律，長時間配戴牙套。

Zia Chishti
隱適美的發明家

他不是一名牙醫，主修電腦科學和經濟，他於 1997 年接受傳統牙齒矯正時，需要用塑膠的定位器，引發他想利用不同的定位器，移動牙齒。當時他在史丹福大學，夥拍其他同學，利用 3D 打印技術，開始了早期的隱適美隱形牙箍，代替傳統治療。

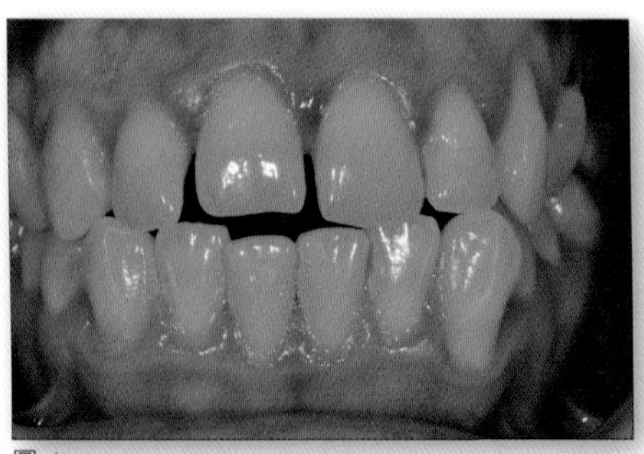

圖 1

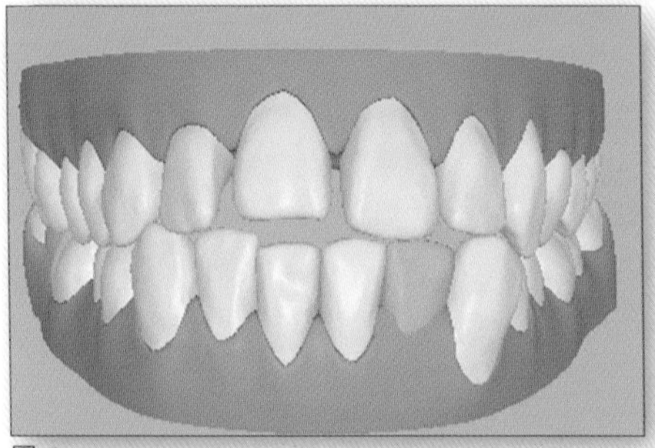

圖 2

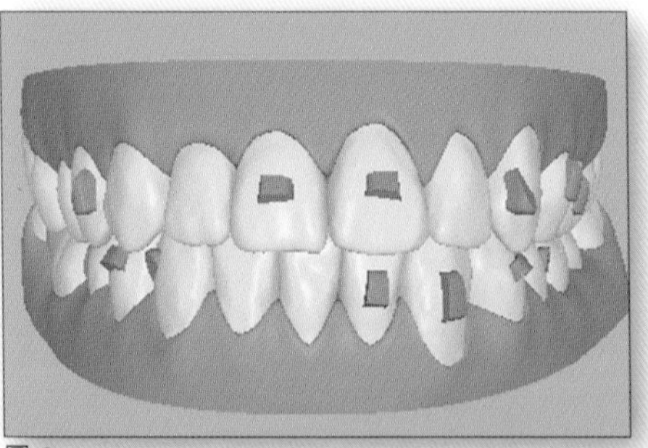

圖 3

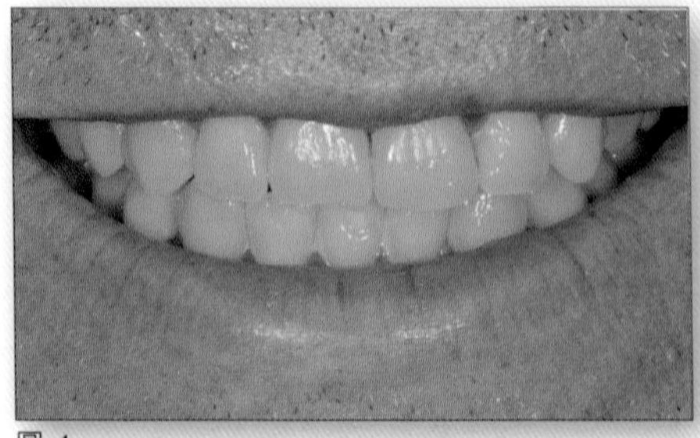

圖 4

種植牙治療

種植牙亦稱「種牙」、「植牙」，簡單的說，人工植牙手術，是把植體（人工牙根），放在牙床骨，即原本自然的牙根位置中，讓失去的 牙齒再度重生。

人工牙根植入後，經過一段時間癒合，人體的骨細胞會長到人工牙根 的鈦合金（Titanium）表面上，緊緊的結合在一起。這個癒合的過程稱為「骨整合」（Osseointegration），是人工植牙成功的關鍵。骨整合之後 的人工牙根，有良好的支撐力，可承受咀嚼咬合的力量。

種植牙有超過50年歷史，瑞典教授 Branemark 在 1967 年意外地發明，由開始的刀片形到現在的圓柱形。而植牙的表面加工、基台的設計和手術的觀念在這 20 年變化亦很大！植牙的牌子亦超過二、三百種，患者必須知道自己口內植牙的品牌、型號和尺寸。

植牙已有四十年的歷史，現在的植牙經多方面改良後，手術比以往簡 單得多，美觀程度及功能都提升不少，成功率接近百分之九十五。通 常手術後二至四個月，便可裝上假牙。

傳統的牙橋，要將缺牙前後的牙齒都脫掉，即我們所說的「缺一顆鑲 三顆」，這個做法已經過時。如有足夠的牙床骨，植牙是必然選擇， 但若因缺牙太久或其他原因令牙床骨萎縮，則會增加植牙手術的難 度，而如果植牙處接近三叉神經，手術風險亦會增加，患者可能要選 擇其他方法。

無論缺一顆、多顆，甚至全口缺牙，在足夠的條件下，都可利用植牙 裝上固定假牙。但若條件不足，植牙也可增加活動假牙的穩固性和咀 嚼力量，要知道活動式的全口牙托，特別是下全托，因缺乏支持及固 定，打乞嗤也可能會跌出來，亦令患者難於咀嚼。

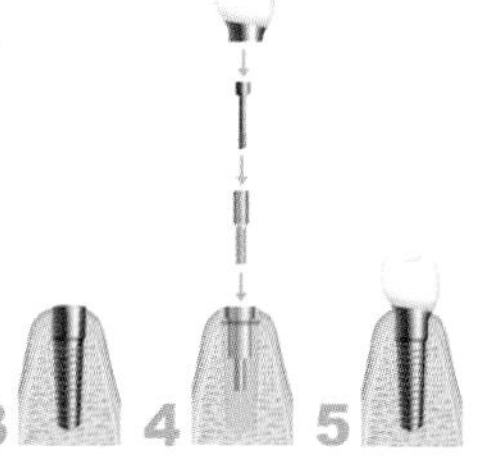

植牙的過程

1. 詳細檢查

醫生利用全口及局部 X 光，評估患者缺齒的位置是否適合人工植牙，個別情況更要利用 3D 電腦斷層掃描（CT scan）為患者評估。經過評估後，醫生便可為患者選擇適合的植體。

2. 手術部分

為患者進行局部麻醉，翻開牙肉，在牙骨鑽出適合的小洞，再將植體放入牙骨內，最後縫合傷口。

3. 鑲牙部分

手術後一般要等 2-3 個月，待植體與牙骨緊密結合後，便可印牙模，再於植體上鑲嵌假牙，例如牙冠、牙橋或活動假牙等。

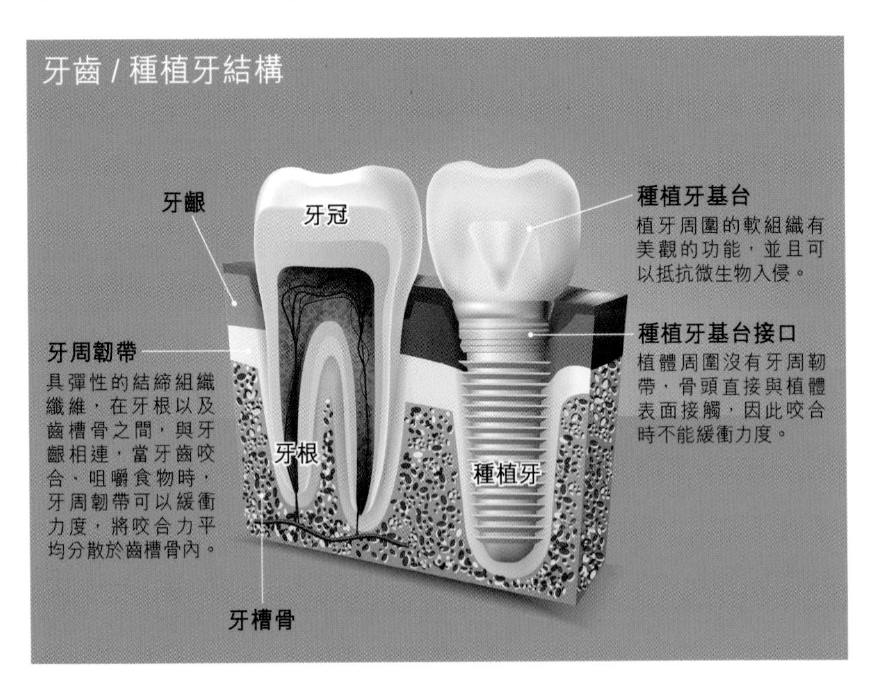

病例 1

患者主訴：右正門牙牙腳萎縮，需要用植牙作修復。

X 光：正門牙曾接受根管治療。（圖 1）

檢查：牙齒有嚴重的牙齦萎縮，鬆脱。（圖 2）

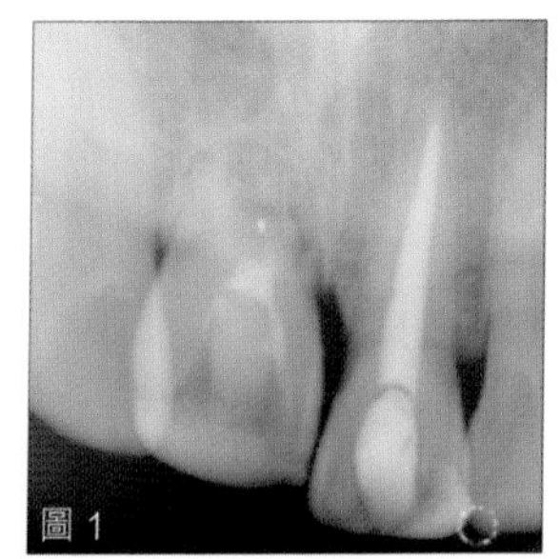
圖 1

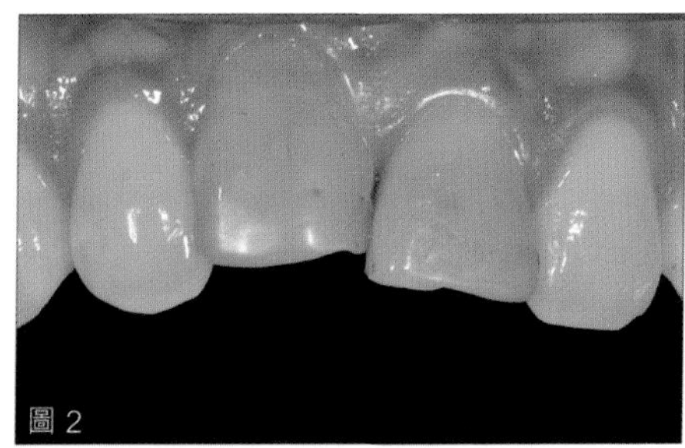
圖 2

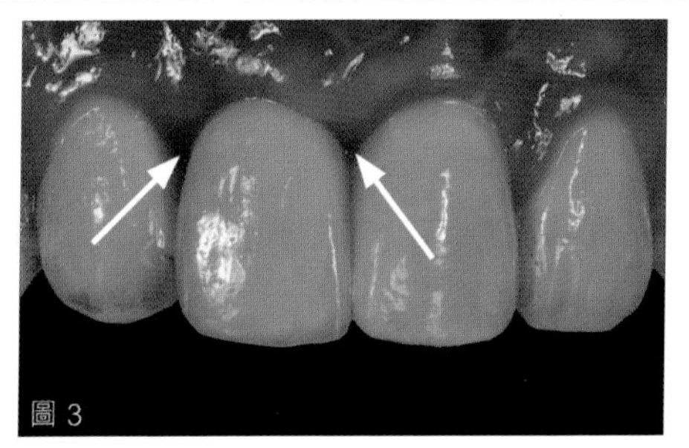
圖 3

治療計劃：

醫生需於植牙前，進行軟組織移植和重建牙床骨，六個月後才可以植牙，左門牙裝上全瓷牙冠修復後效果不錯，但有牙齦乳頭的缺損，看到牙縫黑三角。（圖 3 箭嘴位置）。X 光看到牙床骨生長在理想的位置上。（圖 4）

七年後患者覆診，牙齦增生，已填補了空間牙縫黑三角。（圖 5）

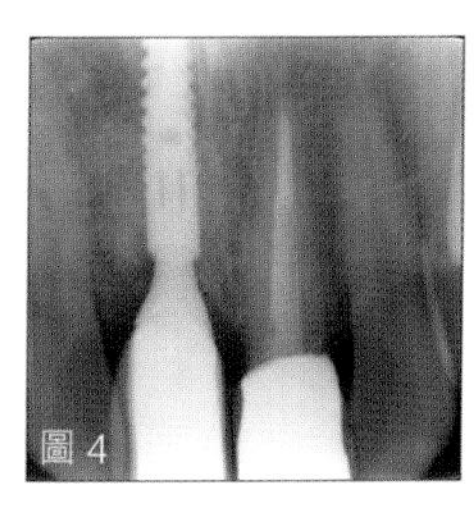
圖 4

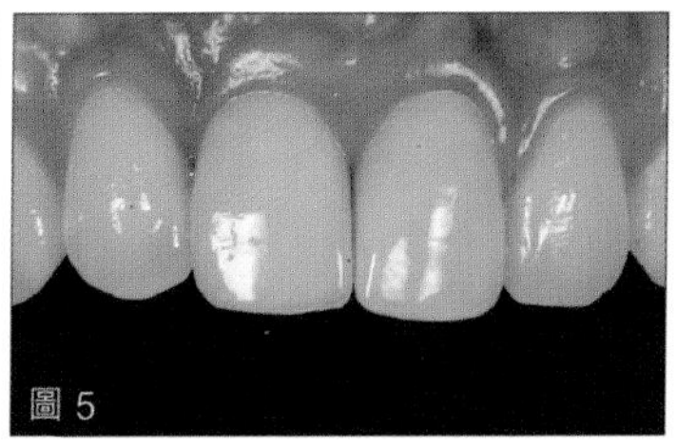
圖 5

現今患者的要求越來越高，而且很重視美觀的程度。因此醫生為病患者進行修復時，亦會考慮幫他們重建軟組織和硬組織，令植牙效果更好。

病例 2

患者主訴：不滿左邊正門牙牙冠突了出來，以及牙齒中線傾斜。

X 光：左門牙曾接受根管治療，裝上牙樁及牙套。（圖 6）

檢查：左門牙牙套質素欠佳，顎面有裂痕。（圖 7）

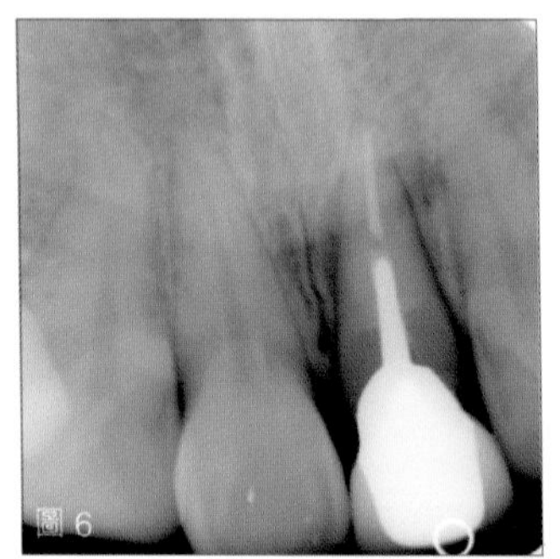
圖 6

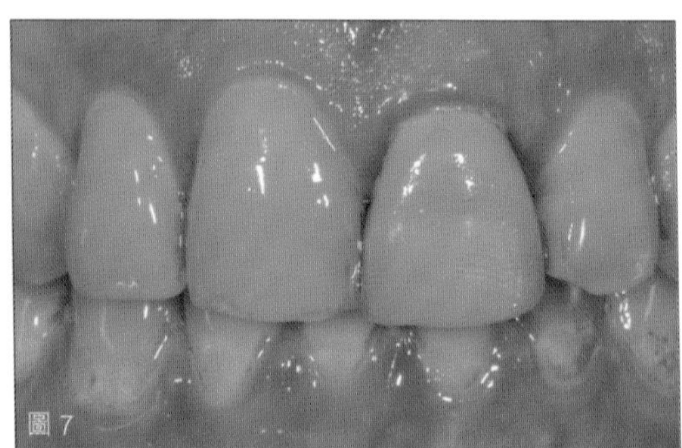
圖 7

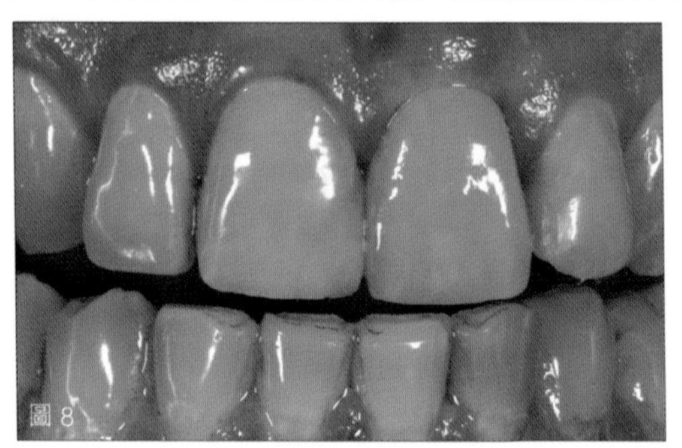
圖 8

治療計劃：

左正門牙立即接受種牙，四個月後，再用樹脂改善右正門牙輪廓，令兩隻門牙的外觀互相吻合（圖 8、9），可以見到牙齒和牙齦修復的像真度很高。

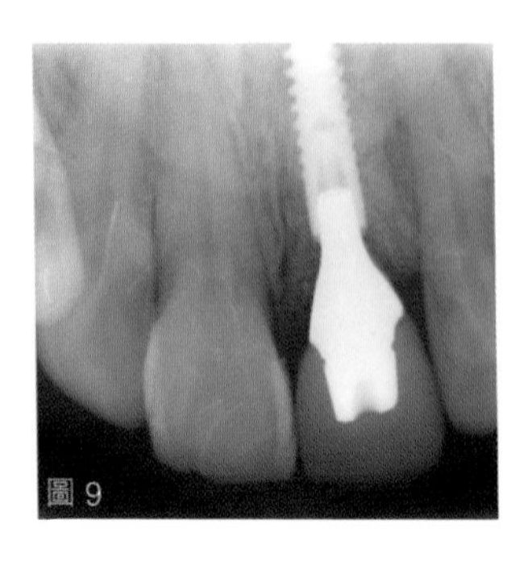
圖 9

門牙美學區的種植牙修復

患者主訴：不滿意兩隻門牙的牙冠美學效果，希望重新修復。

病史：患者數年前因意外撞崩了左邊的正門牙，右邊的正門牙亦撞至飛脫。左正門牙接受了根管治療，以及裝上了牙冠，右正門牙亦接受了植牙治療。(圖 1、2)

美學分析：正門牙的長度和牙齦不對稱，牙冠顏色偏黃，形態極不理想。(圖 3)

治療計劃：為患者裝上臨時牙冠，改變牙冠形態，增加空間讓牙齦生長，三個月後再作永久修復。完成治療後，正門牙的牙齦變得對稱，加上用了新的牙冠，整體看上去顯得和諧美觀。(圖 4)

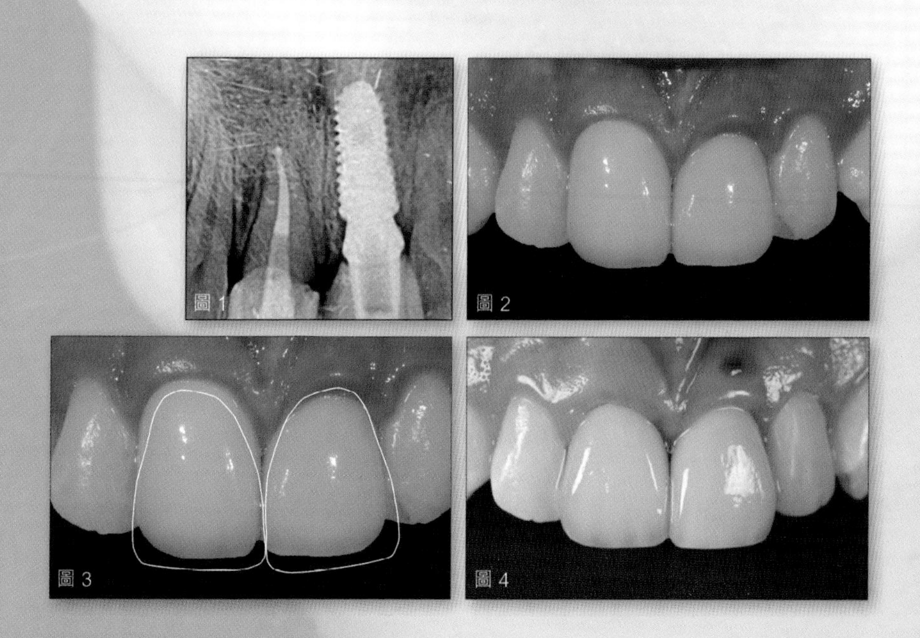
圖 1 圖 2 圖 3 圖 4

All on 4 全口植牙技術

All on 4 全口植牙技術，由葡萄牙 Dr. Paulo Malo 發明，利用物理學斜張橋原理，單顎僅需四至六隻植牙，便可支撐單顎十二顆假牙，負荷咬合力。

優點：

1. 不須大範圍補骨，只需在齒槽骨質的位置植入兩隻垂直人工牙根，兩隻傾斜人工牙根即可，患者不必忍受反覆補骨手術的煎熬。
2. 植牙傷口小，復原快，還能在術後或短時間內配戴臨時假牙，正常進食。

缺點：

1. 基於假牙基座需求，必須切除部分齒槽骨。
2. 必須更加注意全口假牙清潔問題，一旦牙菌斑及牙結石捲土歸來，棲息在剩餘牙齦周圍，還是會引發牙周炎，嚴重的話甚至會破壞齒槽骨，一旦植牙出現問題，治療相當棘手。

病例：

患者不想再佩戴假牙（圖 1 和 2），希望用 All on 4 全口植牙修復。

檢查：

上顎有嚴重的倒及問題（圖 3）

治療計劃：用 All on 4 全口植牙技術，於上顎放 6 隻植牙（圖 4，5），同時裝上固定假牙作臨時修復，並同時改善咬合、倒及問題和面部輪廓。四個月後，當他習慣新的假牙，便可預備進行永久修復（圖 6），完成治療後，患者看上去年輕了十多年。（圖 7）

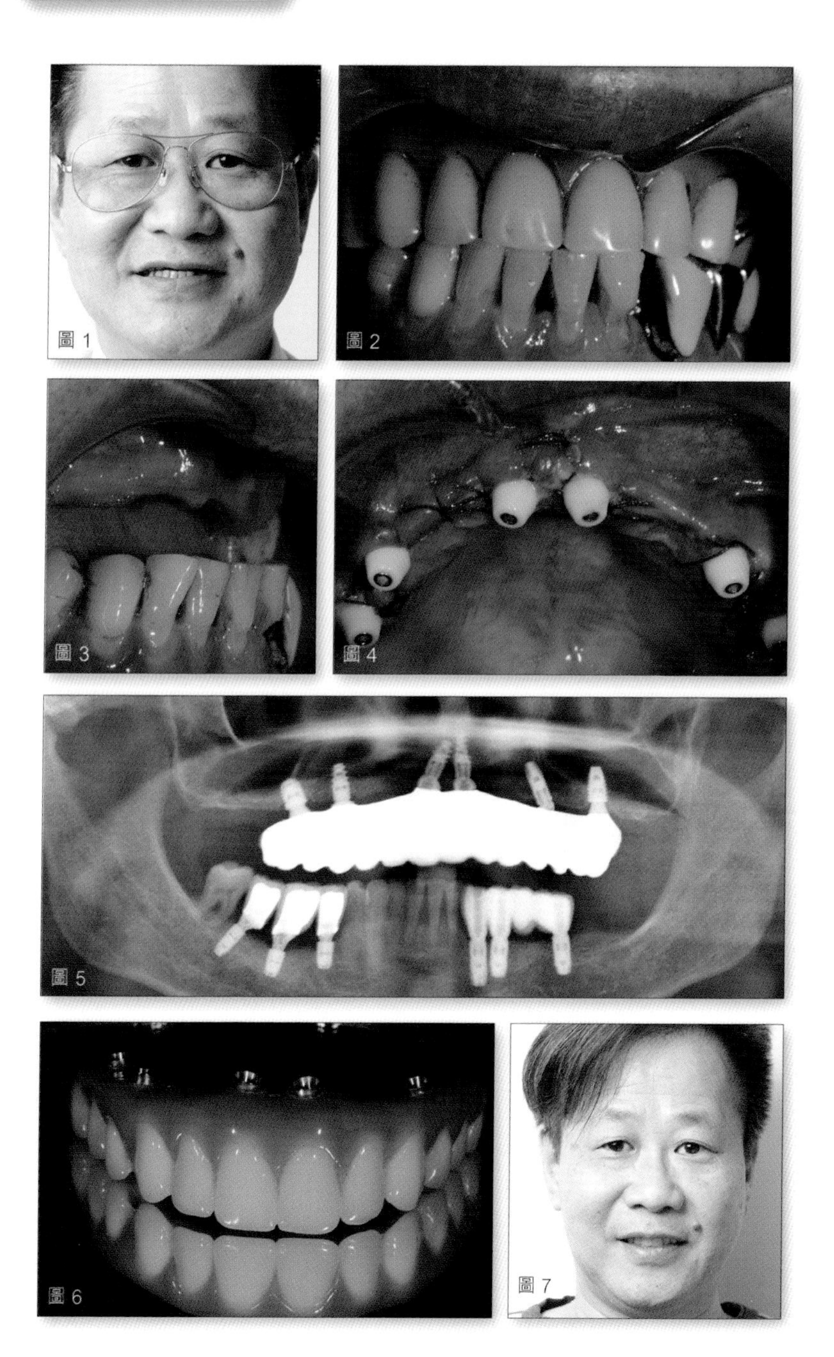
圖 1
圖 2
圖 3
圖 4
圖 5
圖 6
圖 7

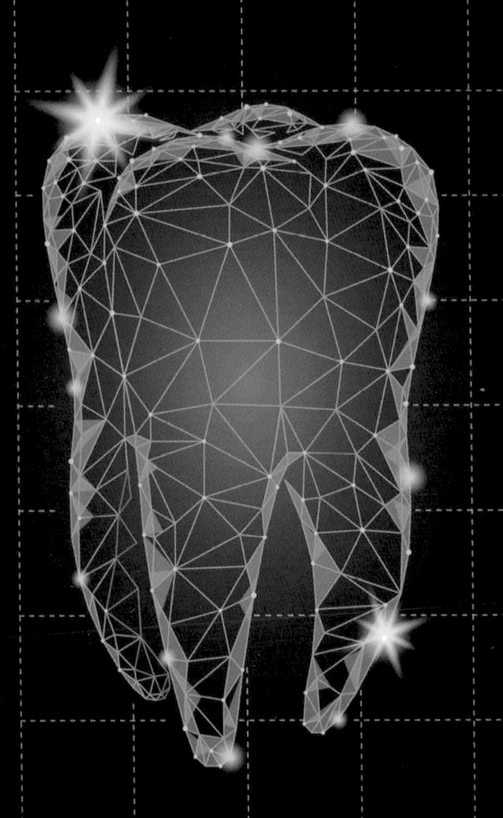

第 3 章
唇齒相依

唇齒相依

成語解釋

像嘴唇和牙齒那樣互相依靠。比喻關係密切，相互依靠。《三國志·魏書·鮑勛傳》

我經常在我的演講用這詞語，因為在牙齒美學上，兩者息息相關。就算牙齒符合所有美學標準，牙齒和嘴唇關係亦很重要。牙齒就像一幅畫，嘴唇是它的畫框，若位置不理想，會嚴重影響笑容。如露齦笑，笑的時間見不到上顎的牙齒，嚴重影響笑容，牙齒的微笑線和下唇的弧度吻合的話，笑時會更性感和迷人。

嘴唇肌肉的活動，會影響笑容，兩邊對稱的笑容是很重要的。過度活躍的肌肉會形成露齦笑，不對稱的肌肉活動亦會影響笑容。

1. 露齦笑

一個看起來漂亮的笑容，一般只會見到少於二毫米的牙齦。如果笑的時候見到過多的牙齦，會影響笑容；一旦笑的時候露出三毫米以上的牙齦，就屬於露齦笑[1-4]，是一種極度不美觀的笑容，大約一至三成人有這問題，女性機會較大。

造成露齦笑的原因可分為四大類：

第一類是牙齒發展問題

牙齒未能完全長出來，部分牙齒被牙肉遮蓋，形成牙齒較短，正常的門牙長 10 毫米。(圖 1)

治療方法：接受牙冠增長術，利用外科手術或水激光，把蓋住牙齒上的牙肉甚至骨頭移除。

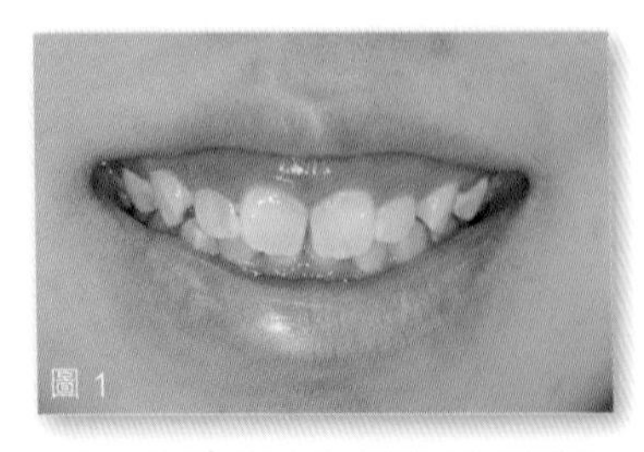
圖 1

第二類是門牙過度生長

門牙過度長出來，形成牙齦外露，門牙的位置亦影響外觀。(圖 2)

治療方法：牙齒矯正，調整牙齒位置。

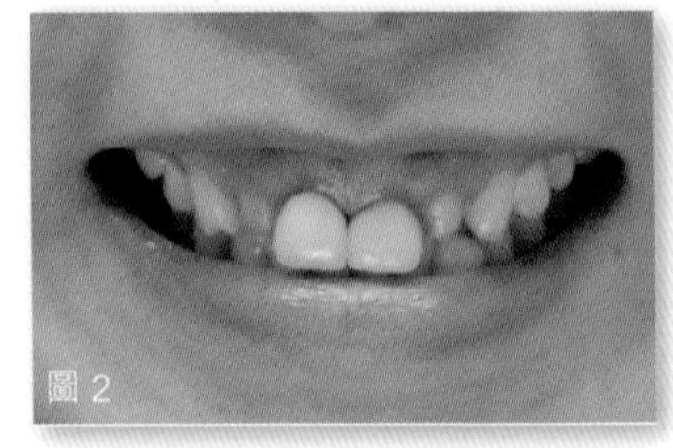
圖 2

第三類是顎骨問題

上顎垂直向下發展過長(Vertical Maxilla In Excess)(圖 3 及 4)，亞洲人輪廓一般上頜前突，更加影響外觀。

治療方法：中度情況可以利用牙釘矯正方法和骨針，嚴重可能需要配合正頜手術，通過移動頜骨位置來改善露齦笑。

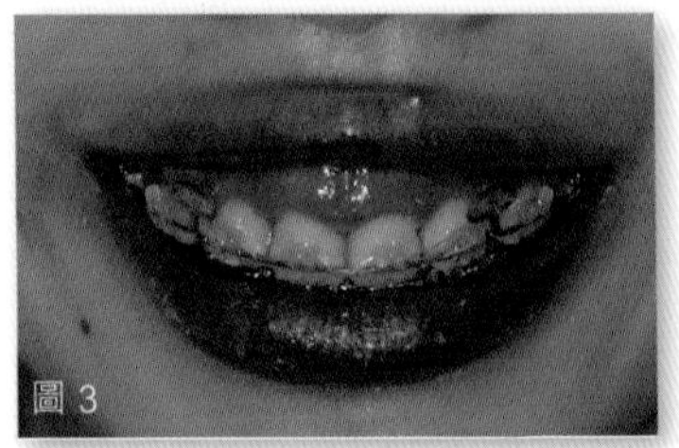
圖 3

第四類是嘴唇過度活躍或上唇過短

上唇微笑時，唇部活動大約 6 毫米，當大多過 8 毫米便是嘴唇過度活躍，笑的時候會露出過多的牙齦。

治療方法：打肉毒桿菌或唇再定位術，減少上唇肌肉活動，解決大笑時露牙齦的問題。

部分患者或有多於一類的問題，醫生要根據不同的成因進行治療。

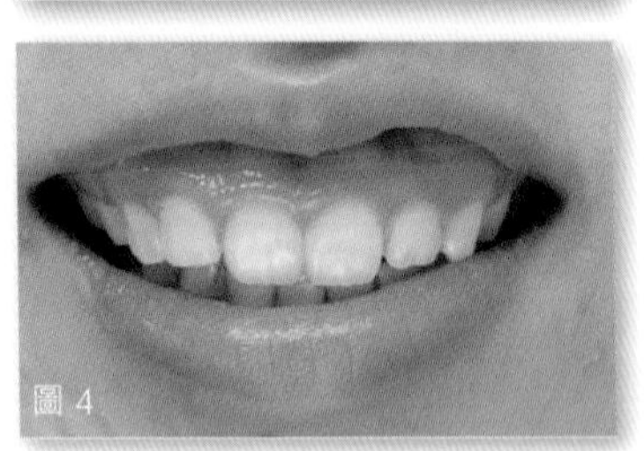
圖 4

1. DA Garber, MA Salama.The aesthetic smile: diagnosis and treatment.Periodontology 2000, 1996
2. Tjan AH, Miller GD, The JG. Some esthetic factors in a smile. J Prosthet Dent 1984;51:24-28.
3. Dong JK, Jin TH, Cho HW, Oh SC. The esthetics of the smile: a review of some recent studies. Int J Prosthodont 1999; 12:9-19.
4. She and ChowAggravation of Gummy Smile by Straight-Wire Mechanics and its Management with or without Orthognathic Surgery Up to 10-Year Follow-Up 2018 APOS.

牙冠增長術

牙齒分為牙冠以及牙根兩部分，然而露出在牙齦外的牙冠稱為「臨床牙冠」。露齦笑主要成因是「臨床牙冠」過短，而牙冠增長術，是利用外科手術或水激光把蓋住牙齒上的牙肉甚至骨頭移除，使「臨床牙冠」露出的部分增加。

外科手術是翻瓣手術，切除牙齦後，移除牙床骨。（圖 1）

水激光牙冠增長術先是利用水激光移除牙齦後，在利用幼小的激光頭在不翻瓣情況下移除牙床骨，減少手術創傷，但要視乎臨床情況適不適合。（圖 2）如角質牙齦的數量、牙槽骨的厚度等因素。

圖 3 的患者，因為臨床牙冠較短，笑的時間牙齦露出導致露齦笑。她前牙區域牙齦高度不一致，影響笑容。醫生利用水激光牙冠增長術，除了改善露齦笑之外，亦改善前牙牙齦的外型，貼上搪瓷牙面大大改善美學效果（圖 4）。

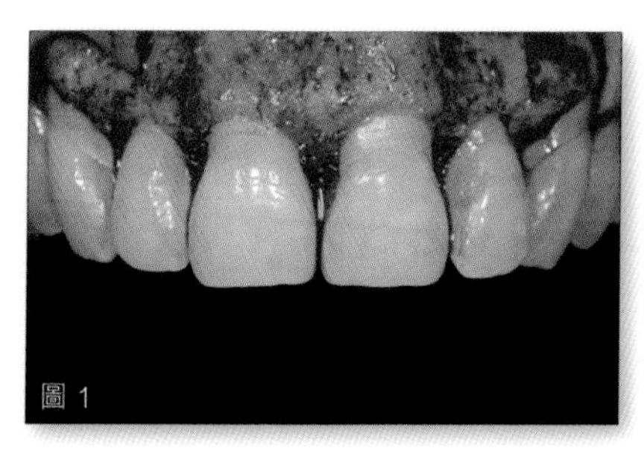
圖 1

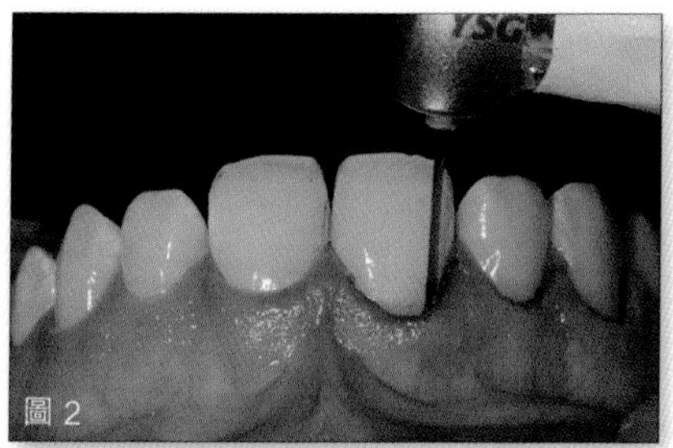
圖 2

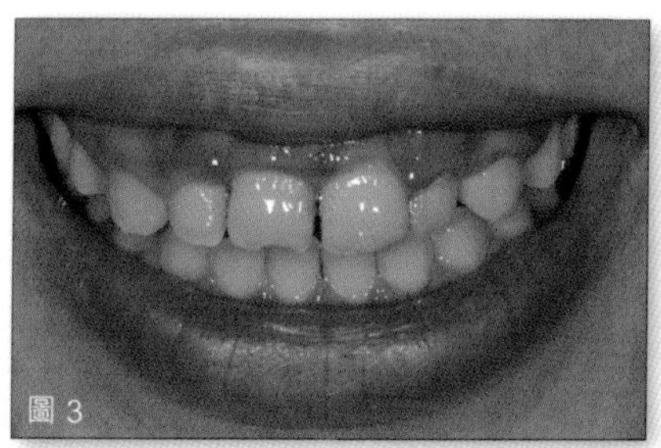
圖 3

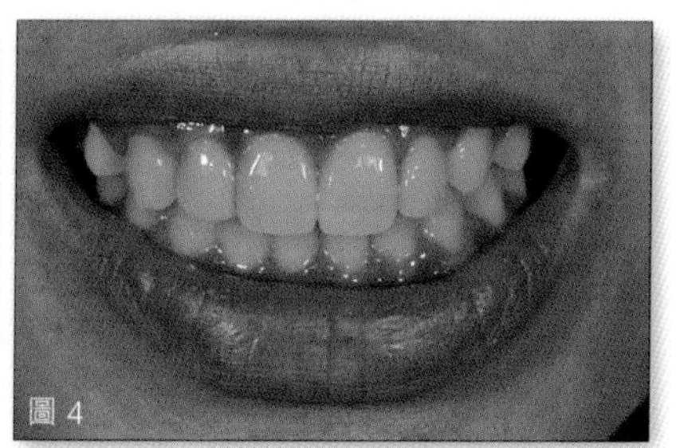
圖 4

牙冠增長術亦廣泛用於美學修復，最常見的情況是：

1. 前牙區域牙齦高度不一致
2. 臨床牙冠過短，不利牙套修復
3. 牙齒斷裂或蛀牙位置太深，低於牙齦，甚至低於齒槽骨，醫生需要用牙冠增長術外露修復位置。

圖5患者右側門牙斷裂，不能修復，醫生需要用外露牙腳造成牙環效果（Ferrule Effect），才可以修復。正門牙長寬比例不理想，水激光牙冠增長術需三個月時間等待軟硬組織成熟和穩定之外，亦可測試外觀和功能，便可以作永久的修復（圖6）。測試外觀和功能，需三個月時間等待軟硬組織成熟和穩定（圖7）， 便可以作永久的修復（圖8）。

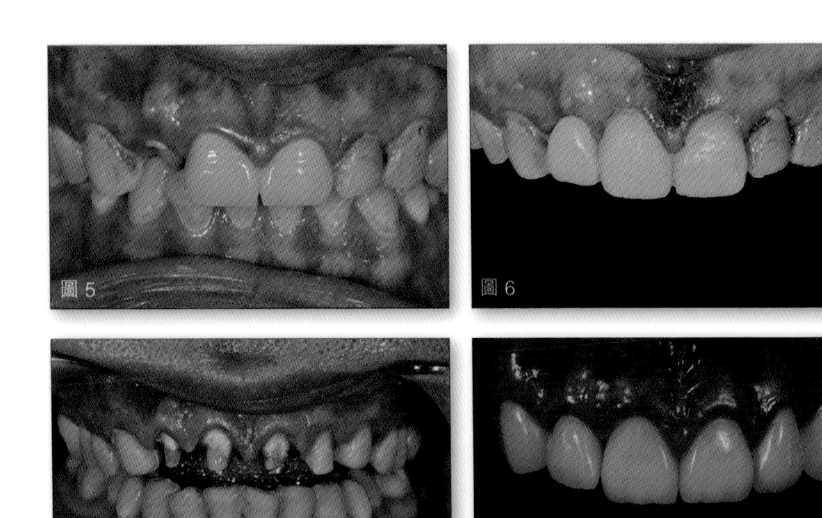

圖5 圖6 圖7 圖8

肉毒桿菌毒素治療

肉毒桿菌毒素是指由肉毒桿菌產生的神經毒素。以適當的劑量注射到人體內時，毒素會阻斷神經和肌肉之間的信號，使肌肉鬆弛。長時間的神經封閉會導致肌肉萎縮（因此毒素常被用來瘦咀嚼肌）。

肉毒桿菌毒素可以減少上唇肌肉過度活躍，針對的露齦笑目標肌肉是上唇提肌，如提上唇鼻翼肌、提上唇肌與顴小肌（圖 1）。

若僅是輕度露齦笑只需要注射提上唇鼻翼肌，肉毒桿菌毒素會被注射在鼻翼的外側約一厘米處。但是嚴重的露齦笑就必須同時注射這三條肌肉。

圖 2 和 3 是注射前後的照片，可見透過肉毒桿菌毒素能減少上唇提肌活動，改善露齦笑。

然而注射肉毒素，也會產生副作用，必須提防肉毒素的藥水滲透到其他肌肉，否則會導致口角下垂，嘴巴歪一邊。

柯志剛整形外科醫生

很多人已為 Botox 是肉毒桿菌毒素英文名，其實只是其中一個品牌，其他品牌包括 Dysport、Xeomin、Siax 等。

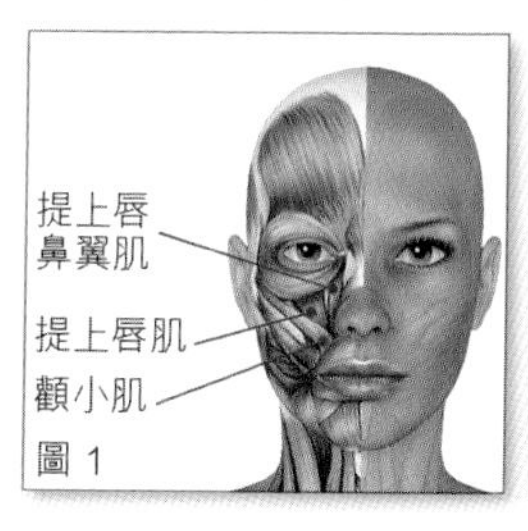

圖 1

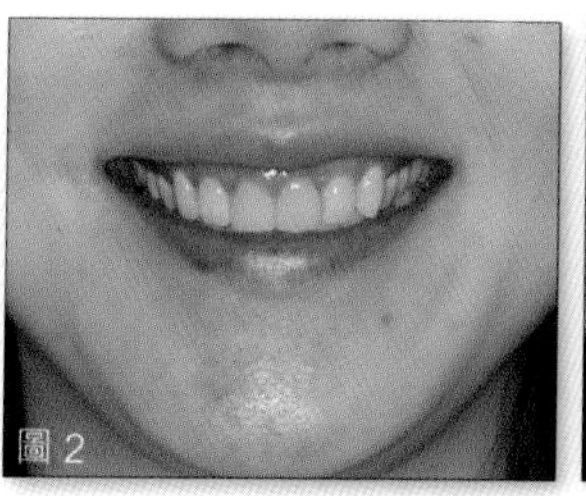
圖 2

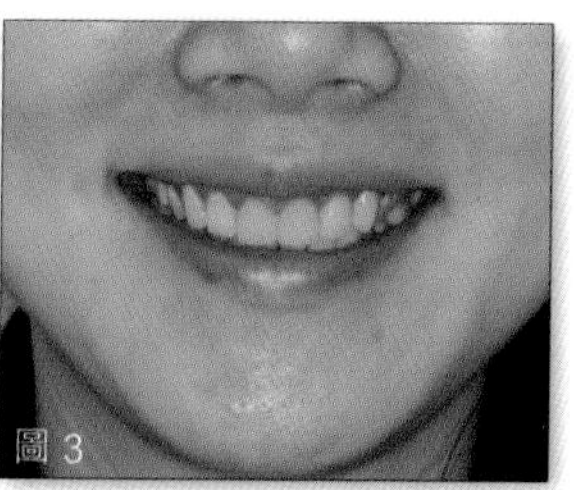
圖 3

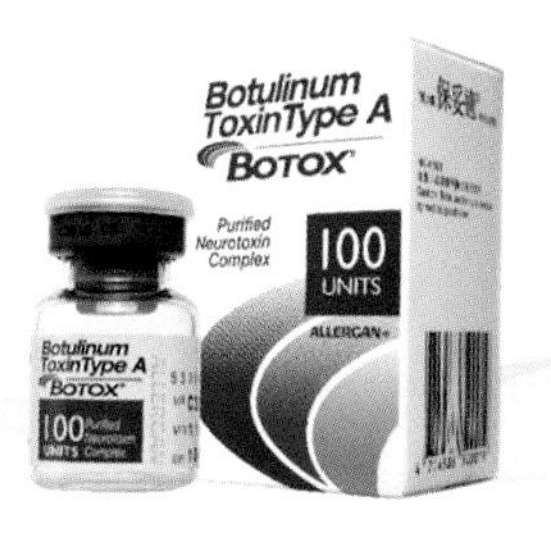

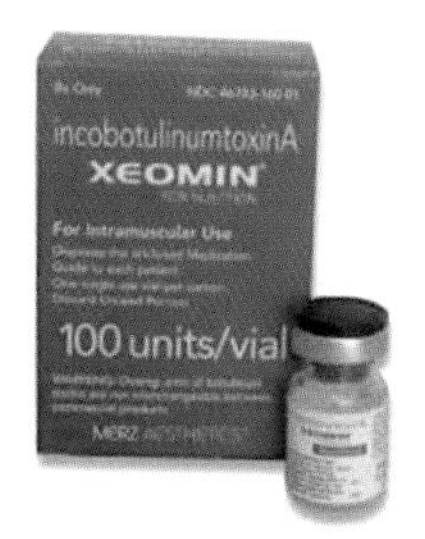

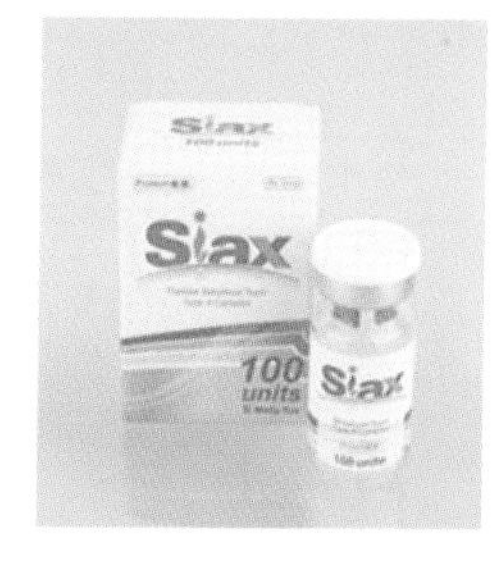

40 多歲的女士求診，希望改善笑容，不喜歡門牙的比例，和側門牙太細小。她先後諮詢過不同牙醫的意見，被告知因為側門牙太細和前牙顎面嚴重磨損，不能修復。檢查時，想拍下患者笑的照片！但她笑時有些尷尬和牽強（圖 1），所以改用錄像記錄她的笑容和嘴唇的活動，發現她有嚴重的露齦笑。（圖 2）

檢查：

正門牙 10 多年前裝上牙套，側門牙偏細，比例不均勻，白兔牙一樣，深咬合，前牙顎面和後牙酸蝕磨損（圖 3 和 4）。

面部分析：

門牙過度生長，形成牙齦外露，然而門牙的位置亦影響外觀，透過 DSD 的畫圖和患者溝通門牙正確的位置，患者亦容易明白和了解治療方案（圖 5）。

診斷：

門牙過度生長

治療計劃：

- 咬合高度提高： 先增加咬合高度（OVD）修復後牙，和改善門牙咬合，給予門牙修復的空間。
- 水激光牙冠增長術：把牙齦和牙骨切去，令正門牙牙齦緣改善在 DSD 計劃的位置。
- 臨時修復：透過臨時牙套改善正門牙和側門牙的位置，確定外觀、功能和咬合的位置。（圖 6）
- 永久修復：三個月後，牙齦位置穩定，再作口腔掃描（圖 7），透過 CEREC 作永久的修復。（圖 8）

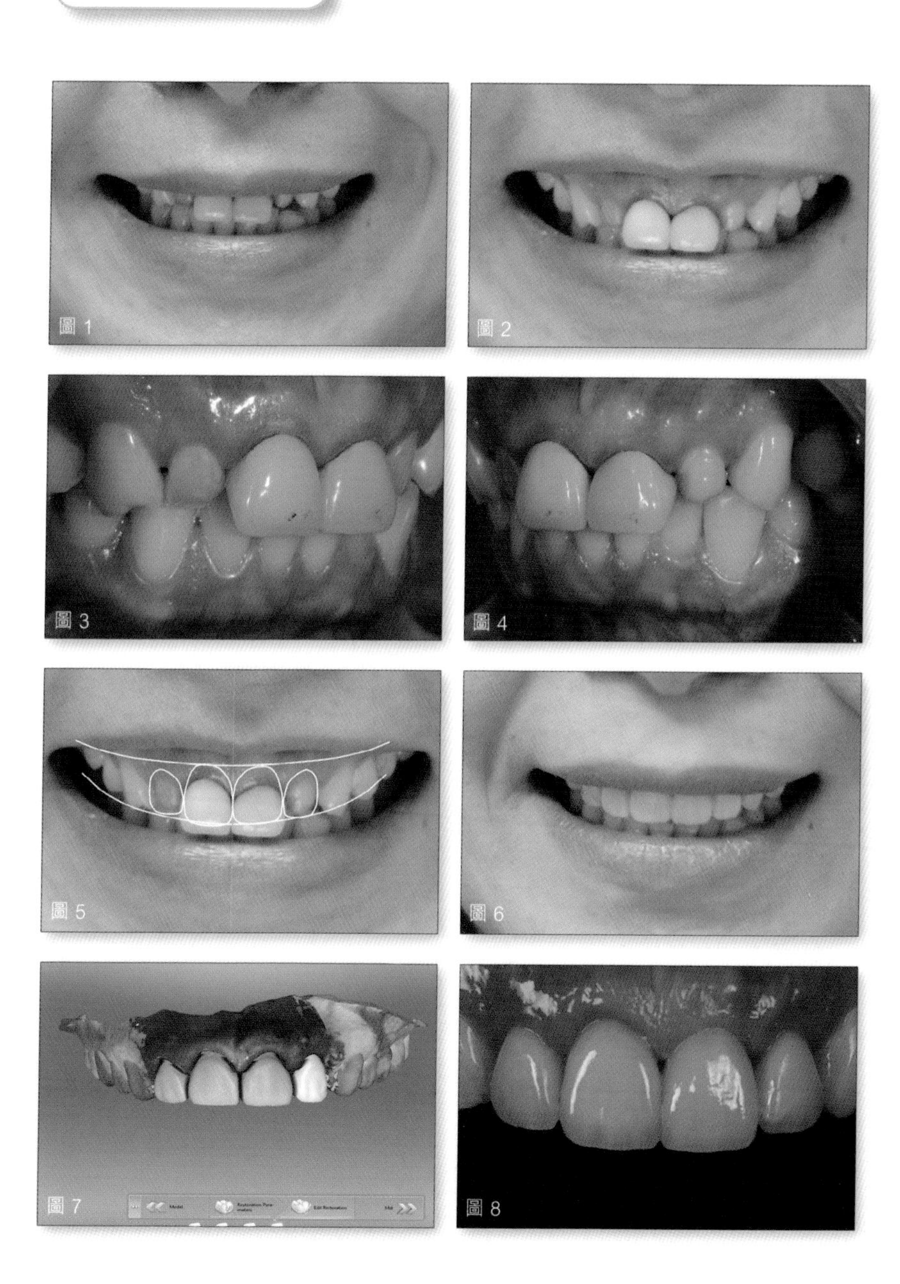

圖 1 圖 2 圖 3 圖 4 圖 5 圖 6 圖 7 圖 8

患者覺得笑容不好看，希望正門牙做搪瓷牙面改善笑容（圖 1）。

檢查：

門牙有牙縫影響笑容之外，牙齒偏短，長寬比例不好，牙齒表面有酸蝕的問題令牙齒顏色偏黃。她亦有露齦笑的問題，笑的時候見到大量的牙肉，加上牙齒偏細，所以嚴重影響笑容。

面部分析：

門牙過短，右正門牙長寬比例 105%，形成牙齦外露，影響外觀，透過 DSD 的畫圖和患者溝通，門牙正確比例和微笑設計，牙冠增長後牙齦位置，患者亦容易明白和了解治療方案（圖 2）。

診斷：

牙齒發展問題，臨床牙冠過短，嘴唇過度活躍，上唇過短。

治療計劃：

1. 水激光牙冠增長術：把牙齦和牙骨切去，令正門牙牙齦緣改善在 DSD 計劃的位置（圖 2、3）。
2. 需要等三個月的時間，軟硬組織成熟和穩定後，計劃用搪瓷牙面作美學修復。由於患者門牙有酸蝕，琺瑯質受損，形成牙齒較黃（圖 4），門牙位置亦較入。可作微創修復，只需打磨少量的琺瑯質，除了達到微創修復效果外，輪廓亦有所改善（圖 5、6），圖 7、8 可見側面的微笑更飽滿和燦爛。

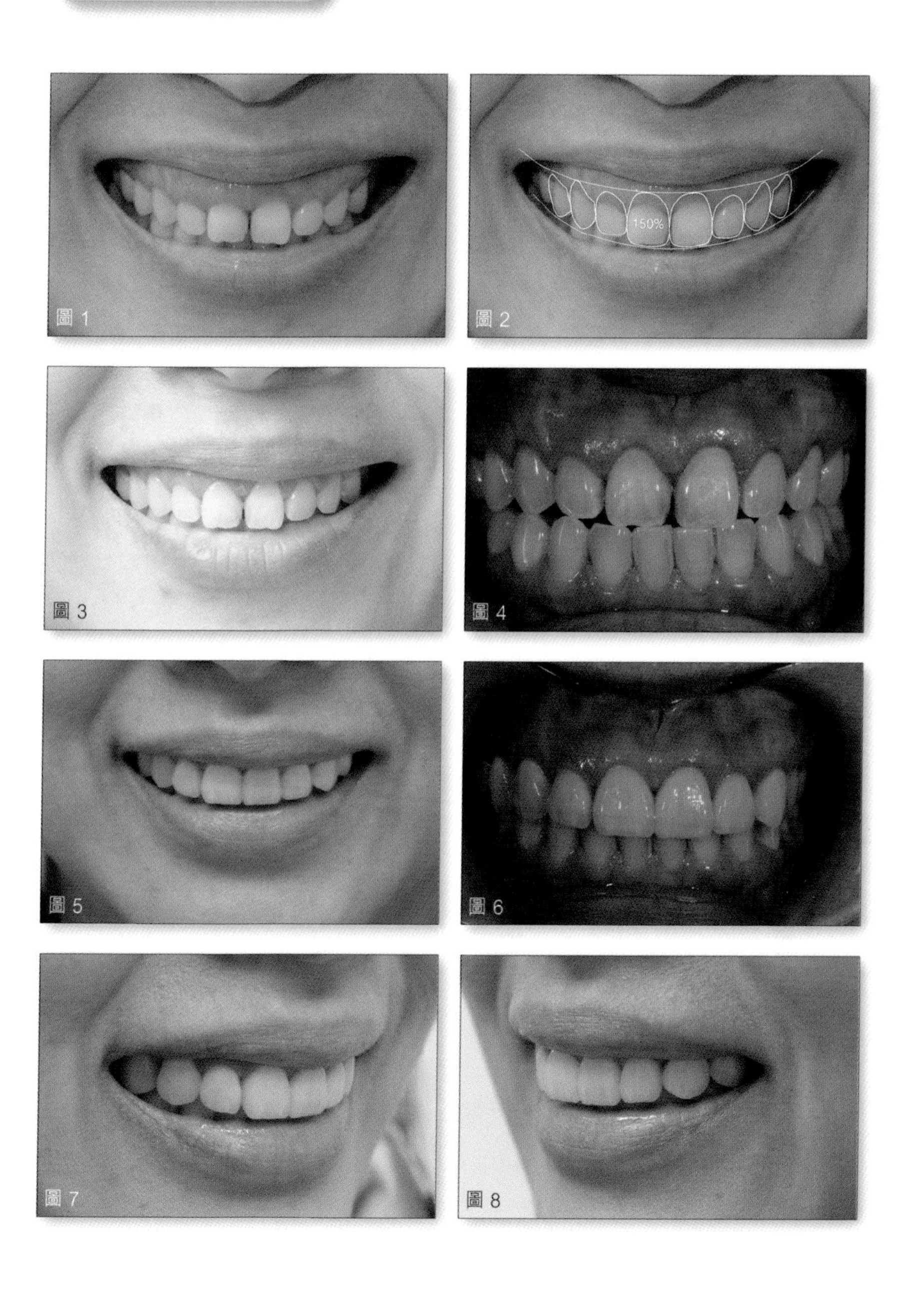

圖 1 圖 2 圖 3 圖 4 圖 5 圖 6 圖 7 圖 8

箍牙除了可以改善牙齒排列和牙齒擁擠的問題外，亦可以改善露齦笑。

二十多歲的患者因露齦笑而求診（圖 1）。

檢查：

正常的門牙長十毫米，但患者的門牙只有八毫米長，以及有超過六毫米的牙齦露出。

診斷：

牙齒發展問題，以及上頜骨發展過長。

治療計劃：

先接受牙齒矯正，移動頜骨和牙齒位置，然後利用牙冠增長術改善牙齦。

但因為患者最初拒絕牙齒矯正，醫生唯有先幫她增長牙冠，利用水激光把牙齦和牙骨切去，令牙齒恢復應有的長度。牙冠增長後（圖 2），她想進一步改善笑容，才接受醫生的意見，決定箍牙（圖 3 和 4）。

大約兩年半的治療，牙齒矯正專科醫生利用牙釘矯正方法和骨針，把她的上顎向上拉，矯正上顎位置（圖 5 及 6）。完成牙齒矯正後，牙齦重新長出，令患者的牙齒變短，因此患者要再接受水激光牙冠增長術（圖 7 及 8）。從治療前後的照片可見，患者的笑容有顯著改善。

跨學科治療是牙科的大趨勢，不同專科醫生的參與，能確保患者接受最佳的治療。我要特別鳴謝牙齒矯正專科醫生佘崢崢醫生，幫患者確定牙齒在最佳的位置，才拆掉牙箍。

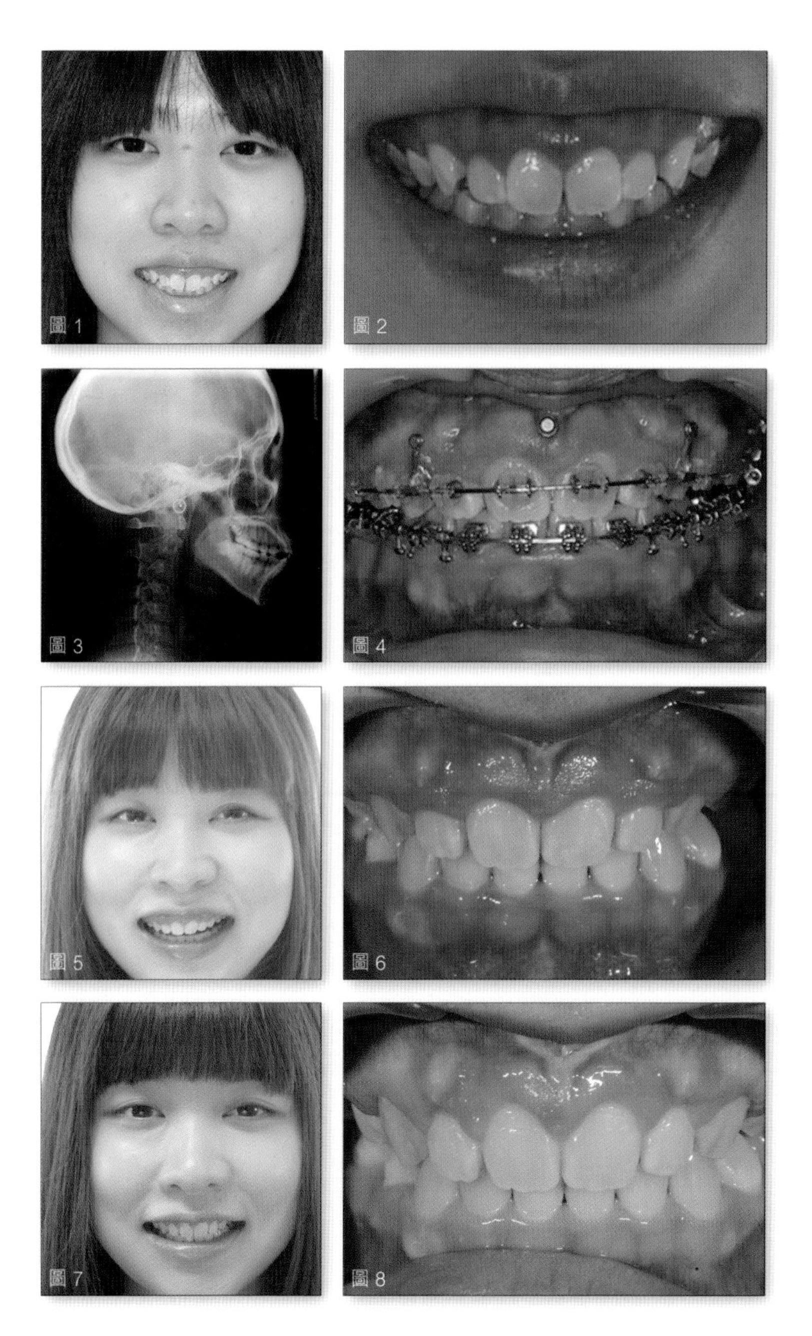
圖 1
圖 2
圖 3
圖 4
圖 5
圖 6
圖 7
圖 8

笑容也會老化？

隨着年紀增長，面容會老化之外，笑容亦會老化。面容老化可以用微整形改善，笑容老化亦可以針對不同的成因作治療。

一：上顎嘴唇下垂

隨着年齡增長，上顎嘴唇肌肉有機會鬆弛和下垂（圖 1），導致門牙外露減少。我們可以將門牙加長，或者用外科手術，把上唇縮短，令笑容看起上來年輕一些。

二：牙齒變黃

一般年輕的牙齒輪廓會較豐富和雪白，但口腔酸性會令琺瑯質受損之外，牙齒亦會變黃！年紀增長，牙齒的象牙質亦會增加，牙齒亦都會變黃（圖 2）。

三：牙齦萎縮

牙齦會隨着年月增長而萎縮，而刷牙太大力，牙肉偏薄，以及有牙周病（圖 3) 等，都會加快萎縮的速度，導致牙冠過長，出現牙縫黑三角，嚴重影響笑容的美觀度。

四：牙齒磨損

一般牙齒磨損速度是每年 28-30 μm，但有磨牙習慣，不良的咀嚼習慣以及咬合不對稱等，都會加快磨損的情況（圖 4），嚴重的話亦會影響笑容。

五：牙齒修復

牙齒因為蛀牙而進行樹脂或牙冠修復（圖 5、6、7），但隨箸歲月、口腔環境和不同的因素，開始會變壞，亦會影響笑容。

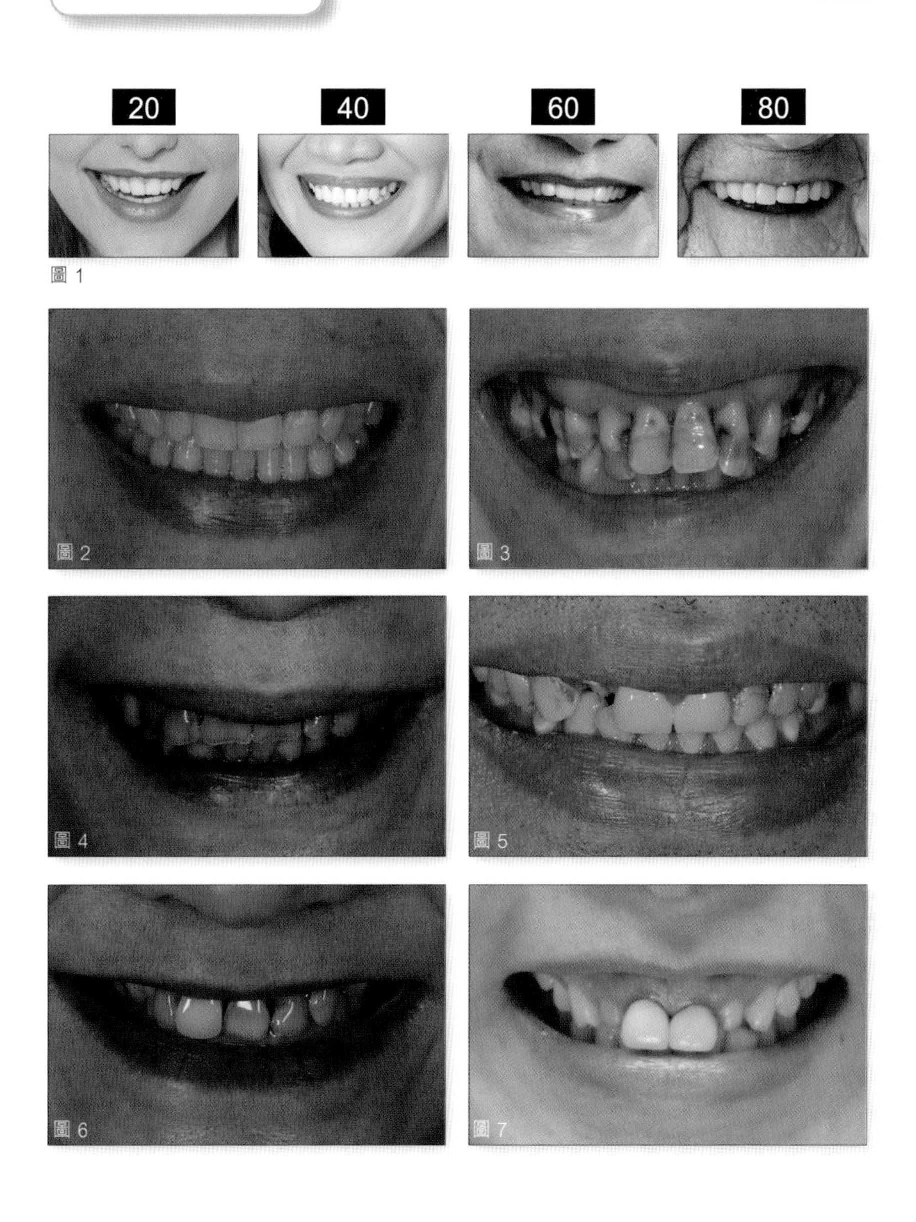

圖 1

圖 2

圖 3

圖 4

圖 5

圖 6

圖 7

個案：

45 歲的女士有多方面的問題，包括牙周病、開合和咬合不正影響了外觀和進食，需要接受跨學科的治療，包括牙周病治療、牙齒矯正治療和牙齒修復。

第一步會先進行牙周病治療，然後再矯正門牙牙齒，改善排列和功能，最後再做牙齒修復。

檢查：門牙擠擁，開合有問題，只有大牙有接觸，嚴重影響咀嚼功能，犬齒和大牙屬於第二類咬合關係（圖 1）。

治療計劃：

1. 牙周病治療

治療的起步，需要有良好的口腔衛生和健康，才可以接受其他治療。

2. 牙齒矯正

牙齒矯正專科醫生佘崢崢醫生利用傳統矯正方法，矯正牙齒排列和開合（圖 2）。

3. 全口修復

治療期間，左下的大牙因牙周病惡化，需要脱掉，再做植牙修復。

然後全口修復在正中船位置，改善笑容和咬合。醫生把患者的照片和口腔掃描連結到 DSD Apps，便可在 Apps 中設計微笑，患者可在 Apps 裏面選擇不同顏色、形態的牙齒和位置（圖 3）。最終修復在正中船，透過搪瓷牙面和牙冠修復，改善笑容和咬合（圖 4）。

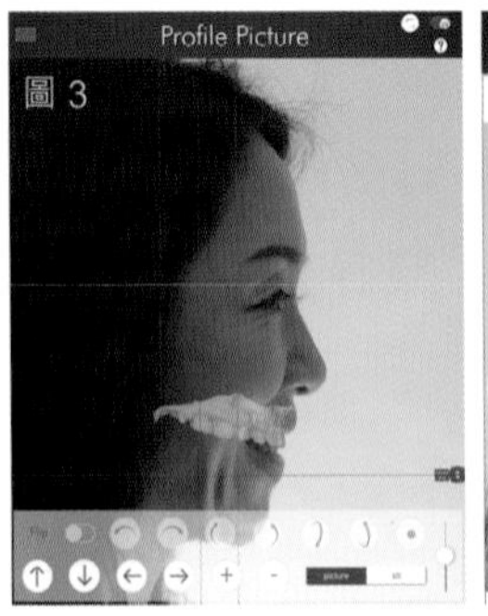

圖 3

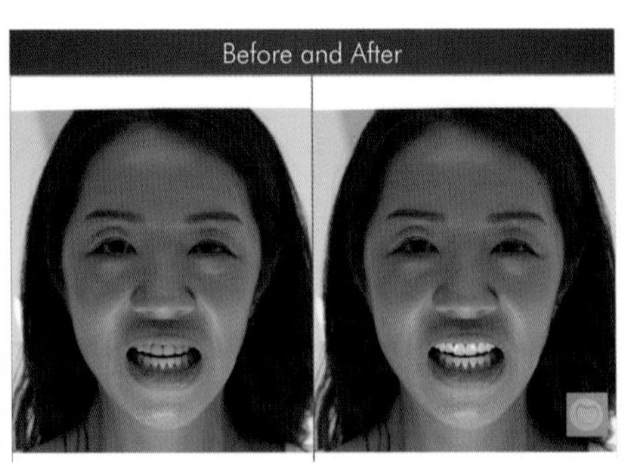

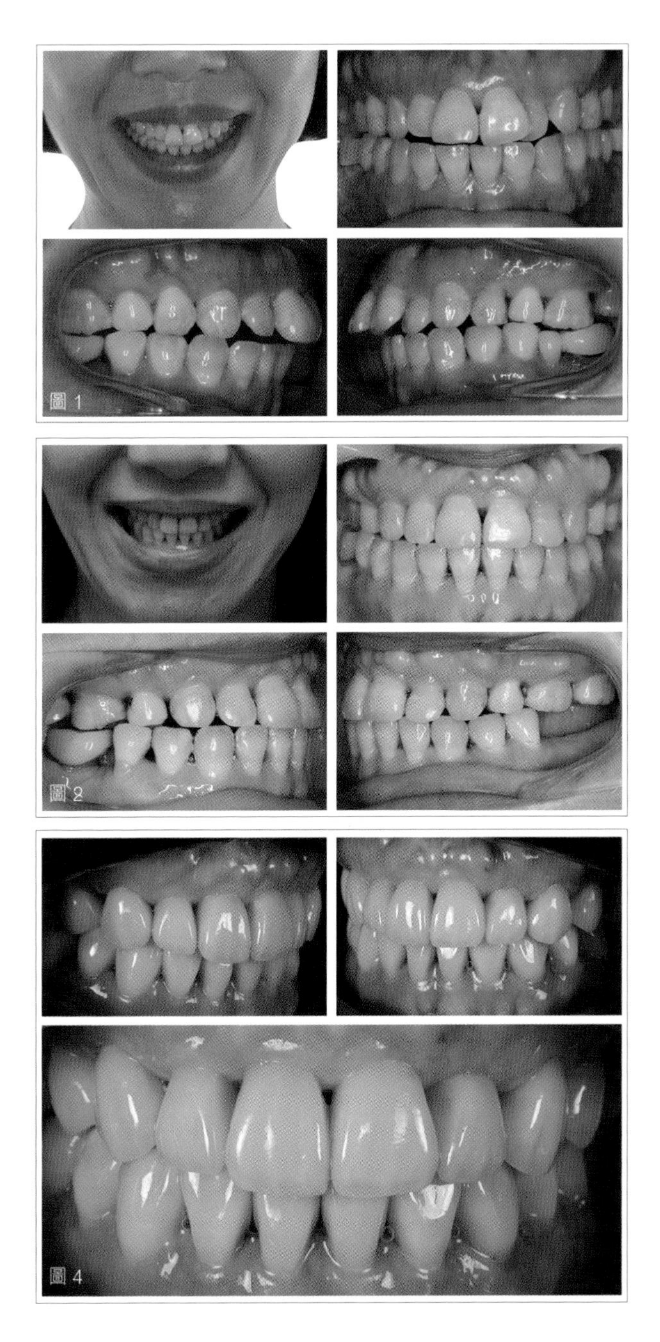
圖 1
圖 2
圖 4

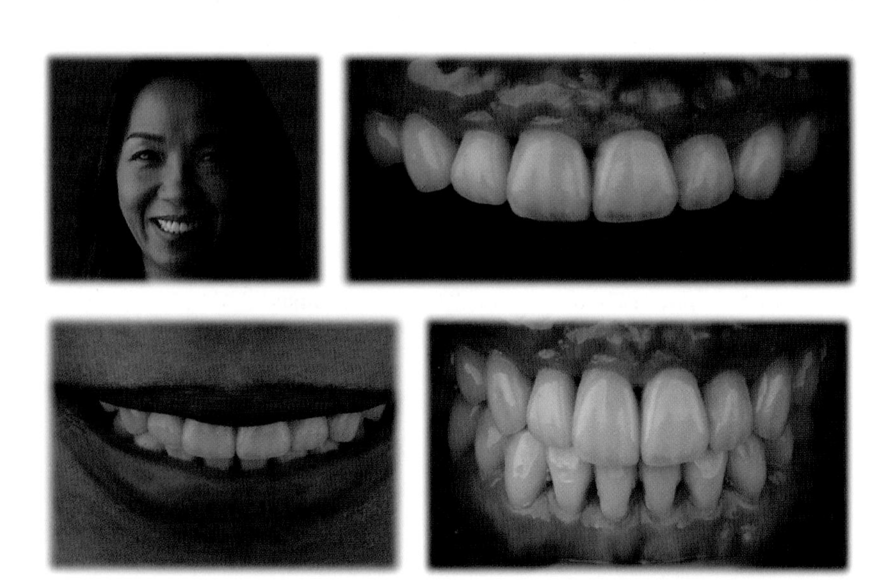

Ceramic work By
Naoki Hayashi

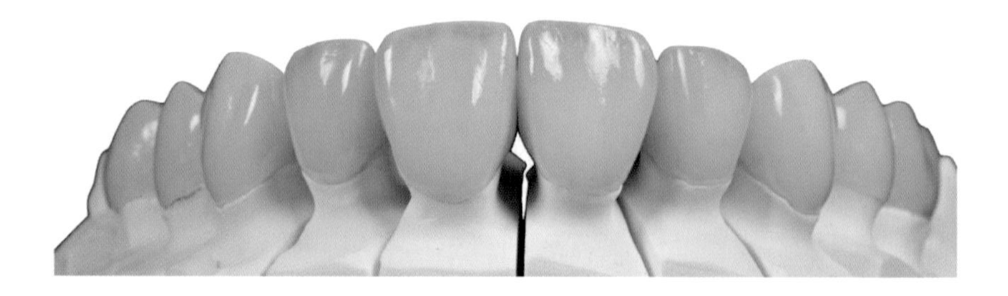

牙齦萎縮

個案一：

患者因刷牙太大力，加上牙齦較薄，導致牙齦嚴重萎縮，以及牙腳被刷蝕(圖1)，因此需要從上顎側提取牙齦組織，移植到牙腳上(圖2)。這樣做除了可以保護牙齒外，亦可改變牙齦的厚度，大大改善牙齒健康。

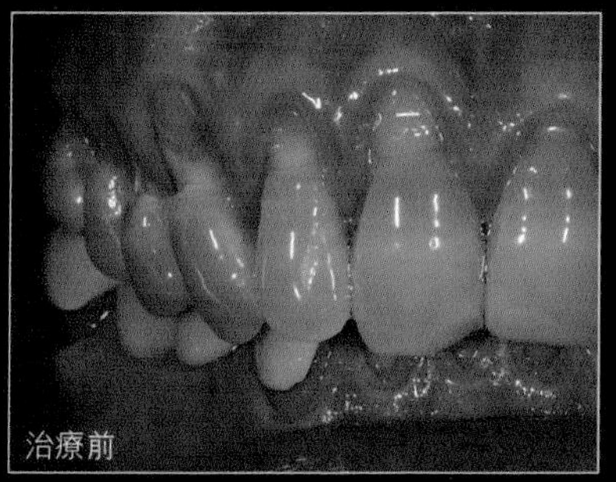

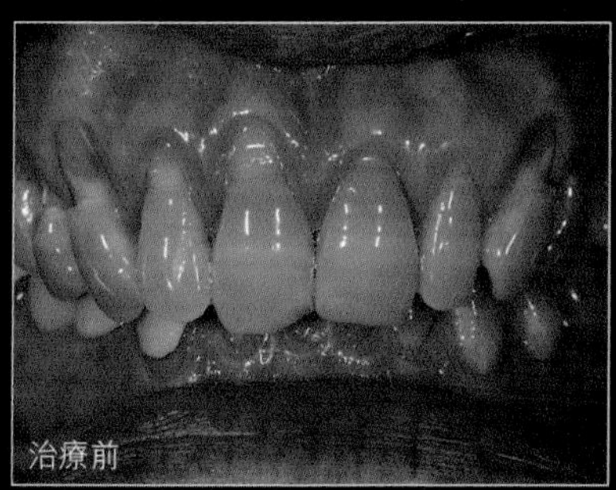

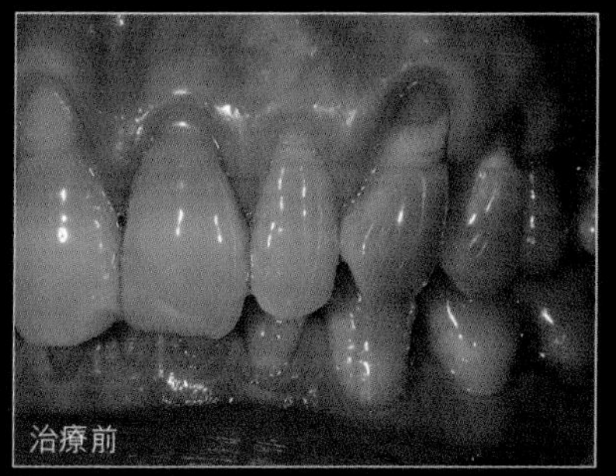

圖 1

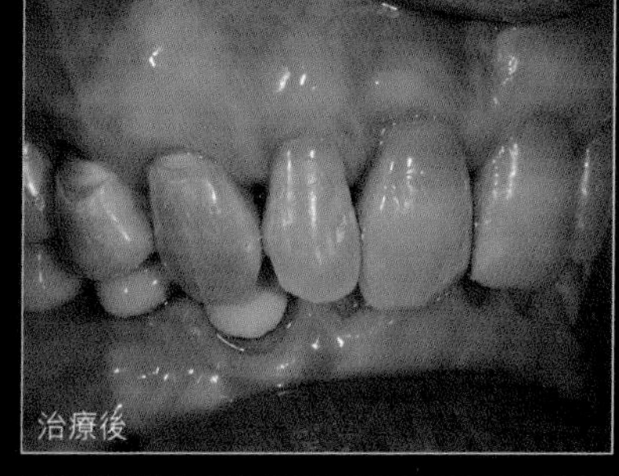

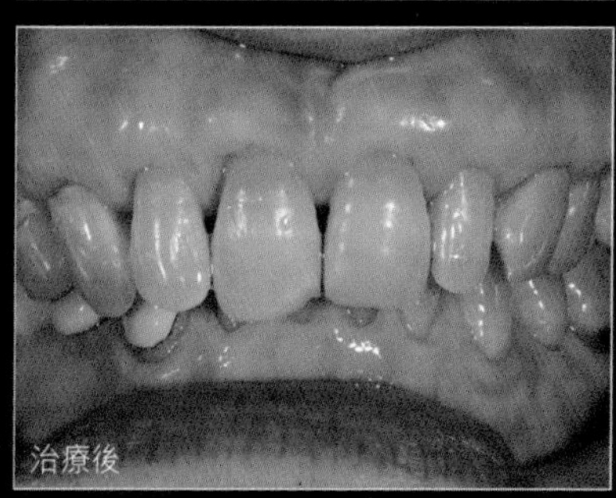

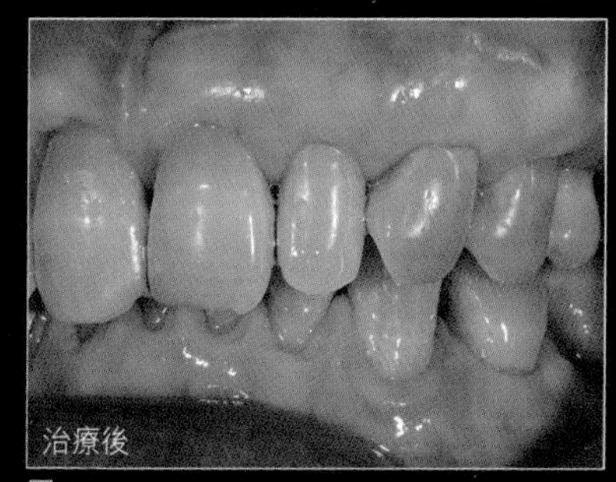

圖 2

個案二：

患者只有 20 多歲，已有牙齦萎縮以及牙縫黑三角問題，令笑容看起來好像已有五十多歲，她希望用搪瓷牙面改善笑容。

病史：

因右側門牙爆裂，接受種植牙治療和軟組織移植，及裝上種植牙牙冠，圖 3 可見鄰牙牙齦已有中度萎縮。七年後覆診時，牙齦萎縮加劇及出現牙縫黑三角(圖 4)。

數碼微笑分析：

牙齦緣偏高（圖 5），牙齒偏長，不但美學效果欠佳，在牙腳上貼搪瓷貼面亦是不理想的做法。

治療計劃：

牙齦組織移植（圖 6），先改善牙齦位置（圖 7），再用搪瓷貼面和牙冠改變牙齒形狀，從而封閉黑三角（圖 8）。

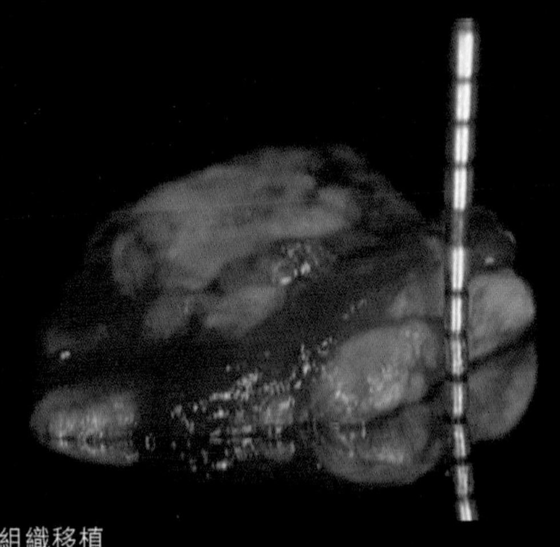

牙齦組織移植

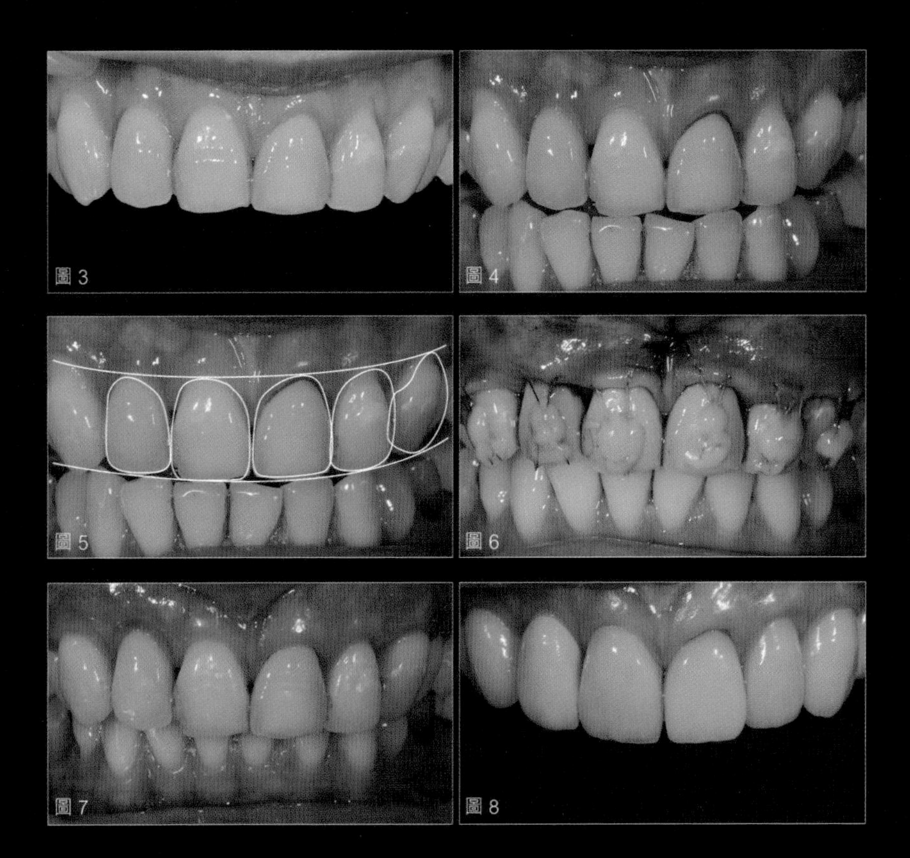
圖 3
圖 4
圖 5
圖 6
圖 7
圖 8

50 多歲的患者因為牙周病，導致牙齦萎縮、牙齒過長和走位，笑容看上去很醜陋，嚴重影響外觀，亦令她嚴重缺乏自信。加上她缺少後牙，不能咀嚼。（圖 1 和 2）。雖然治療難度很高，我相信只要能改善笑容，她的人生亦可得到改變。

檢查：患者有中度牙周病，門牙因為牙周病而過度生長和鬆脫。（圖 3）

X 光檢查：有六隻牙齒需要脫掉（圖 4），而下顎大牙因為長期缺牙的關係而向前傾斜。

治療計劃分三階段：

1. 先治療牙周病，刮牙腳，把患者牙周袋減少！教育良好的口腔衛生和護理，並脫掉不能救治的牙齒。
2. 脫掉兩隻側門牙和臨時修復，改善患者的外觀。當牙周病穩定後，便開始第二階段的治療。
3. 牙齒矯正治療：矯正傾斜下顎大牙，令植牙修復更完善，改善咀嚼功能和讓患者更容易清潔。改善門牙深咬合和下顎門牙擠擁。（圖 5）
4. 牙齒矯正後，植牙可以放在理想的位置（圖 6），不但改善了咀嚼功能，外觀亦大大改善，重拾自信笑容。（圖 7、8）

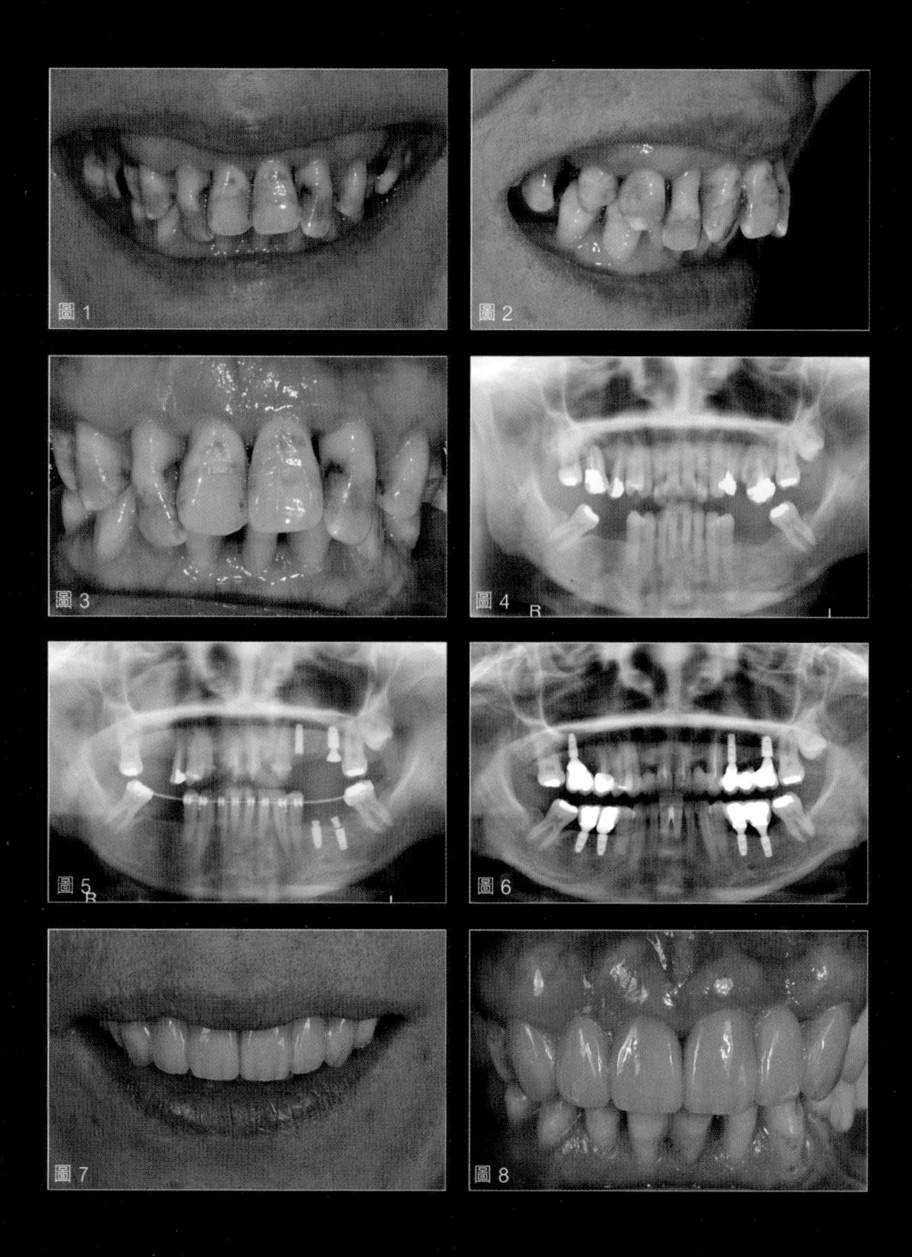

圖 1 圖 2 圖 3 圖 4 圖 5 圖 6 圖 7 圖 8

牙齒磨損導致牙齒變短和變薄，不但影響外觀，嚴重更會影響進食。

個案：一名 55 歲女士，因為咬合問題，導致門牙漸漸變短、變薄和透光，影響美觀。牙醫幫她檢查時，得知最近她磨牙的情況加劇了，前牙列嚴重磨損（圖 1 和圖 2），因此希望接受治療。

口腔內檢查結果顯示，前牙區域的牙齒嚴重磨損，正門牙上呈 V 形。顎面嚴重破損（圖 3），並且發現門牙變得越來越透明。

第 1 階段：數碼微笑設計
前文提及笑容設計會先從面部開始[1,2,3]，再決定門牙的位置，然後設計牙齒的大小、比例和牙齦輪廓（圖 4）。

第 2 階段：將數碼微笑設計移到咬合器，使用 KOIS 面部分析器進行記錄，記錄面部中線和瞳孔線，把資料轉移到咬合器，使臨床醫生能夠將建議的中線和上顎咬合面，有效地傳達給技師（圖 5）。

使用 Kois Deprogrammer 進行分析[4]，患者需佩戴這個裝置一至兩星期，每天二十個小時，目的是將咀嚼肌肉放鬆，從而找到正中關係位（圖 6），使用 Panadent 咬合架記錄咬合情況，根據 Kois 問卷調查和正中殆位置，從而確認咬合功能障礙的診斷。技師利用來自數碼微笑設計和咬合架的所有資料來製作蠟模型（圖 7 和 8）。

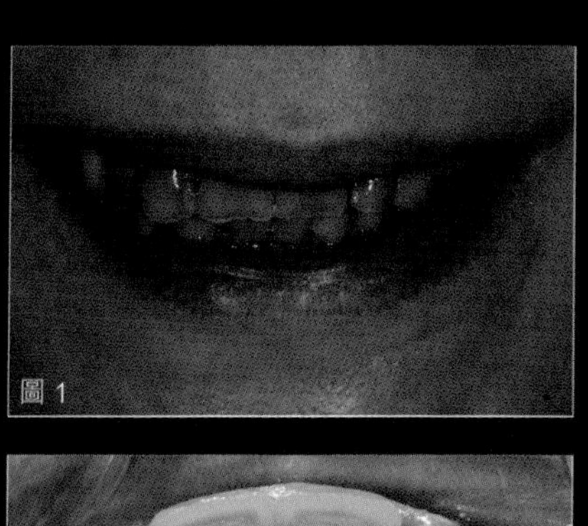
圖 1

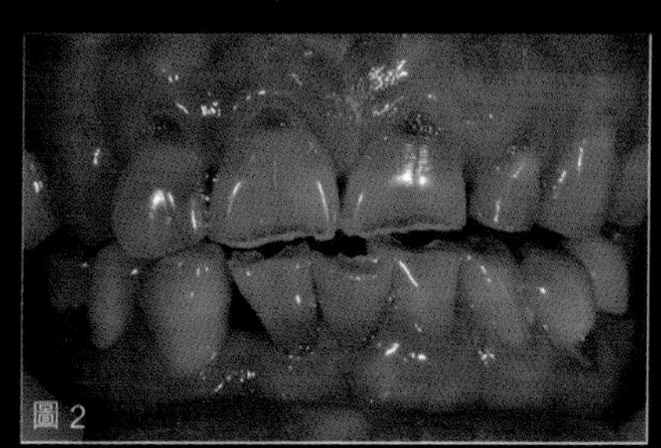
圖 2

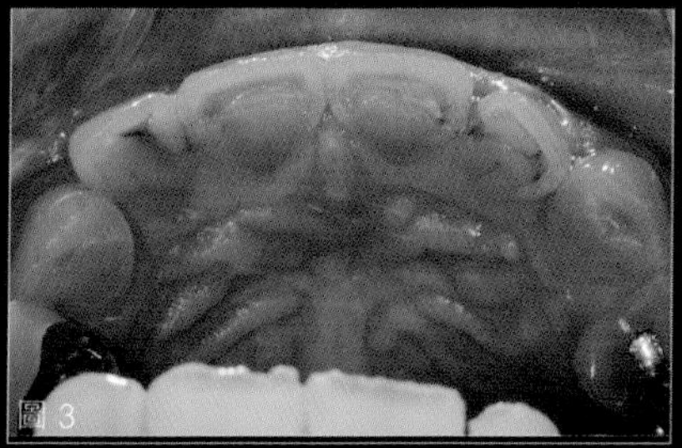
圖 3

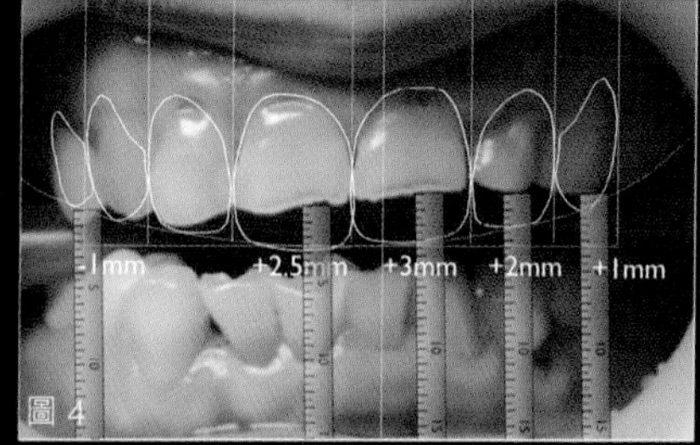

圖 4

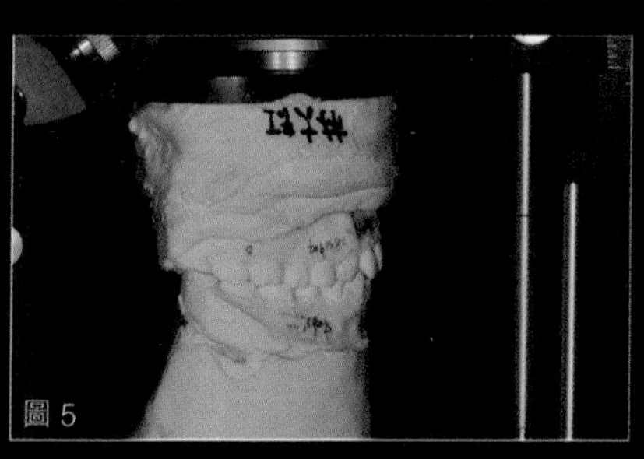
圖 5

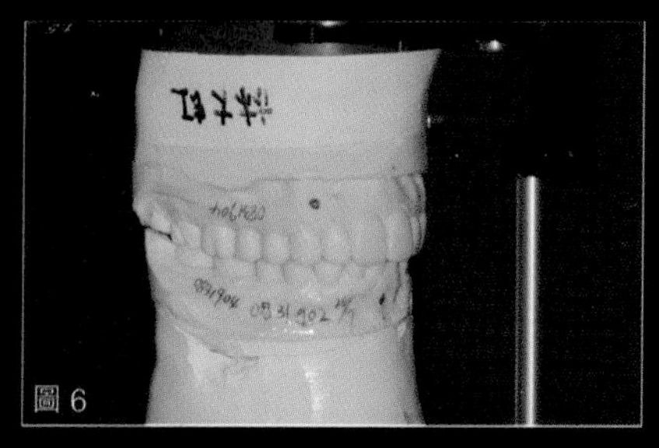
圖 6

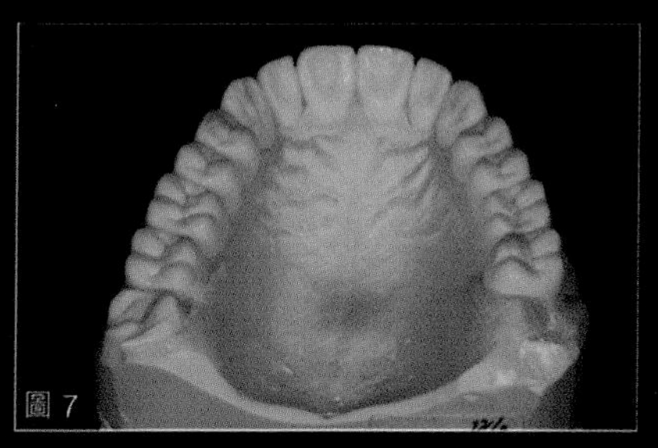
圖 7

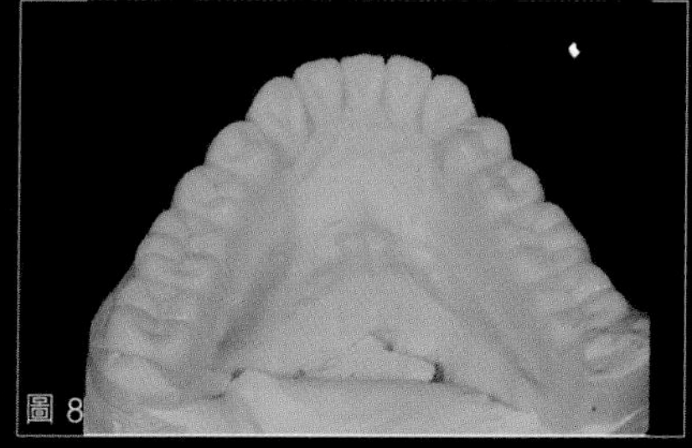
圖 8

第 3 階段 臨時修復：

由於前牙嚴重磨損，因此需要增加咬合高度（OVD），和進行全口修復，修復正中𬌗位置，利用 CADCAM（圖 9）製作了 V 形（Lava Ulitmate）牙冠（圖 10）作為臨時修復。我們比較臨時修復前後三天的照片（圖 11 和 12），可以見到咀嚼肌肉明顯放鬆，面部變得瘦削。

第 4 階段 永久修復：

臨時修復的目的在於確定外觀、功能和咬合的位置。當患者習慣和滿意臨時修復的效果，咀嚼亦有明顯改善，便可以進行最終修復（圖 13 和 14）。

我們比較臨時修復前（圖 11）、臨時修復後（圖 12）和最終修復後（圖 15）的照片，除了見到笑容變得年輕外（圖 16），透過抬高咬合和全口修復，面部亦變得瘦削和修長，整體效果除了改善笑容，更加改變了面相和外貌。

患者屬於咬合高風險，所以全口修復後，她晚上要佩戴牙膠，避免夜磨牙破壞牙齒；她亦要定期覆診，檢查咬合和口腔健康。

1. Spear FM. The maxillary central incisor edge: a key to esthetic and functional treatment planning. Compend Contin Educ Dent. 1999;20（6）:512-516.
2. Kois JC. Diagnostically driven interdisciplinary treatment planning. Seattle Study Club J. 2002;6（4）:28-34.
3. TO Tse , John Kois. Digital Smile Design Meets the Dento-Facial Analyzer: Optimizing Esthetics While Preserving Tooth Structure. Compend Contin Educ Dent. 2016 Jan;37（1）: 46-50.
4. Jayne D. A deprogrammer for occlusal analysis and simplified accurate case mounting. Journal of Cosmetic Dentistry. 2006;21（4）:96-102. - See more at: https:// www.dentalaegis.com/cced/2014/05/full-mouth-rehabilitation-astaged-approach-to-treatingthe- worn-dentition#sthash.NpPT8oRu.dpuf

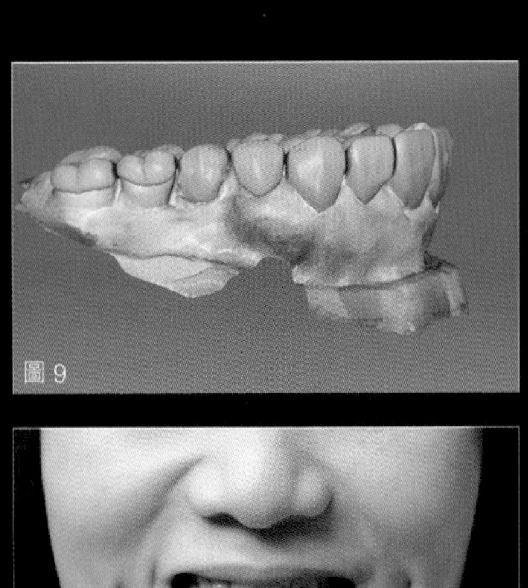
圖 9

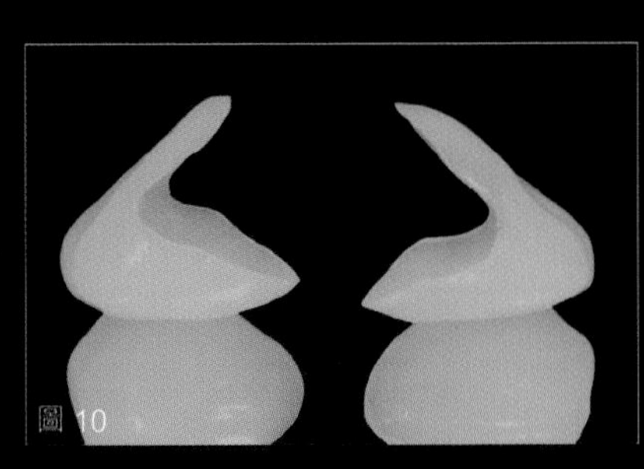
圖 10

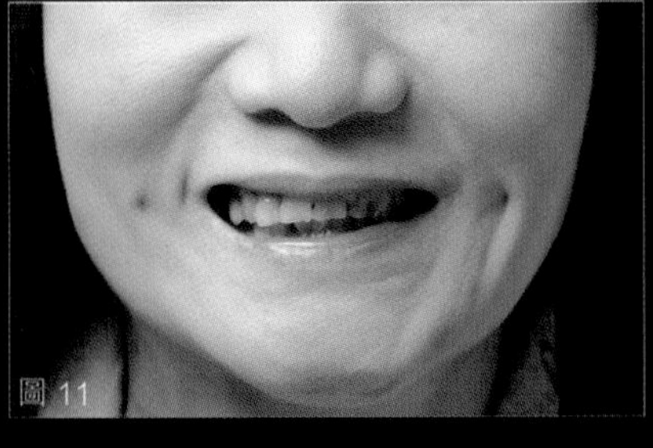
圖 11

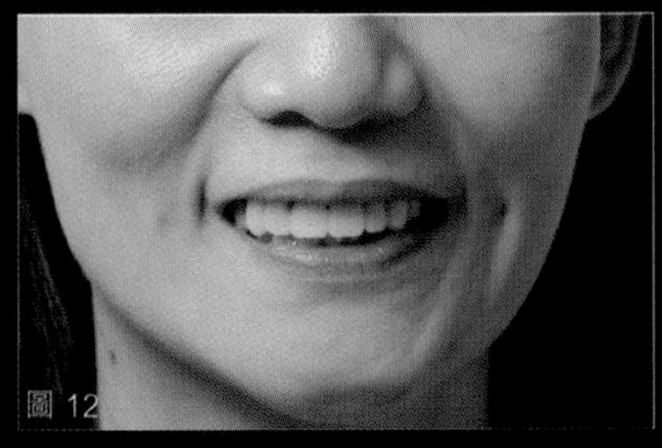
圖 12

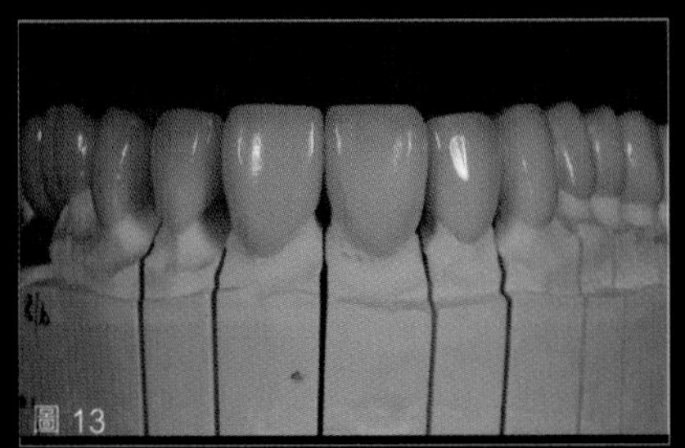
圖 13

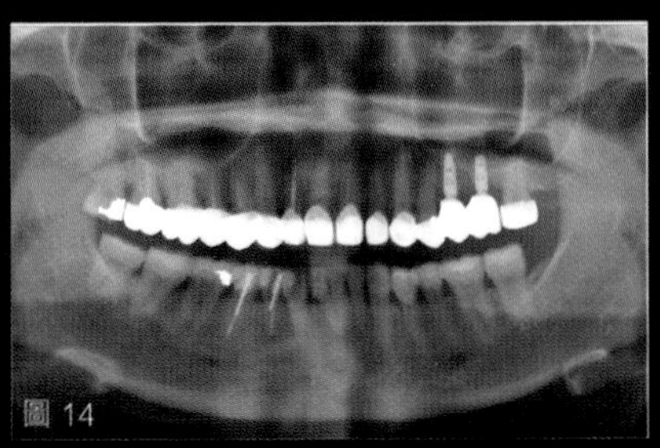
圖 14

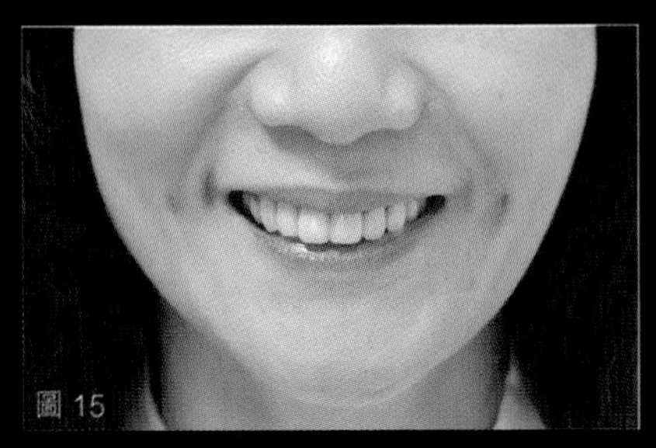
圖 15

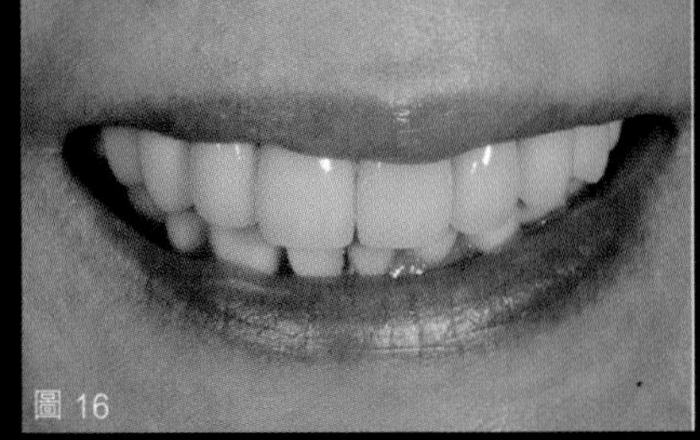
圖 16

數碼微笑設計 Digital Smile Design

牙齒美學除了剛才提到的技術外，數碼微笑設計亦成為美學牙科的大趨勢。數碼微笑設計源於 2011 年，由巴西美學大師 Christian Coachman 發明，他提出牙齒美學與面部美學密不可分，要設計一個看起來自然和諧的笑容，必須從面部考慮，亦會參考黃金比例。他先將面部與口腔的掃描照片重疊，然後再畫圖設計患者的笑容，並用電腦模擬最終的效果。牙齒技師可以利用這張圖片，用蠟為患者訂造一個模型，讓患者試戴，看看微笑時的效果（Trial Smile），患者在過程中亦可參與設計自己的微笑。

這種設計程序其實早在室內設計中被廣泛使用，設計師會先量度尺寸，然後做出平面圖，再用電腦，根據患者以及設計師想要的感覺做出模擬效果，然後才落實。

電腦模擬圖片

真實圖片

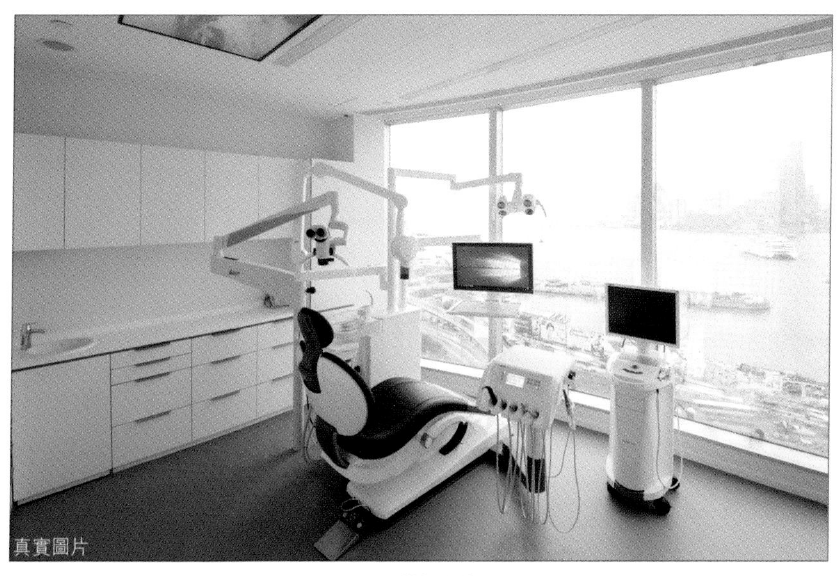

真實圖片

電腦模擬圖片

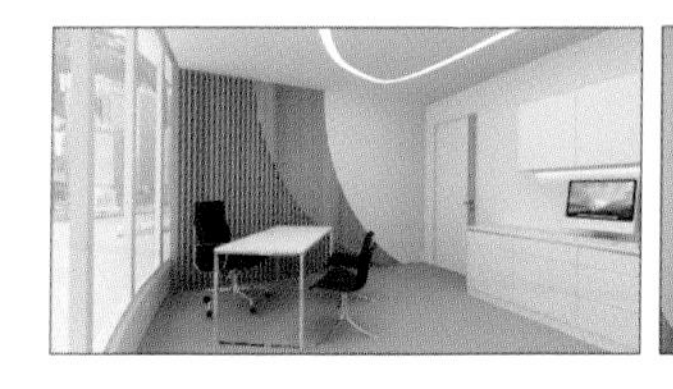

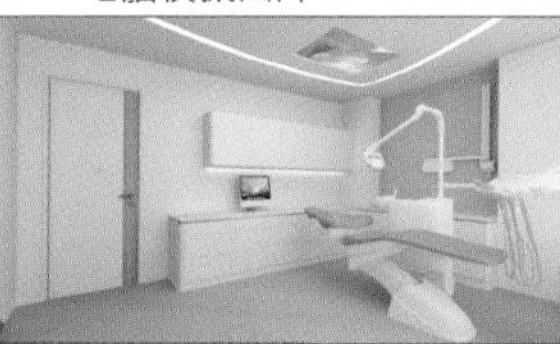

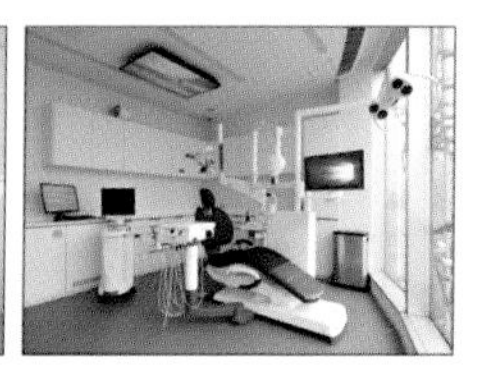

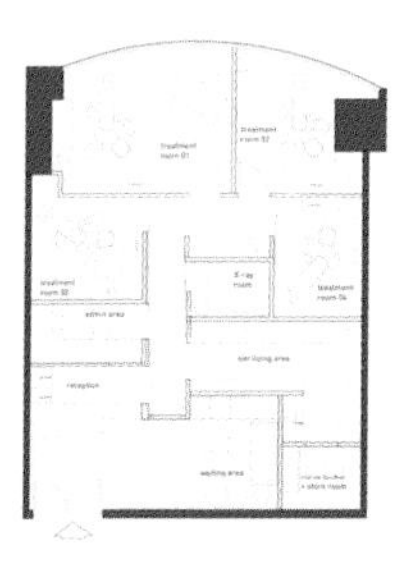

數碼微笑設計發展至今，由開始的簡單畫圖到中期的 Keynote Template，發展到現在的 DSDApps。醫生可利用數碼微笑設計應用程式，將照片放在蘋果電腦的軟件 Keynote 上（圖 1），模擬微笑的效果（圖 2），再透過畫圖作調整，然後技師就可以為患者預備模型，讓他們作微笑試戴（圖 3）。

DSD Apps 將數碼微笑設計發展到完美的境界，醫生先將患者的照片和口腔掃描放在 Apps，透過 Apps 內的軟件把資料連結一起（圖 4），設計微笑。

患者可以在應用程式內選擇不同的牙齒顏色、形態和位置，參與整個微笑設計，醫生可根據患者的選擇，為患者貼身訂造他的微笑（圖 5）。

圖 1

圖 4

圖 2

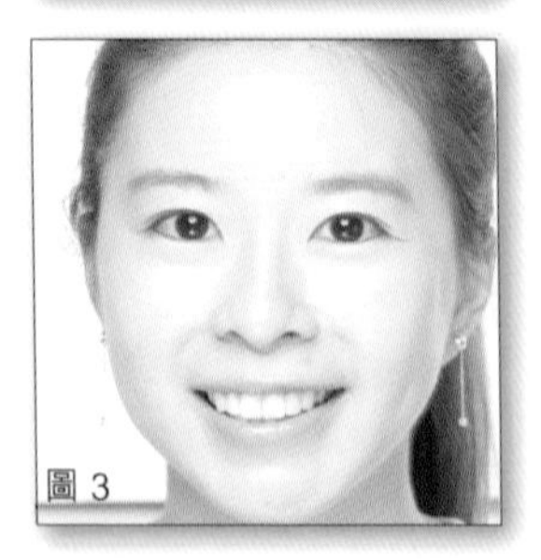

圖 3

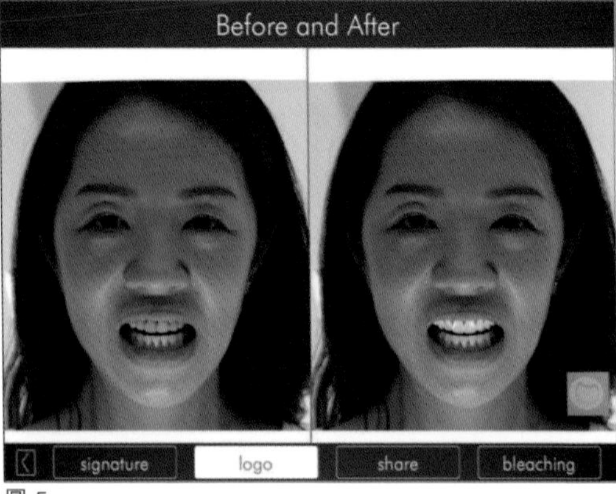

圖 5

已過時的牙齒美容治療

搪瓷牙冠除了會用於美白牙齒的個案，亦可以改善牙齒排列。以下我會分享兩個十多年前利用牙冠改善牙齒排列的個案。

個案 1：

她在北京公幹時意外跌傷，前面左邊兩隻門牙撞崩及壞死（圖 1），患者拒絕箍牙，希望用「即時矯齒」的方法矯正牙齒，最後她決定四隻門牙都套上全瓷牙冠，看上來牙齒的確是整齊了。（圖 2）

但如果仔細去看，會發現其實美學效果並不美觀：

1. 右邊正門牙比例過高，黃金比例是 75-80%，但她的比例是 67%。（圖 3）
2. 牙齦緣位置不平衡，右邊正門牙牙齦緣過高。（圖 3）
3. 正門牙、側門牙和犬齒的比例亦不對，黃金比例是 1.618：1：0.618，左手邊的牙齒合乎比例，但右手邊的不合格（圖 4）。

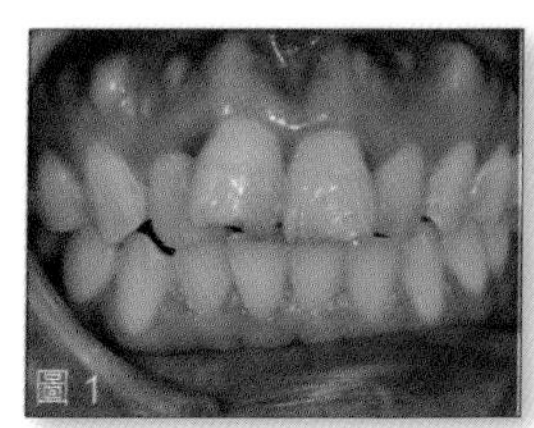
圖 1

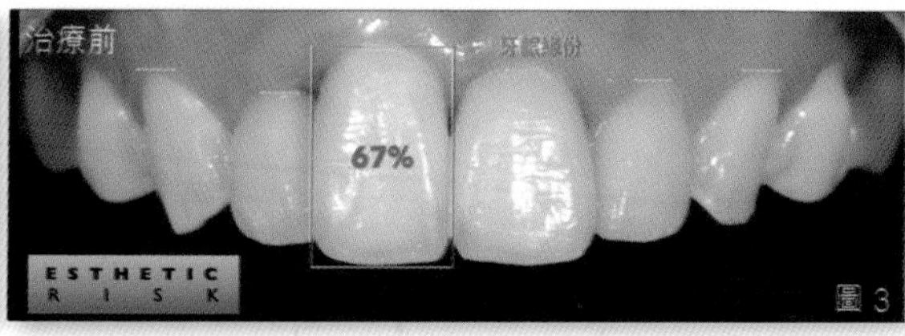

圖 3

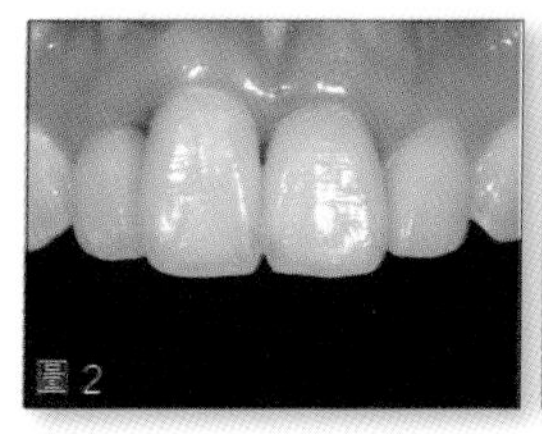
圖 2

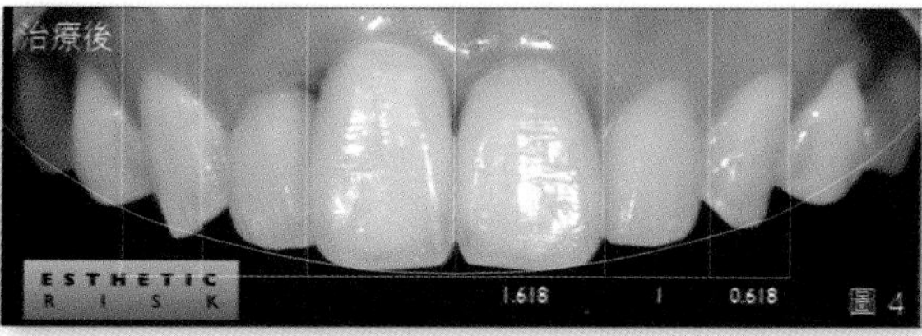

圖 4

個案：

20 多歲的少女，因為門牙突出而求診，但她同樣拒絕箍牙，希望在短時間內改善情況，因此決定套上牙冠。從圖 1 可見，她的門牙突出幅度較大，要把牙齒往後大幅修改。由於磨牙的幅度比較大，加上要預留空間給技師做牙套，所以四隻門牙都需要接受根管治療，再套上牙冠，雖然她在三個星期內便完成治療，效果看似不錯（圖 2），但從圖 3 可見，她有足足約三分之二的牙齒被磨掉，牙齒變得很脆弱。

我們把磨牙前後的照片重疊（圖 4），可清楚看到牙齒被磨掉的幅度，牙齒受到重創。這個療程亦改變了牙齒的咬合位置，牙齒有可能在八至十年後崩裂，甚至需要種牙，前景並不樂觀。

上述兩個個案牙齒在正確的位置，牙冠是改善牙齒的排列，形態和顏色。
所以最好的治療方案是牙齒矯正！再用複合樹脂、搪瓷牙面改善形態和顏色

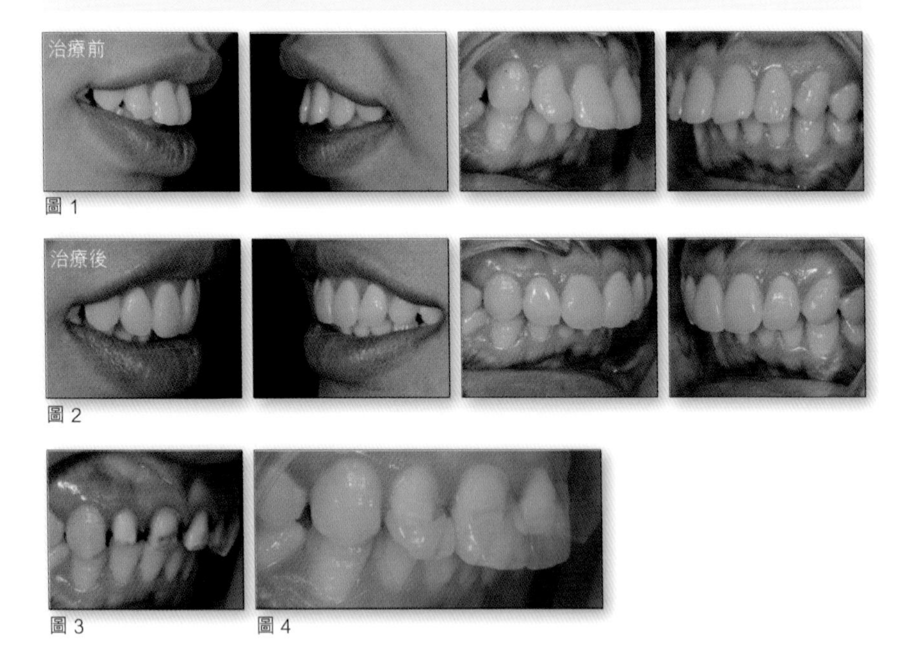

圖 1

圖 2

圖 3

圖 4

結合隱形牙箍的微創治療

患者主訴：

笑容不美觀

檢查：圓錐體形側門牙，形成牙縫、門牙和側門牙比例不理想，下顎牙齒擠擁，左下門牙朝向唇側，形成前牙反𪘒（圖 1 和 2）。

數碼微笑分析（圖 3）：計劃改善中線，加長側門牙，改善微笑線，擴大側門牙以及改善正門牙與側門牙的比例。

微笑試戴（圖 4）：她非常喜歡微笑試戴的效果，但同時亦發現因為前牙反𪘒的原因，導致她不能咬合，因此要先接受隱形牙齒矯正療程，矯正牙齒位置，才可以貼上搪瓷牙面。

受到微笑試戴的激勵下，她主動要求治療，用了十四對牙箍進行矯正，圖 5 和 6 是隱形牙箍之前和之後的電腦模擬效果。

隱形牙箍療程的目的：

1. 矯正前牙反𪘒咬合。
2. 打開側門牙的位置改善正門側門牙的比例，並預留空間作修復。
3. 將門牙往唇方後推 0.5 毫米，從而達到微創的效果。

圖 7：藍色是牙齒原本的位置，白色是矯正後的位置，隱形牙箍將門牙往唇方後推 0.5 毫米，這樣就可以在不需要磨走太多牙齒的情況下，也可貼上搪瓷牙面。

圖 1

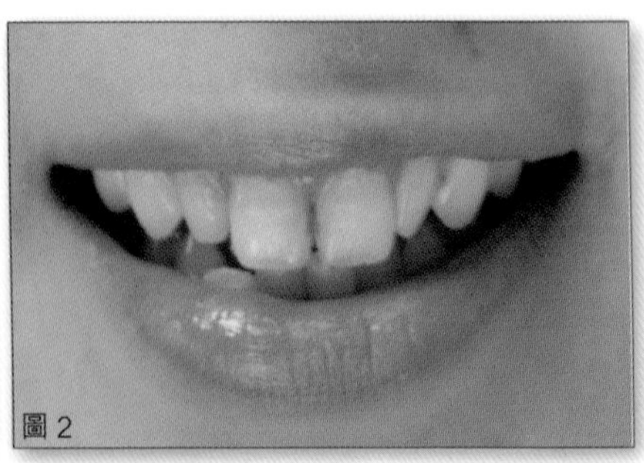
圖 2

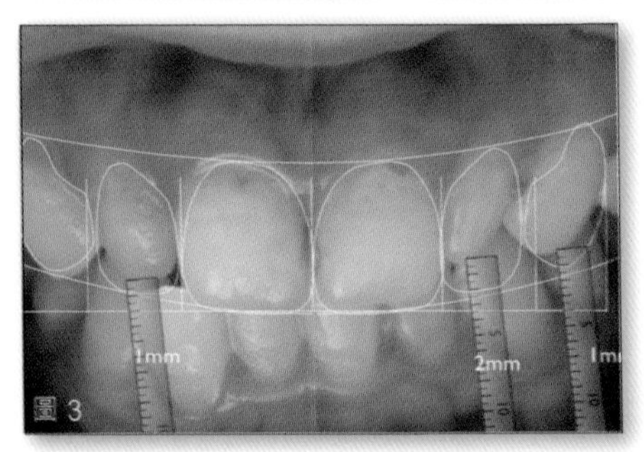

圖 3

圖 4

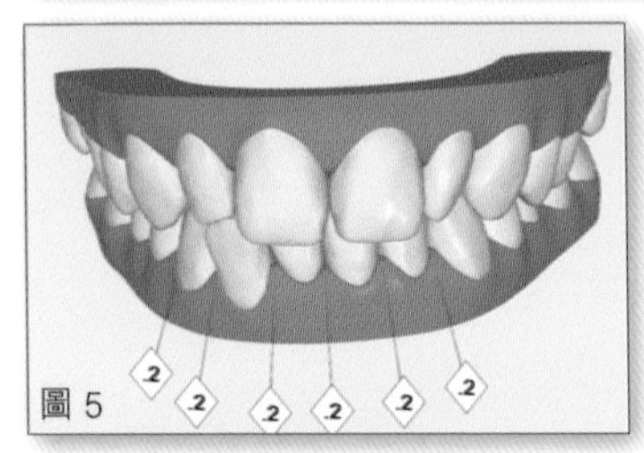

圖 5

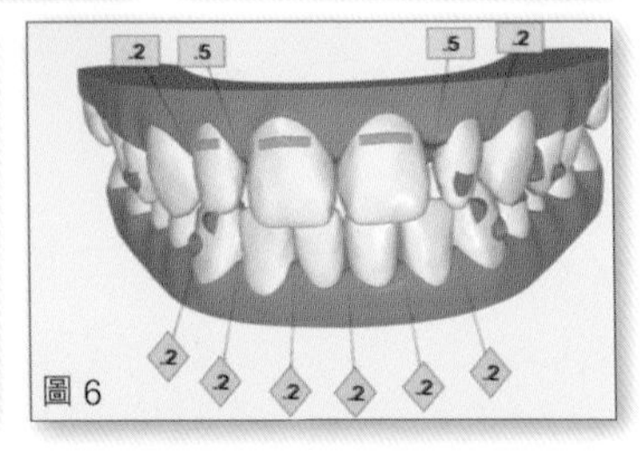

圖 6

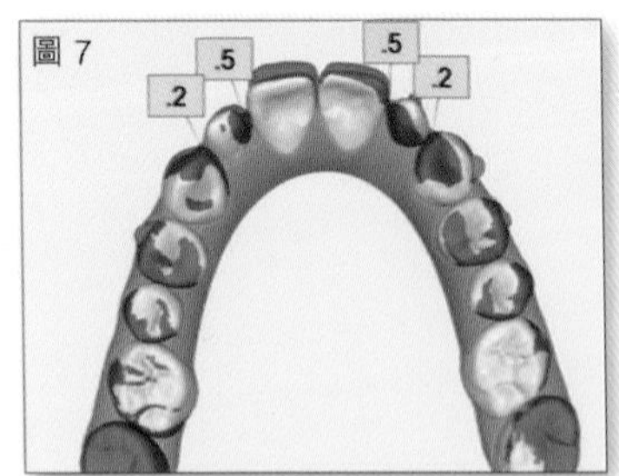

圖 7

隱形牙箍矯正的好處，是能夠將牙齒有效和量化地移去理想修復的位置。結合隱形牙箍和數碼微笑設計，能提高美觀效果的同時，亦可減少磨走牙齒的份量，達到微創修復的效果。

Merging Clear Aligner with Digital Smile Design to Maximize Esthetics and Minimise Tooth Reduction
Ryan Tak On Tse Compend Contin Educ Dent. 2019 Feb;40（2）:100-106.

患者需要每四天便更換一個牙箍，大約八個星期便完成治療（圖 8 和 9），然後再進行數碼微笑分析和微笑試戴（圖 10）。

治療計劃：

門牙貼上 Emax 搪瓷牙面，再利用 CEREC 數碼雕刻，一天內便可完成（圖 11）。

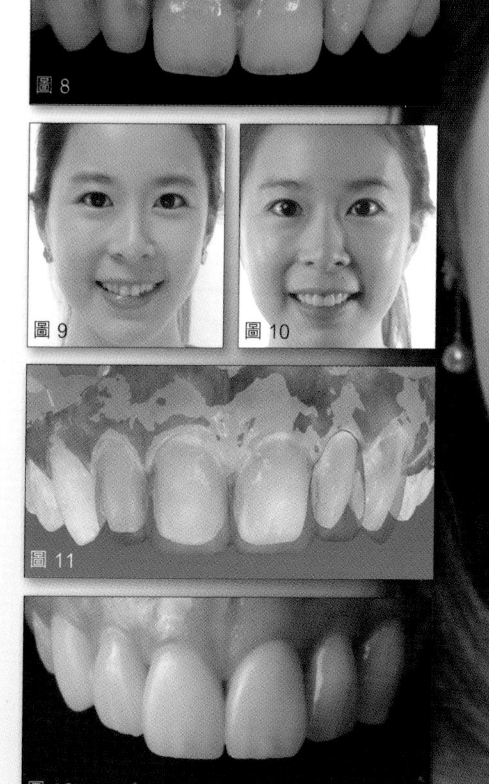

圖 8

圖 9

圖 10

圖 11

圖 12

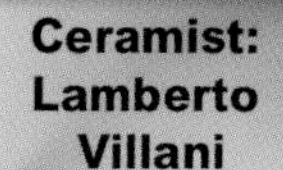

INVISALIGN
SMILE MAKEOVER
VENEER
DERMAL FILLER
THERMAGE

患者主訴：

門牙崩裂，希望用複合樹脂作修復（圖 1）。

檢查：

門牙顎面有嚴重酸蝕（圖 2），酸蝕侵蝕門牙顎面，導致下門牙過度生長（圖 4）。

牙醫想找導致門牙顎面酸蝕原因，一般局部酸蝕是因扣喉、胃酸倒流或不良習慣，例如咬冰、咬指甲等而引致，但患者並沒有以上問題。經過詳細了解後，終於發現原因，原來她是名跑山選手，比賽期間會飲用運動補充劑 CrampfFix，當中含超濃縮成分，包括醋、糖、鹽、鉀、鈣、氯化鎂以及天然檸檬酸，這種補充劑可透過刺激喉嚨觸感神經，抑制導致肌肉抽筋的過度活躍的神經系統，當有抽筋跡象時，飲一包便可以迅速抑制抽筋，但由於它是酸性飲品，因此導致牙齒有酸蝕情況。

治療計劃：

門牙顎面有嚴重酸蝕情況，不能用樹脂作修復，需要用牙冠，即牙套修復。但因酸蝕原因，導致下門牙過度生長，在這情況下，不適合磨走顎面的牙齒[1]（圖 5），最終方案是用隱形矯正改善下牙位置，給予空間作上門牙的修復（圖 6）。

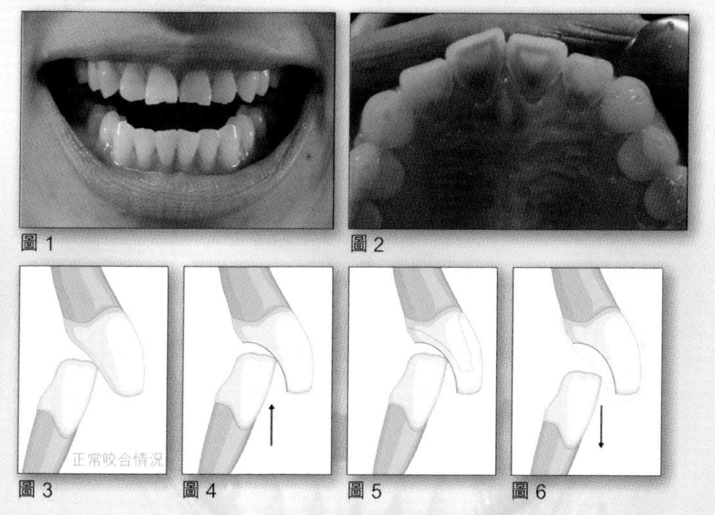

圖 1　圖 2

圖 3　圖 4　圖 5　圖 6

1. Adhesive restorations, centric relation, and the Dahl principle: minimally invasive approaches to localized anterior tooth erosion. Magne et al Eur J Esthet Det 2007:2:260-273

隱形牙箍

先用隱形牙箍把上顎門牙向上推，下顎門牙向下推，從而提供空間作修復。總數十五對牙箍，每星期換一對，大約十五個星期完成。

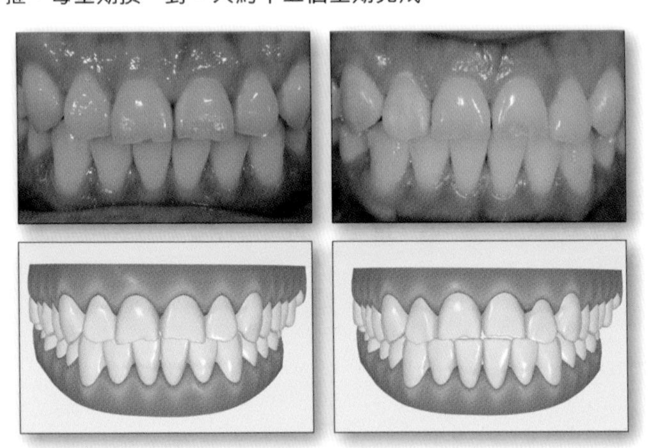

微笑分析

用 KOIS 面部分析器 (Dento-facial Analyzer)，利用照片記錄和量度患者作出不同發音時的情況，用以評估門牙牙尖的位置。理想的情況是，讀出 EMMA 時，犬齒不會外露， 讀 O 時，門牙外露大約 2-4 毫米。

KOIS DENTOFACIAL ANAYLZER
面部分析器

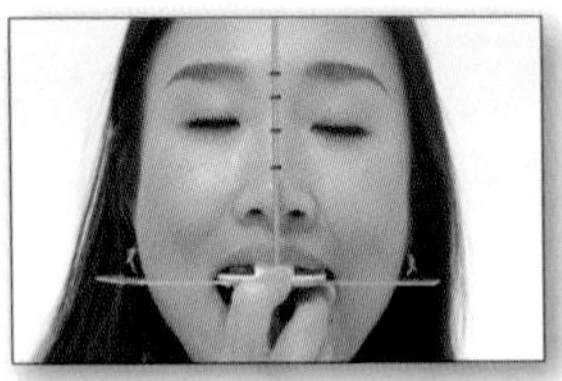

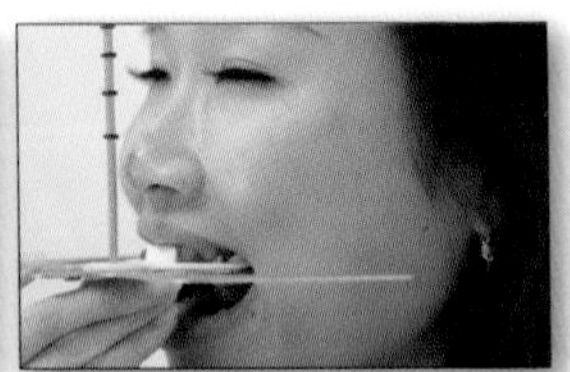

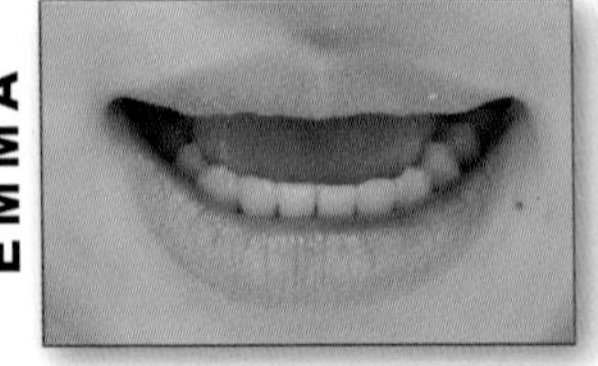

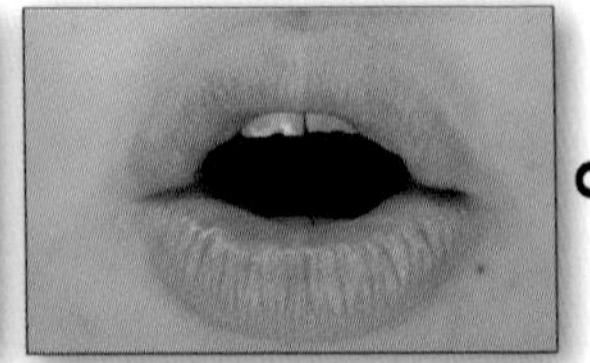

O

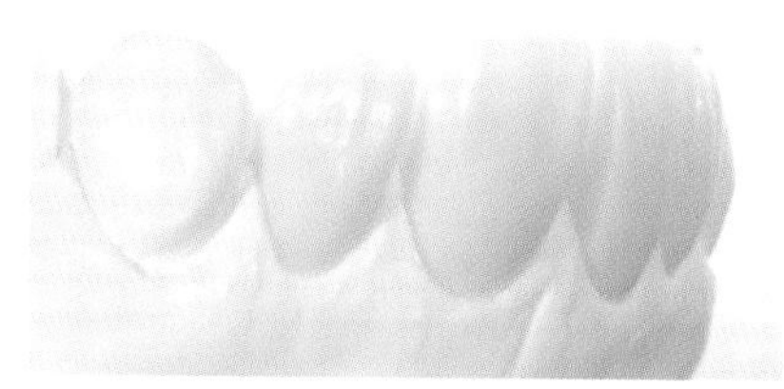

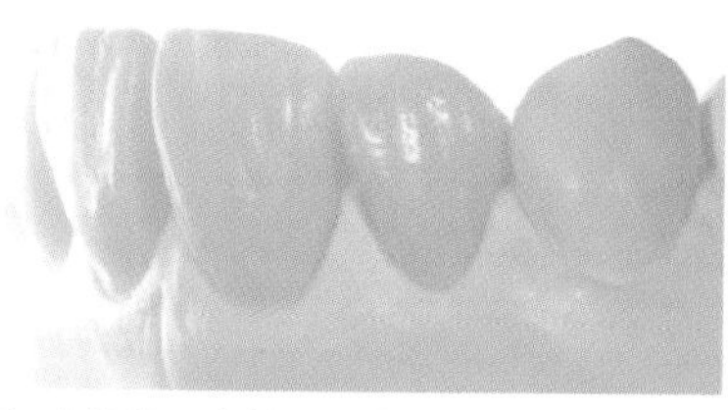

技師會根據所有的資料來製作蠟模型，作為臨時修復。透過臨時修復，可為患者在美觀、咬合和發音方面進行測試。經調整後，利用這位置作為最終的修復，特別多謝 Naoki Hyashi 嘆為觀止的傑作。

Diagnostic
WAXUP

Ceramic work By
Naoki Hayashi

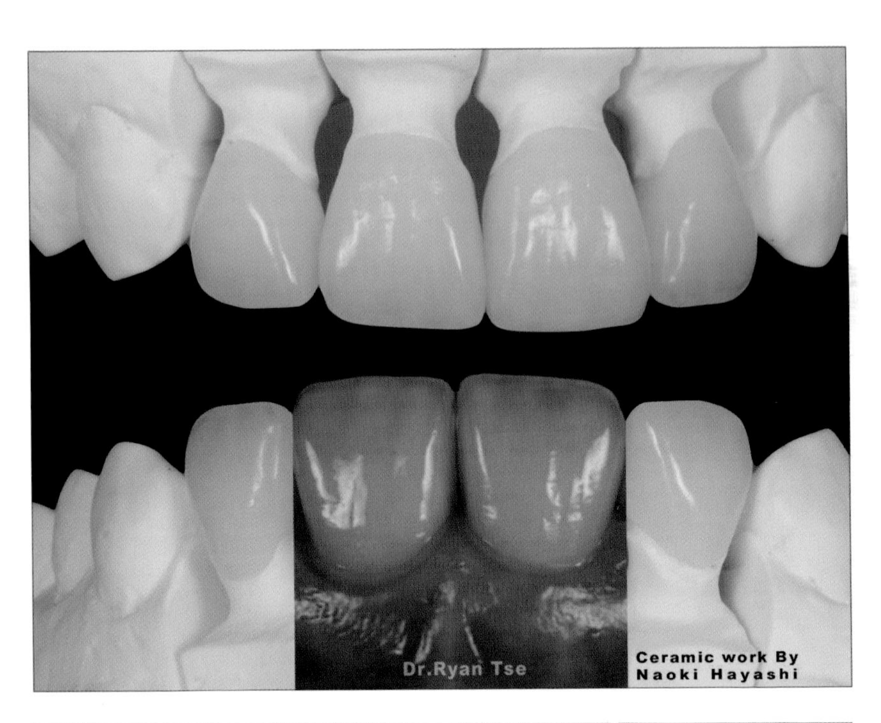
Dr.Ryan Tse
Ceramic work By
Naoki Hayashi

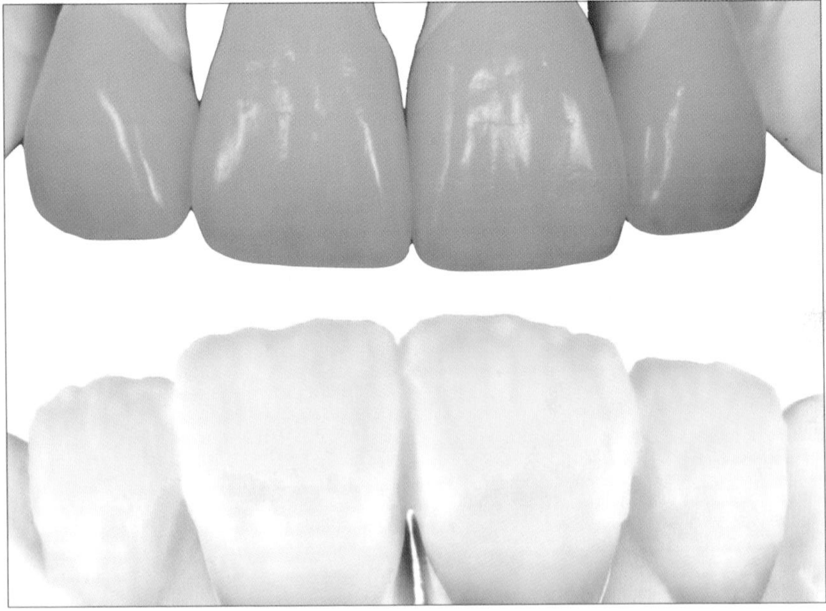

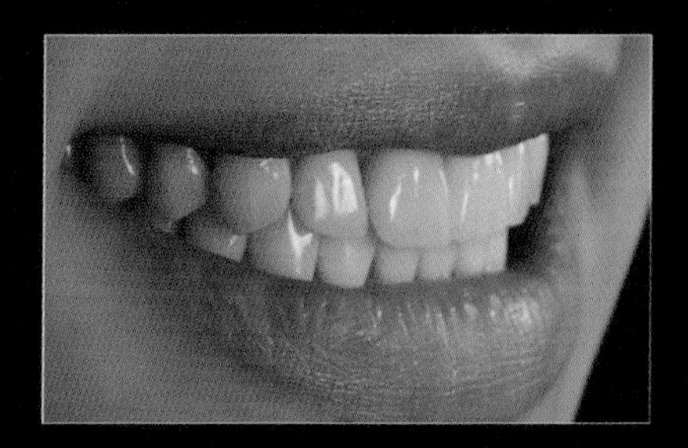

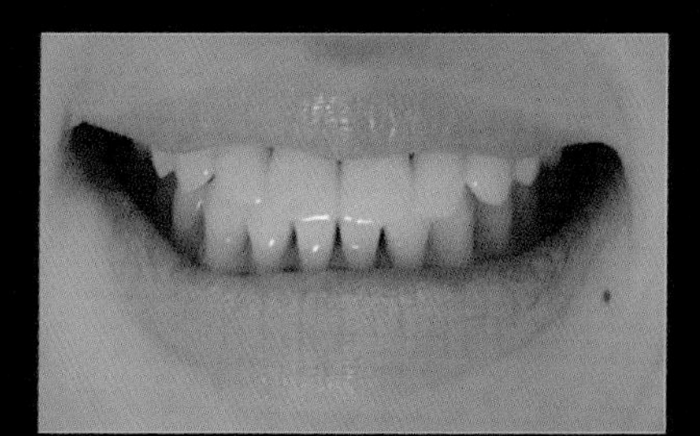

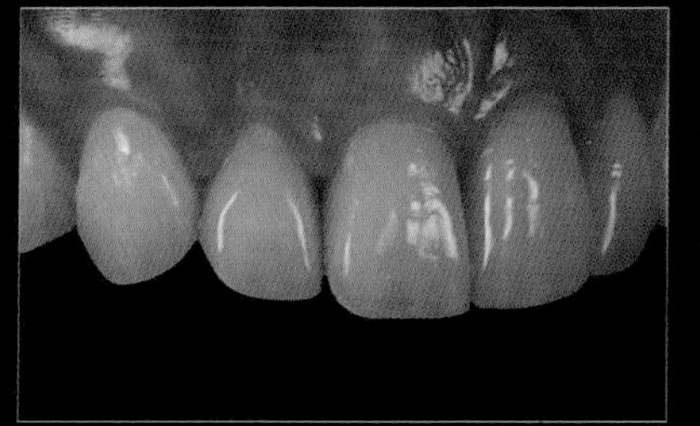

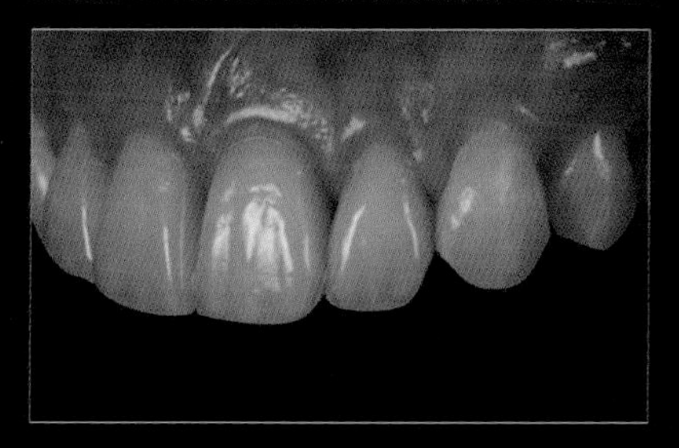

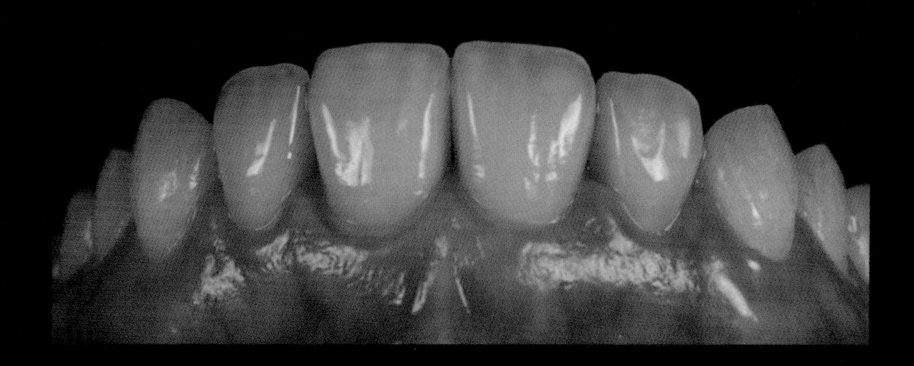

患者主訴：

樹脂牙面變舊和起漬（圖 1）。

檢查：

上下顎六顆門牙上都有樹脂牙面，大約在七至八年前貼上。隨着時間過去，牙面變粗糙和起漬，邊位亦開始外露（圖 2）。

X 光檢查：

上下顎門牙突出（圖 3）。若我們以 GALL 線（圖 4 中的綠色線）作參考，可見門牙和嘴唇輕微突出，超出 GALL 線之外，情況不理想。

治療計劃：

1. 隱形矯正

用隱形矯正改善門牙位置（圖 5），透過打磨牙縫，把門牙向後移動（圖 6）。圖 7 中，灰色是門牙未矯正時的位置，這樣可清楚看到改善的情況。第一階段的療程總數要用三十三對牙箍，每星期換一對，大約三十三個星期完成。第二階段的療程要再作輕微的修正，總數要用八對牙箍。

隱形矯正不單能矯正牙齒位置，同時亦能改善面部輪廓。從側面照片可見，門牙的位置和嘴形沒有超出 GALL 線之外，有明顯改善。（圖 8）

2. 搪瓷牙面

矯正牙齒後，修復的空間增加了（圖 9），因而可以採用添加的方案，減少磨牙的份量，達到微創修復的效果（圖 10）。高端技師可以在有限的空間，製作顏色豐富和美觀的瓷片，特別多謝 Naoki Hyashi 作品。（圖 11）

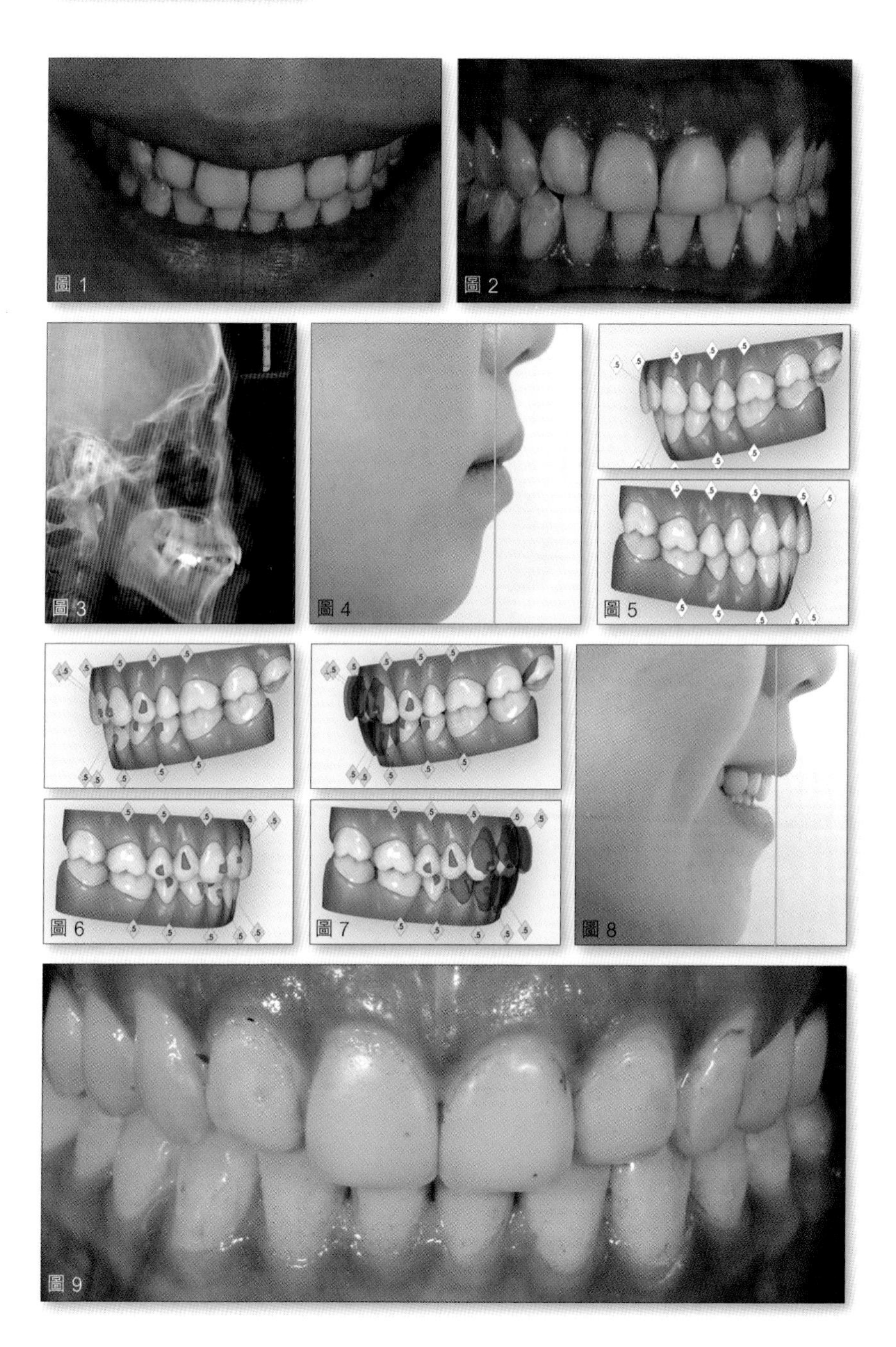

圖 1 圖 2 圖 3 圖 4 圖 5 圖 6 圖 7 圖 8 圖 9

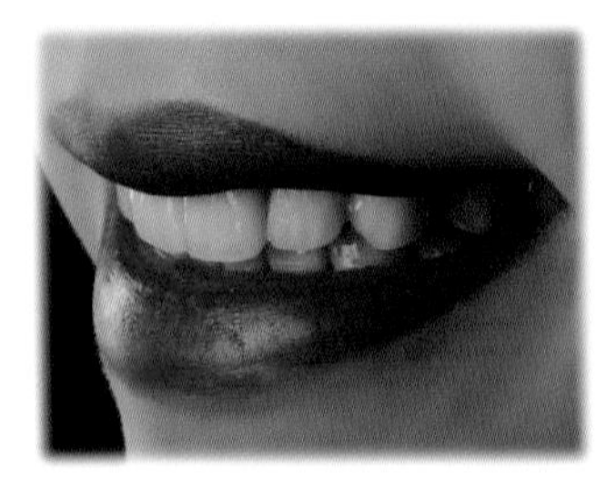

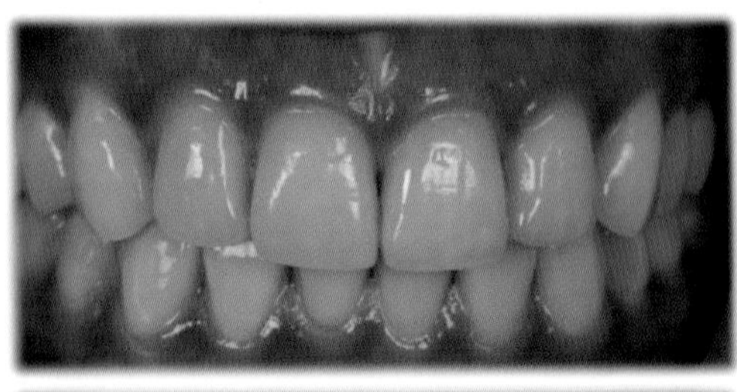

圖 10

Ceramic work By
Naoki Hayashi

圖 11

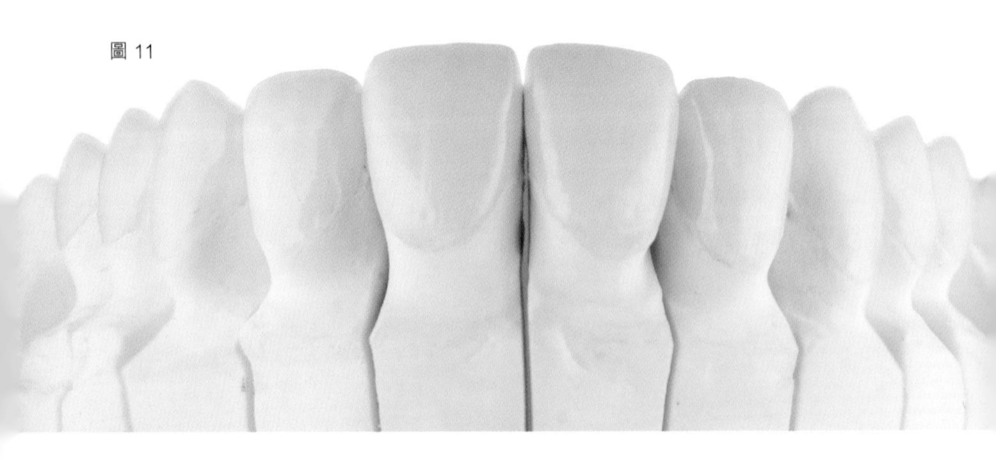

患者主訴：

牙齒擠迫及偏黃。

檢查：

缺左側門牙及牙齒擠擁，犬齒內傾，形成倒及牙，牙齒表面有酸蝕，牙齦萎縮，形成牙縫黑三角（圖 1）。

治療計劃：

用隱形牙箍改善擠擁的情況（圖 2），把左犬齒向外推改善倒反問題。總數要用二十三對牙箍，每星期換一對，大約二十三個星期完成（圖 3 和 4）。

完成隱形牙箍後，利用層次樹脂修復（圖 5），在沒有磨牙的情況下，回復牙齒形狀和封閉牙縫黑三角，同時亦將牙齒加長，改善微笑線。微笑時，門牙外露多些，看起來年輕一點，牙齒亦能回復美白。（圖 6）

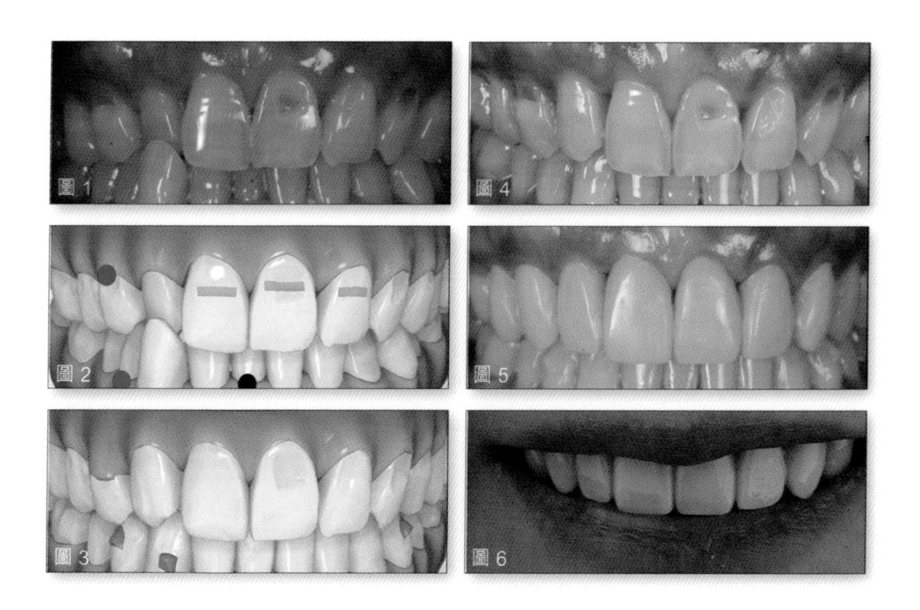
圖 1 圖 4 圖 2 圖 5 圖 3 圖 6

病例：

患者有兩隻犬牙的幼齒鬆脫，希望植牙修復。

檢查：

犬牙的幼齒鬆脫（圖 1，箭嘴位置），牙齒中線和面部中線不吻合，頰廊太窄（圖 2），後牙往內傾，影響咬合和外觀。上下顎犬齒大牙咬合關係不理想，下顎牙齒擠擁，加上缺牙區太細，所以建議先進行牙齒矯正。（圖 3、4）

X 光 & CBCT 檢查：（圖 5、6、7）

成人犬齒阻生，藏在牙床骨內，右邊犬齒阻礙牙齒矯正和植牙，需要脫掉。牙床骨骨量不足，植牙時需要加骨，增加骨量。

治療計劃：

1. 脫掉右上的阻生犬齒。

2. 隱形矯正
用隱形牙箍，改善犬齒和大牙的咬合關係、外觀，和擴大缺牙區的尺寸至犬齒的尺寸（大約 7 毫米）。（圖 8、9）

第一階段的療程，要將上顎後牙往後推，和擴闊植牙的空間，總數要用四十六對牙箍，每星期換一對，大約四十六個星期完成。

第二階段的療程，修正牙齒位置和改善咬合，總數要用三十三對牙箍。

植牙的原理是將植體放在骨內，然後人體的骨細胞會長到植體上，因此植牙的位置不能轉變。植牙前，醫生會幫患者作全面檢查，考慮牙齒的位置、缺牙位置的大小等，某些情況下，植牙前要先作牙齒矯正，改善牙齒排列、牙齒空間比例，預留最合適尺寸才可以植牙，整體效果會更加美觀。

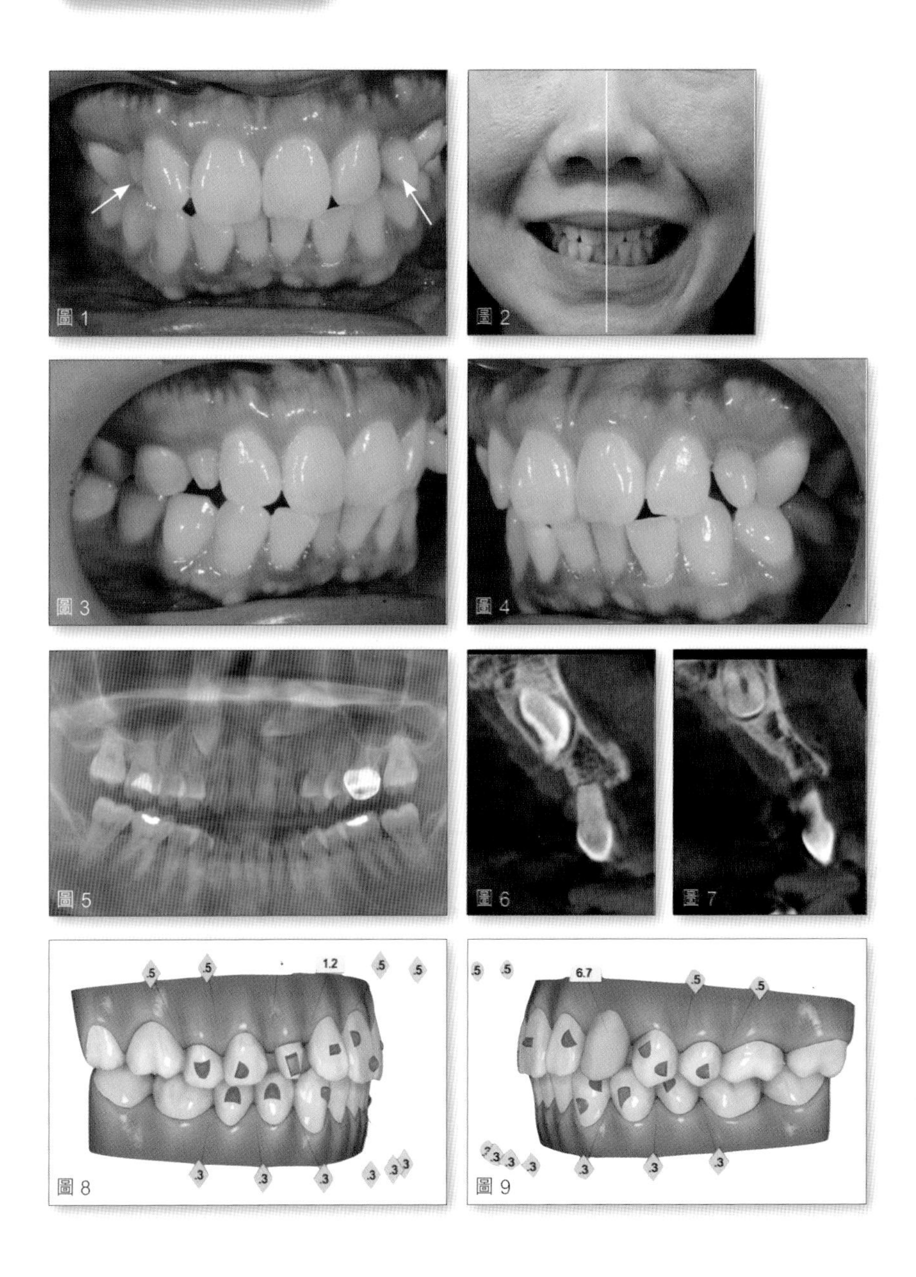

圖 1
圖 2
圖 3
圖 4
圖 5
圖 6
圖 7
圖 8
圖 9

3. 植牙
缺牙區的空間擴闊後，就可以計劃植牙及進行加骨手術（圖 10、11）。

醫生仔細地把植牙放在理想的位置，精確地與鄰牙保持 1.5 毫米距離。這個位置對植牙的美觀度及穩定性非常重要。（圖 12-14）

四個月後，當牙床骨開始成熟，牙醫會幫患者初步造一個牙模（圖 15），再計劃牙冠的牙齦位置（圖 15 的黑線），技師透過牙模，預備臨時牙冠（圖 16），塑造牙齦（圖 17）。

臨時牙冠對於植牙修復很重要，除了可塑造牙齦外，亦可測試其功能和美觀度。

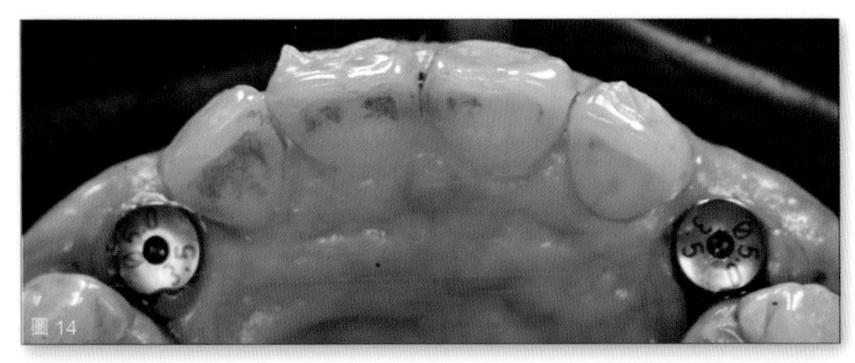
圖 14

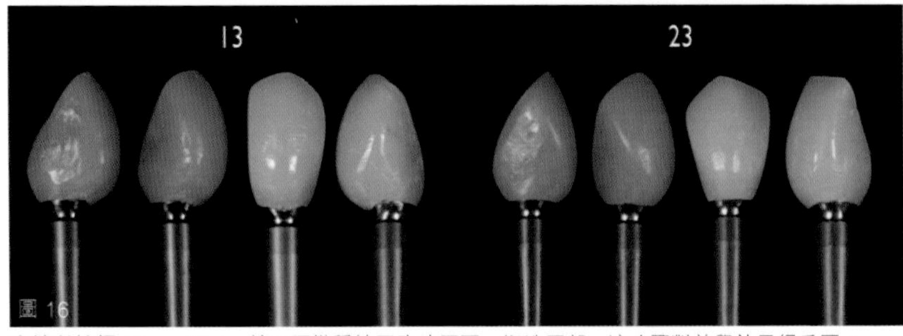

圖 16

本診所技師 Aimee Wong 精心預備種植牙臨時牙冠，塑造牙齦，這步驟對美學效果很重要。

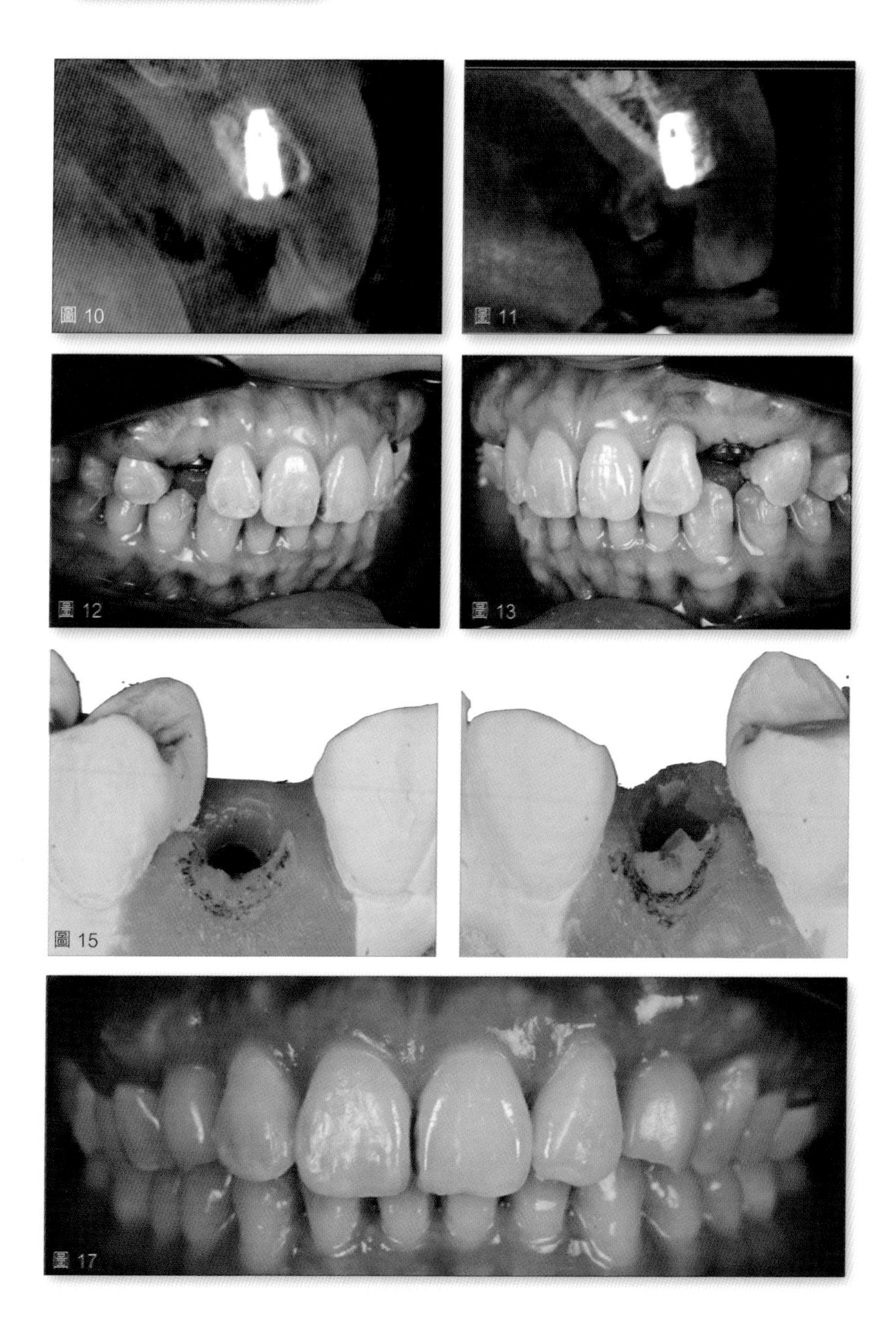
圖 10
圖 11
圖 12
圖 13
圖 15
圖 17

可以看到植牙周圍的軟組織，經過塑造後的形態（圖 18、19）。兩個月後，當軟組織成熟後，便可複製臨時牙冠的特徵，數碼對色，預備全瓷牙冠作永久修復（圖 20）。治療後的笑容（圖 21），除了中線有所改善之外，患者亦配上適當大小的犬齒，頰廊擴寬，笑時亦較飽滿。雖然治療時間較長，種牙加牙齒矯正，大約需要三年，但對於改善笑容和中長遠的穩定性，是值得的。

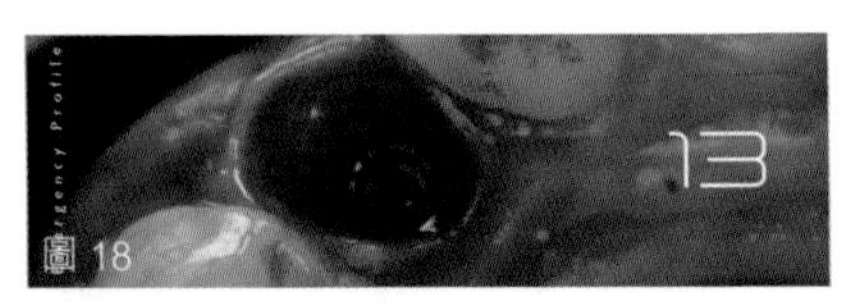

圖 18

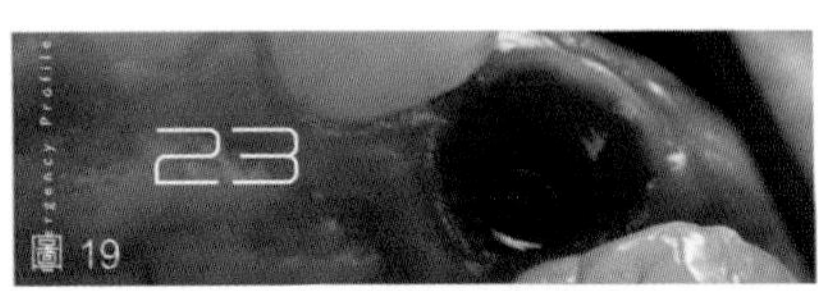

圖 19

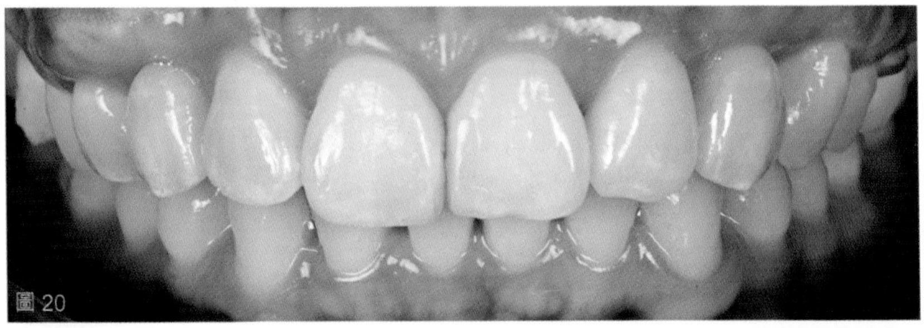
圖 20

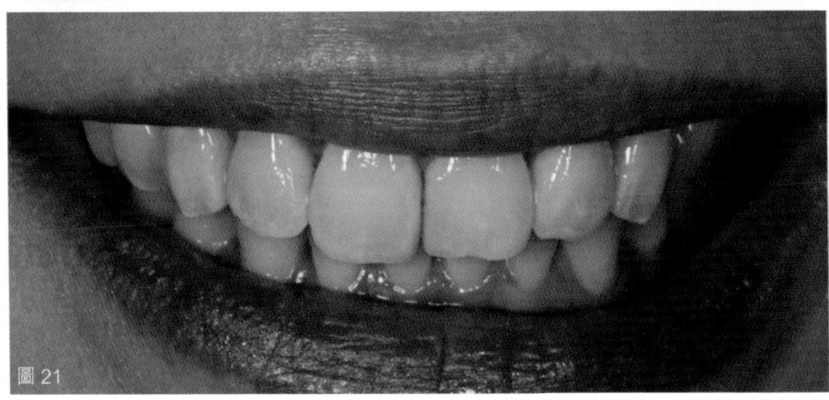
圖 21

此個案亦刊登於隱形箍牙亞太地區治療指南（APAC Invisalign Treatment Guide）。

Intregration Invisalign in implant treatment
Tse Tak On Ryan, Invisalign APAC treatment guide 2022

數碼牙科

隨着科技的發展，口腔掃描的普及，口腔檢查除了可令患者更舒適，新一代的口腔掃描亦變得更仔細和準確。醫生根據數碼照片（圖 1）或面部掃描（圖 2），可為患者設計微笑和治療計劃。醫生根據面部的輪廓，結合患者的錐狀射束電腦斷層掃描（圖 3），以及口腔掃描的 STL 檔案（圖 4），帶來革命性的創新，對治療計劃很有幫助，亦令工序更方便和準確。

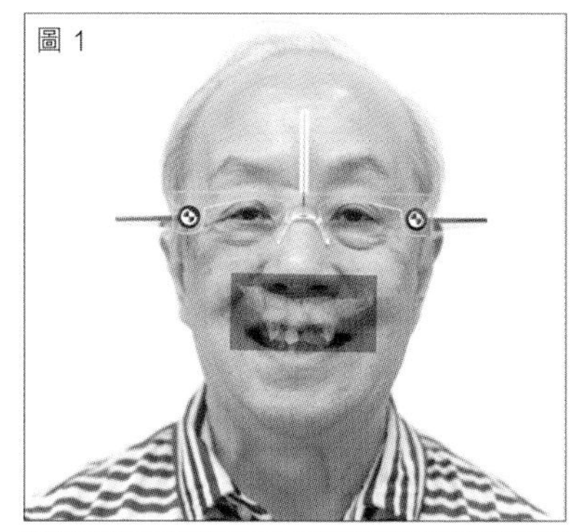
圖 1

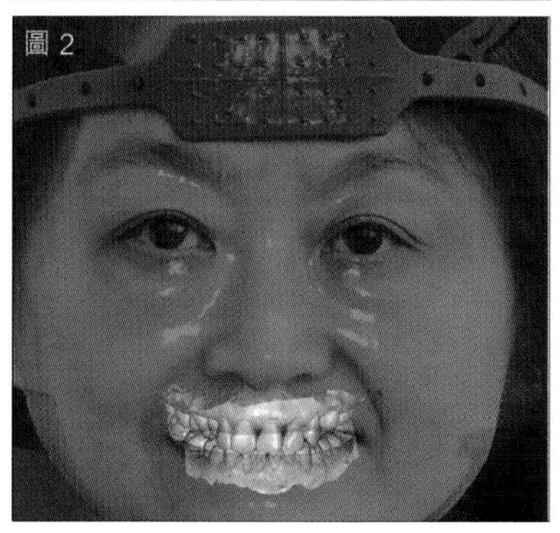
圖 2

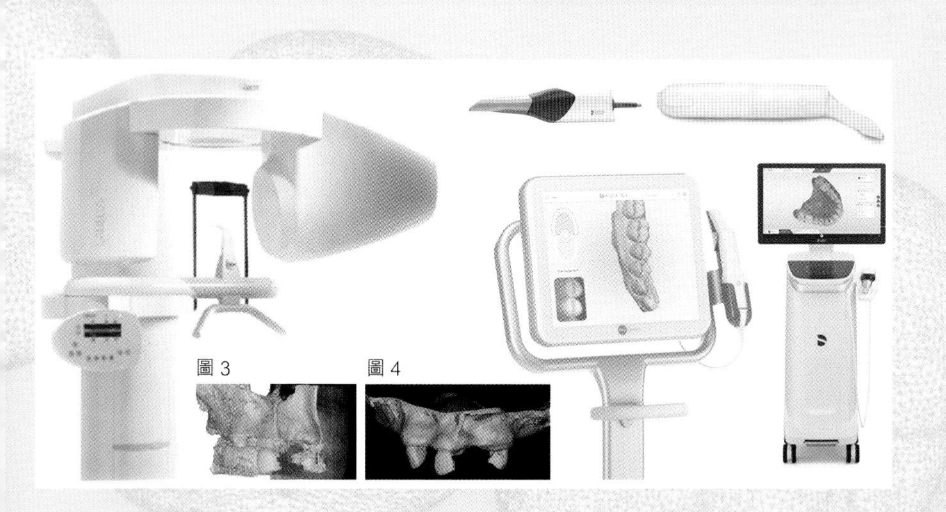
圖 3
圖 4

病例：

患者希望以植牙取代活動牙托。（圖 1）

X 光 & CBCT 檢查（圖 2）：

上顎剩下右正門牙、右犬齒以及左小臼齒，下顎則剩下右犬齒、小臼齒，以及大牙牙橋。

治療計劃：

患者的蛀牙風險高，加上下顎牙齒過度生長，所以最後決定脫去不健康的牙齒，作植牙 All on 4 治療。

面部分析 ：

透過照片作笑容分析，以及評估嘴唇的活動，牙齒中線，微笑線以及正門牙位置（圖 3），All on 4 修復假牙的邊緣也很重要，醫生要先透過照片和錄影，評估上嘴唇（圖 4）和下顎嘴唇的活動幅度（圖 5），要確保患者無論大笑，或者說話時，假牙的邊緣都不會外露。

醫生透過患者的口腔掃描 STL 檔案，數碼照片，以及錐狀射束電腦斷層掃描檔案（圖 4，6），為患者設計合適的療程以及微笑（圖 7），並在電腦合成照片下，評估患者的微笑和治療效果。

Facial Analysis for the Digital Planning of Full Mouth Implant Rehabilitation.Ryan Tak On Tse Compend Contin Educ Dent.2021 March;42（3）:128-133

圖 1

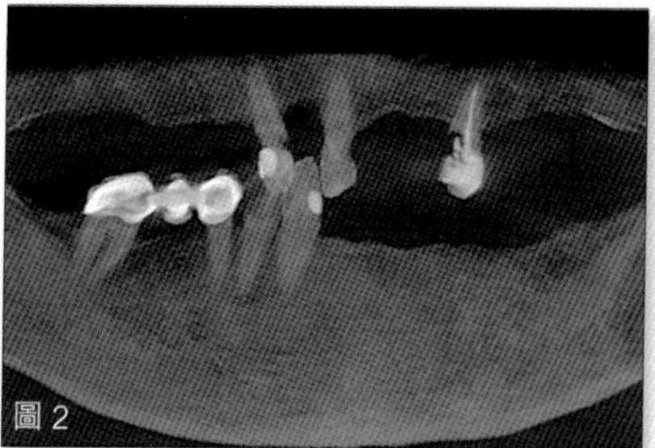
圖 2

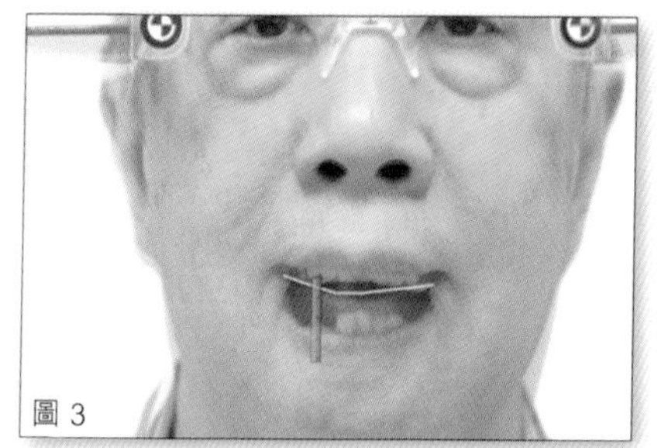
圖 3

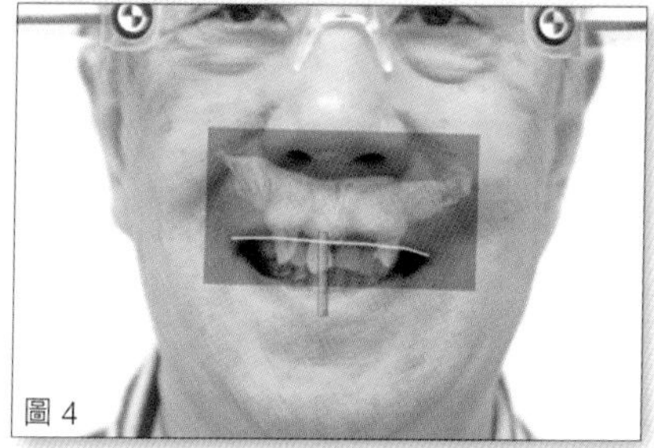
圖 4

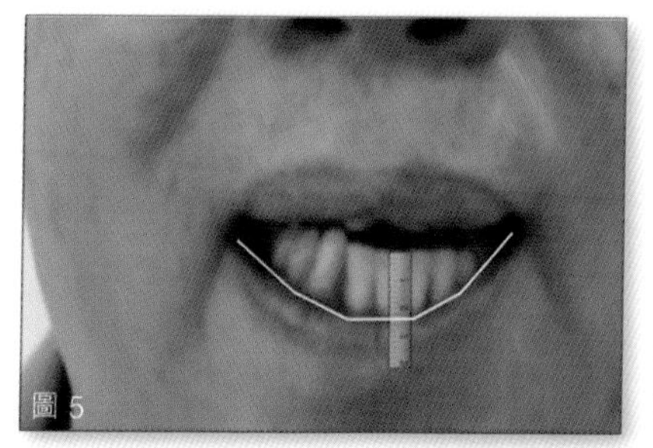
圖 5

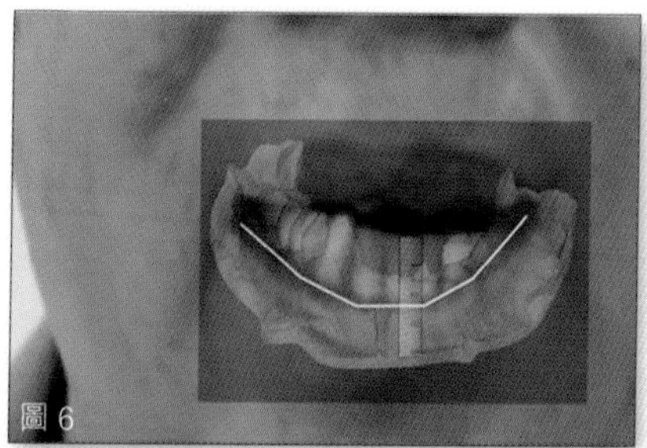
圖 6

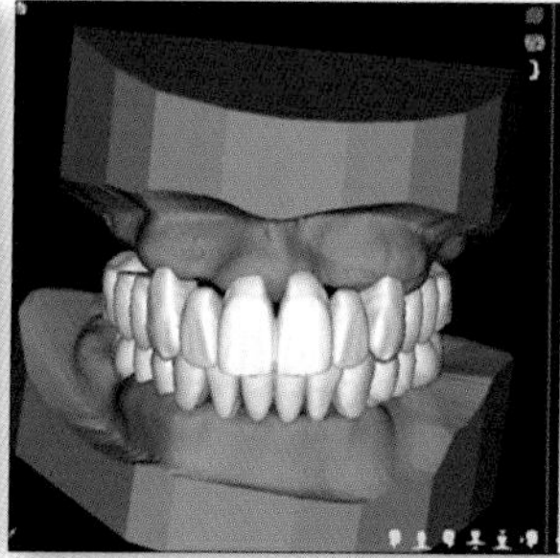
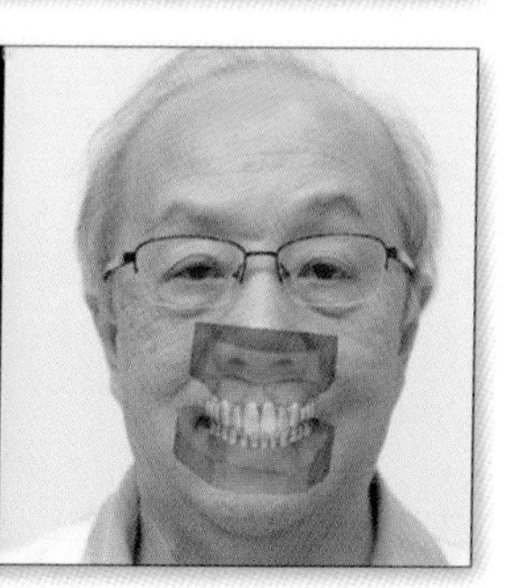
圖 7

電腦導航種牙

計劃好牙齒修復的位置後，就可以設計電腦導航手術導板。電腦導航手術導板分為兩部分，第一部分是底板，第二部分則分為三個組件：定位導板、種牙導板和臨時假牙（圖 6）。牙醫會借助口腔剩下的牙齒，將導板的底板固定在牙床上，固定完便可脱牙，然後裝上種牙導板，透過電腦導航確定種牙的位置，裝上臨時假牙（圖 7）。

臨時假牙

裝上臨時假牙後的六個星期，患者需進食流質食物，待骨癒合後，植牙才可負重（圖 8）。三個月後，待軟組織成熟和骨癒合後，就可以開始印牙模和進行永久修復（圖 9）。

永久修復

當患者在咬口、發音、外貌等各方面習慣了臨時假牙後，便可以依據臨時假牙的資料，預備作永久修復（圖 10、11）。

護理

All on 4 全口植牙的好處是簡單和經濟 ，但若其中一支植牙出現問題的話，上面的假牙就會失去支撐，醫生需要重新找理想位置再做植牙，和安裝新的假牙，代價甚大。所以患者一定要定期覆診和洗牙，確保植牙牙齦健康和螺絲穩固。

All on 4 全口植牙，除了要考慮功能外，上顎門牙和假牙的邊緣位置亦很重要，植牙前要先詳細分析照片或面部掃描，以及上下嘴唇活動的情況。這個過程非常重要，一旦植牙位置出錯，就不能彌補。這個數碼設計和分析器個案，於 2021 在美國 Compendium of Continue Education 發表文獻。

Facial Analysis for the Digital Planning of Full Mouth Implant Rehabilitation.Ryan Tak On Tse Compend Contin Educ Dent.2021 March;42（3）:128-133

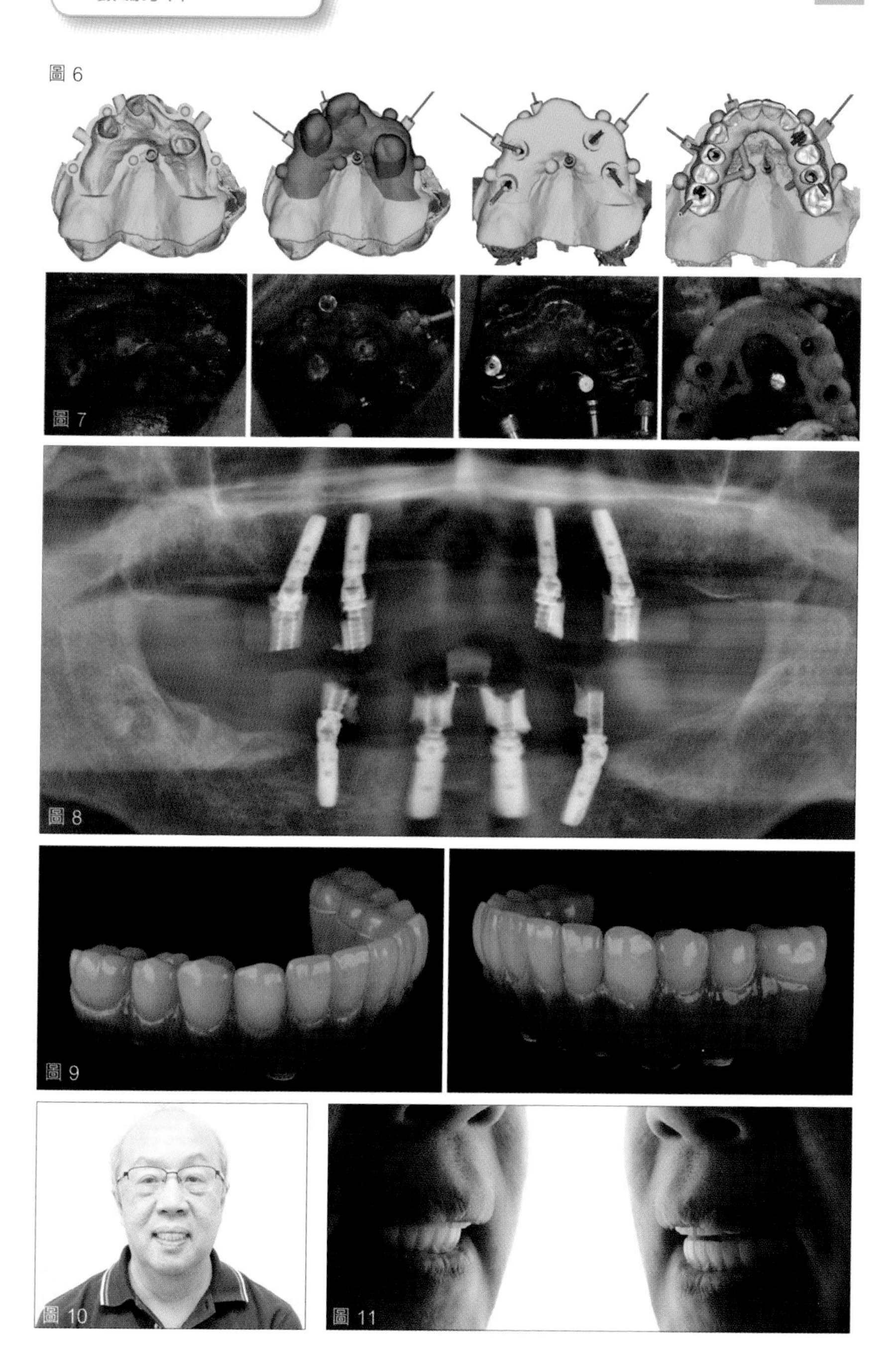
圖 6
圖 7
圖 8
圖 9
圖 10
圖 11

數碼牙科絕對是現代牙科的新趨勢，面部掃描將會越來越普及，醫生和技師可以用不同的角度評估模擬效果，利用先進的軟件（EXOCAD），可以訂立不同方案，這是傳統的蠟模型無法做到的。

病例：

牙齒嚴重磨損，左上門牙崩裂，嚴重影響咀嚼功能，甚至引致肩頸膊痛。（圖 1）

檢查：

深灰色的牙齒嚴重影響外觀，門牙擠擁（圖 2、3、4）。牙齒嚴重磨損，特別上顎門牙和下顎門牙，後者因為嚴重磨損被細菌感染（圖 5、6），因此需要增加咬合高度（OVD）， 進行全口修復，回復正中聆位置。

治療計劃：

1. Kois 去程序化裝置

用 Kois Deprogrammer 進行功能分析，佩戴後，將咬合提高（圖 7），目的是將咀嚼肌肉放鬆，從而找到正中關係位，患者需佩戴一至兩星期，每天二十個小時。

一至兩星期後，咀嚼肌肉放鬆，由於牙齒嚴重磨損，很容易找到正中關係位，再用口腔掃描記錄位置（圖 8）。

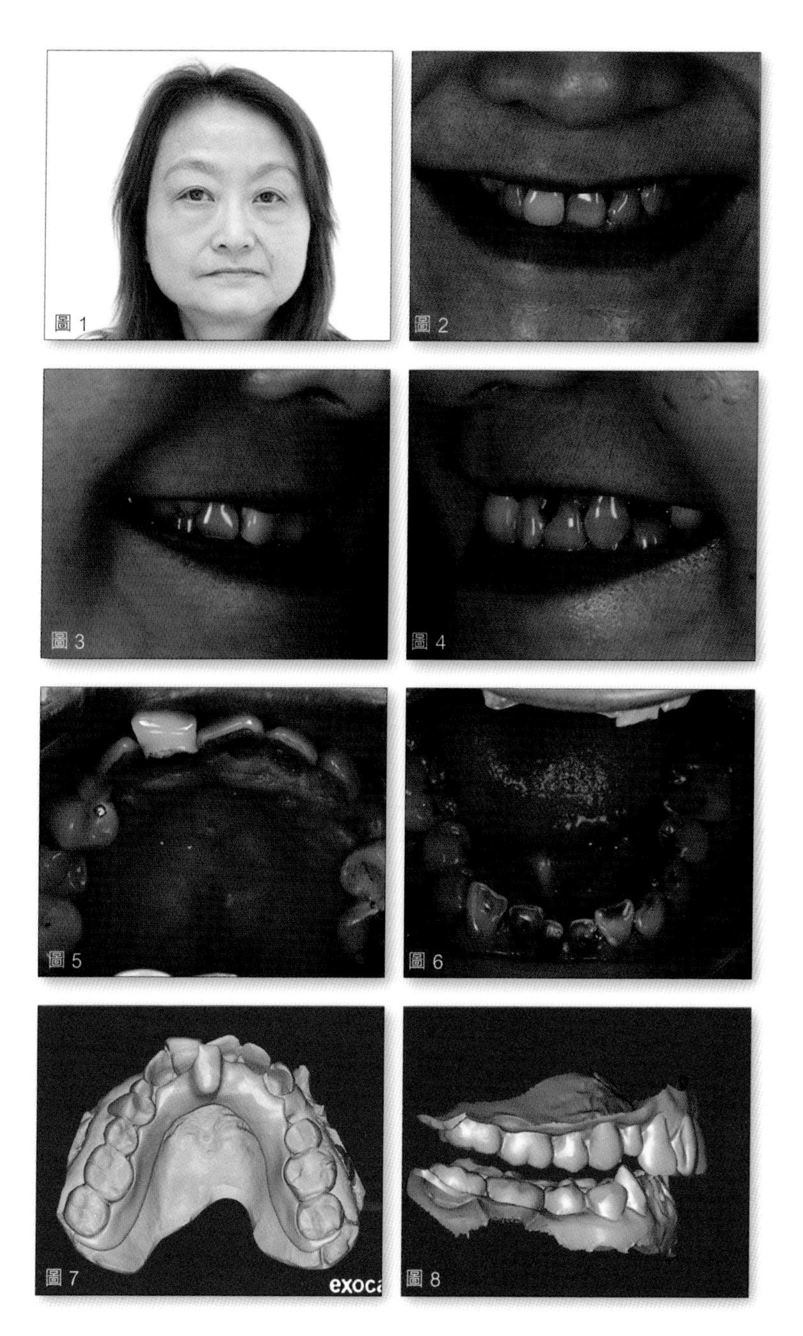

圖 1 圖 2 圖 3 圖 4 圖 5 圖 6 圖 7 圖 8

2. 面部分析和數碼微笑設計

進入數碼時代，已經不需要用咬合器，透過照片作笑容分析和評估嘴唇的活動，再用面部掃描記錄牙齒中線、微笑線以及上下顎正門牙位置。

利用 EXOCAD 軟件，把面部掃描、口腔掃描和正中𦢊位置連在一起。

步驟一：面部掃描、口腔掃描和牙齒正中𦢊位置，把面部掃描半透明，設計模擬效果（圖 1）。

步驟二：依據微笑設計，為患者設計模擬效果，數碼時代的最大分別，是可以在電腦裏作模擬（圖 2）。

步驟三：可以在不同的角度和位置評估模擬的治療效果（圖 3）。

EXOCAD 軟件可以將模擬效果轉為半透明，黃色部分是原本的牙齒，半透明部分是模擬修復的效果，醫生和技師可以透過軟件溝通和評估，亦可以即時轉變模擬效果，作出不同的建議及比較，這是在傳統的方法無法做到的。患者可即時見到模擬效果，並且給予意見。圖片可見，上顎(圖4)和下顎(圖5)的牙齒經修復後，回復原來的形態，治療方法屬於微創，只需打磨少量牙齒。

3. 臨時修復

脫去上顎左邊小臼齒和下顎門牙，利用流動樹脂，抬高咬合，作全口臨時修復（圖 6、7），而缺牙位置則以植牙作修復。臨時修復可確定外觀、功能和咬合的位置，當患者習慣和滿意效果，待骨癒合後，便可進行最終的修復。

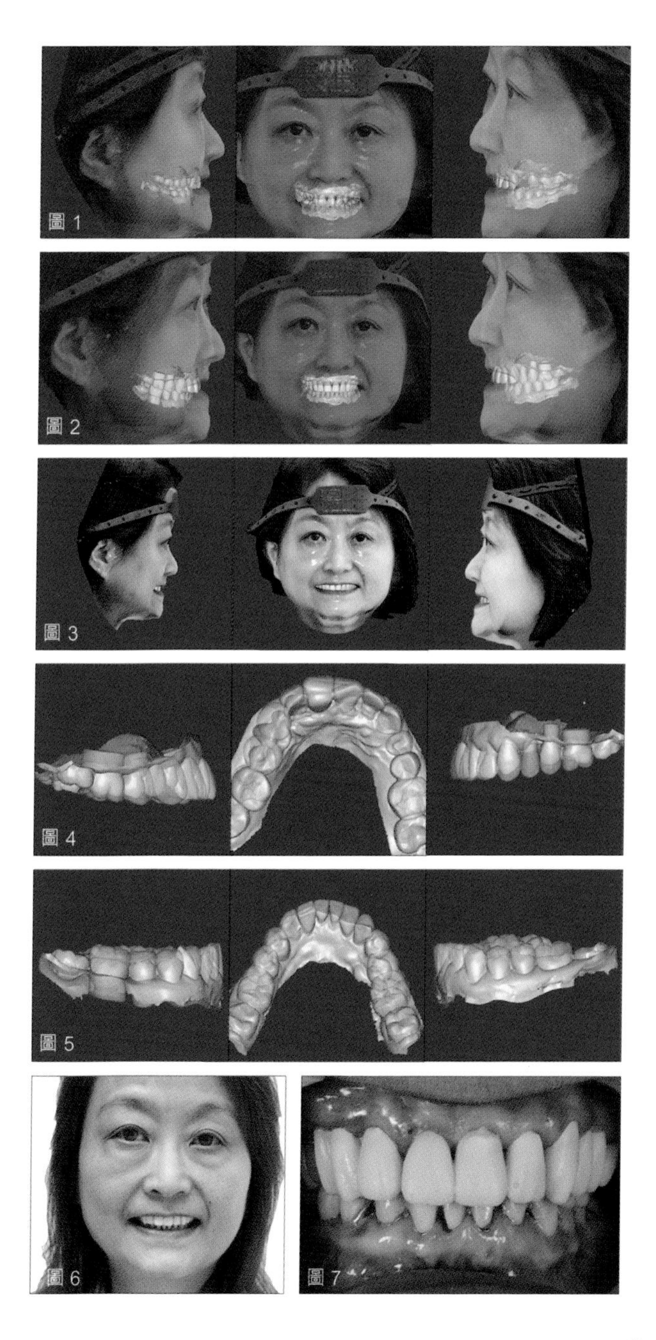
圖 1
圖 2
圖 3
圖 4
圖 5
圖 6
圖 7

4. 永久修復

由模擬效果可見，牙齒接受臨時修復後，回復原來的形態，因為作最終的修復時，只需要磨走少量牙齒，可盡量保存琺瑯質。治療不但改善了咬合功能、牙齒的外觀，笑容亦變得年輕（圖 1-4）。

全口修復後，咬合得到調整，咀嚼肌肉變得放鬆，牙骹回復正確位置，患者多年來的偏頭痛和肩頸痛也得到很大改善。文獻指出，咬合除了影響牙骹外，亦有可能影響頸椎[1,2]。

手術前的 X 光（圖 5）顯示，小臼齒和下顎門牙情況太差，需要植牙代替。手術後的 X 光（圖 6），全口咬合提高，後牙基本上不需要磨牙，治療後亦沒有敏感和不適。

5. 護理

由於患者有高度咬合風險和中度牙周病風險，所以永久修復後，她晚上睡覺時需要佩戴牙膠，保護牙齒。亦需要定期覆診，檢查、咬合和洗牙。

數碼牙科和面部掃描不但可簡化治療程序，提高了治療的準確性，亦能在治療前預視手術的成果，醫生、 技師和患者之後的溝通也有改善。

1. F Lundström, A Lundström Natural head position as a basis for cephalometric analysisAmerican Journal of Orthodontics and Dentofacial Orthopedics Volume 101, Issue 3, March 1992, Pages 244-247
2. A Lundström, F Lundström, LML Lebret Natural head position and natural head orientation: basic considerations in cephalometric analysis and research.European Journal of Orthodontics, Volume 17, Issue 2, April 1995, Pages 111-120,

圖 1

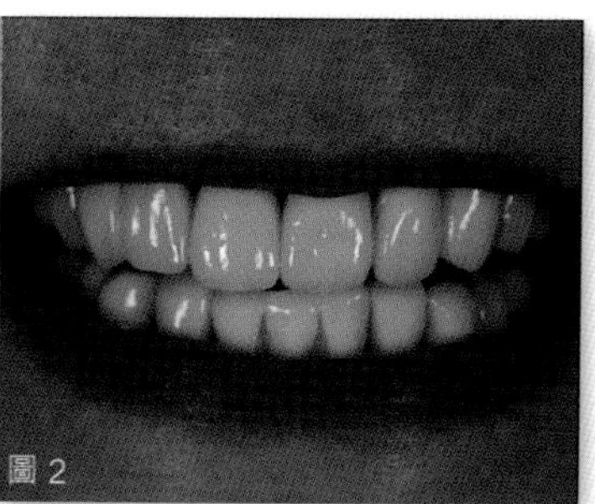
圖 2

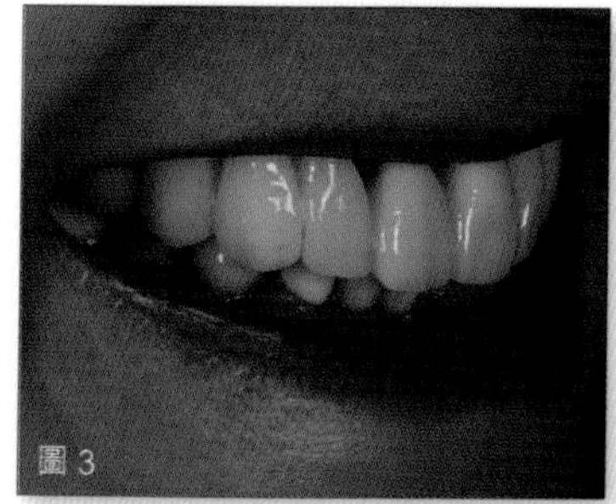
圖 3

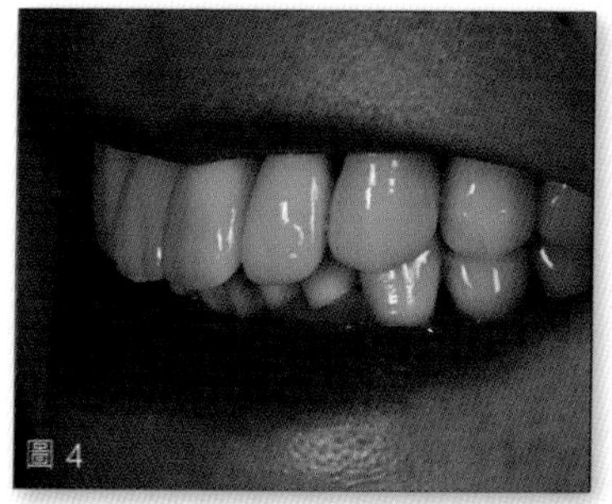
圖 4

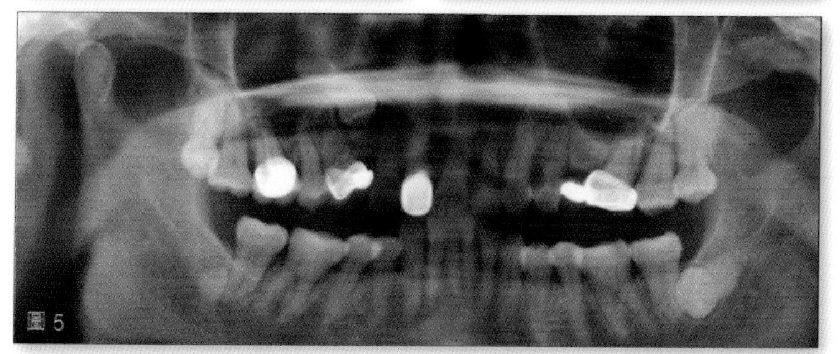
圖 5

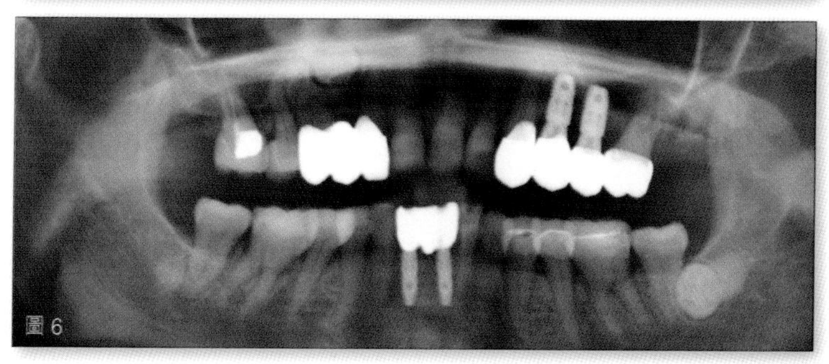
圖 6

口腔掃描已經超過十年的歷史，科技亦提升了不少，新的口腔掃描除了可以口掃外，影像更清晰和仿真（圖 1），運算的速度加快之外，還增加了其他功能：

1. 近紅外線成像（NIRI）技術

這原理是利用牙齒珐瑯質早期蛀牙的狀況下，近紅外線在珐瑯質的折射路徑會有不同，而產生不同的影像，從而發現早期的蛀牙（圖 2），此技術更可以輔助醫生診斷牙裂（圖 3）。

2.Time Lapse 功能

醫生可以比較牙齒隨着時間的變化，特別是牙周、牙齒表面的磨損，如刷耗、咬耗、酸蝕、磨耗（圖 4）。

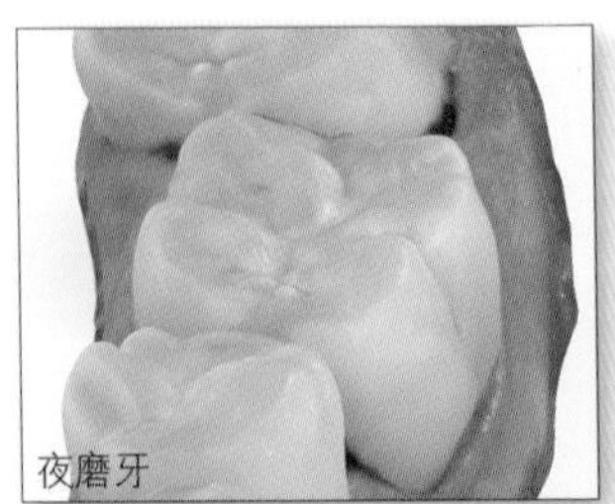

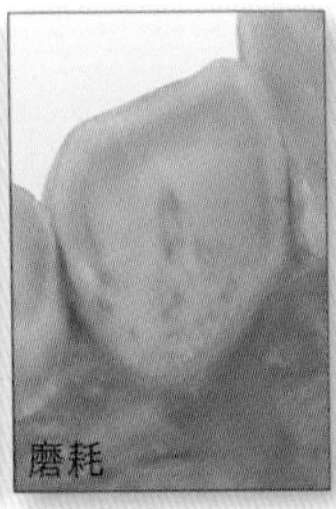

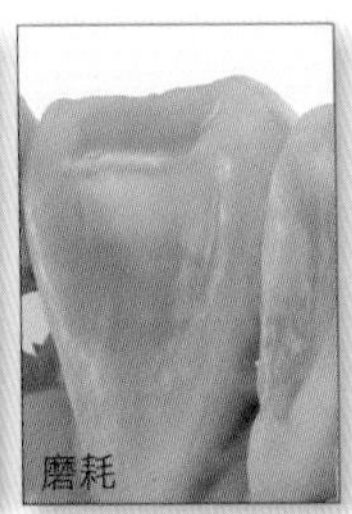

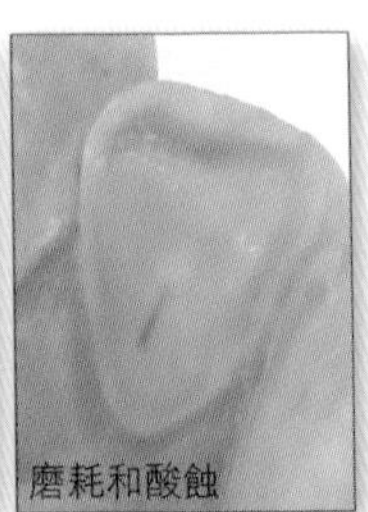

圖 1：高清的影像和放大的圖片幫助醫生斷症

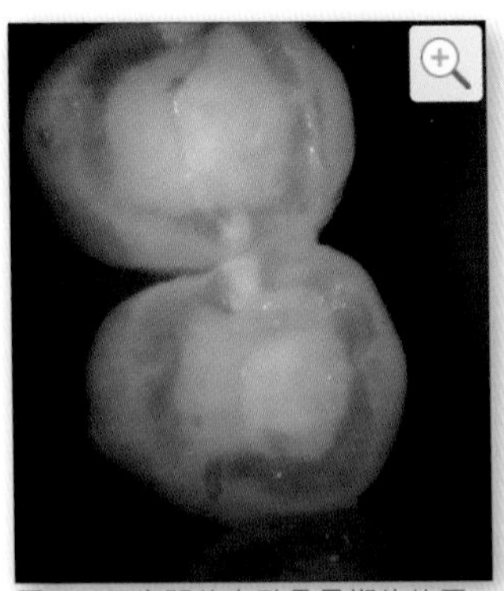

圖 2：牙齒間的白點是早期的蛀牙

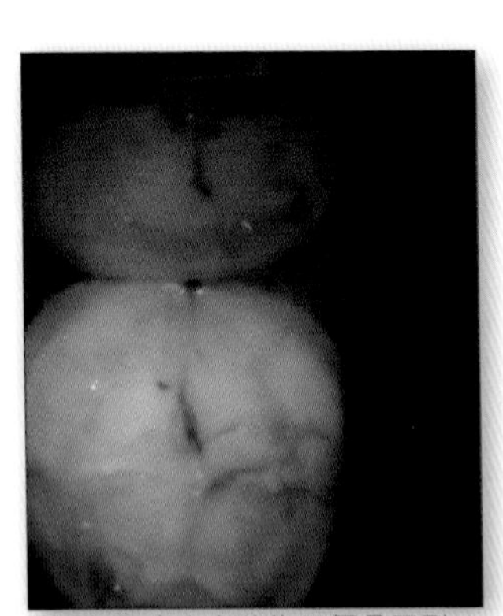

圖 3：牙齒上方的位置便是牙裂

一般牙齒風險分為四類：牙周病、蛀牙、咬合和美觀，分為低、中、高風險，這些資料對於牙齒的風險評估很有作用，醫生可以為患者定出不同的治療計劃，從而減低和控制風險。口腔 3D 影像提高患者對自己口腔現狀的認知，可提早決定治療方案。

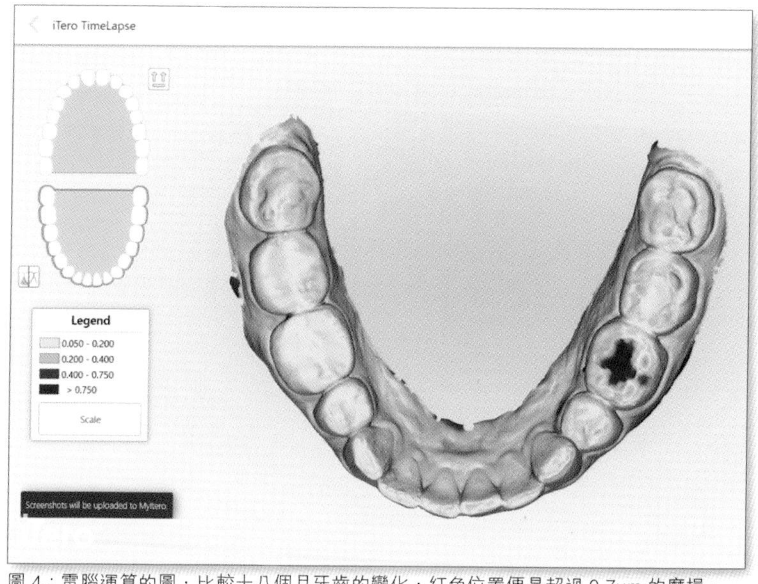

圖 4：電腦運算的圖，比較十八個月牙齒的變化，紅色位置便是超過 0.7um 的磨損。

但這些數據全都是 3D 和靜態數據，醫生需要動態數據作分析，為患者診斷和訂出治療計劃。T-Scan®（圖 1）能夠顯示各個牙齒上的力量層級與時間，以及整個咬合期間的穩定度，提供比咬合紙更精確的數據。T-Scan® 是唯一能夠提供患者咬合力的時序和力量大小的牙科工具，能夠對 TMD 患者做出更精確的診斷。使用 T-Scan® 識別和消除對下顎關節及肌肉產生不良影響的咬合干擾，T-Scan Novus 系統是一種數碼咬合分析系統，包括專用的感測器，符合人體工程學的手柄和專有軟體，它可以顯示單顆牙齒咬合力的水準和時間，還有患者咬合的穩定性。任何牙科醫生的工作流程都可以很容易地使用，其掃描頻率可以達到 55 赫茲，每秒鐘能夠獲取 685000 個接觸點，從而對患者整個閉口過程中的咬合做出高解析度、準確的描述。（圖 2、3）

T-Scan® 可以應用於咬合分析和調整，診斷咬合不平衡所導致的修復體破碎、牙周袋、牙齒敏感、內部碎裂、不合適的義齒、顳下頜關節紊亂症狀和頭痛。對全口修復、植牙和牙齒矯正很有幫助。

圖 1

T-Scan® 源起於波士頓的麻省理工學院

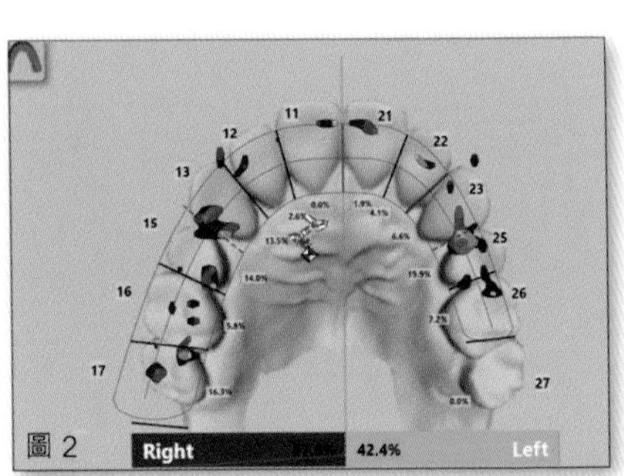

圖 2

結合口腔掃描的 STL file，醫生可以了解患者口腔的動態咬合與最先接觸的牙齒，和咬合力量，對於治療很有幫助。

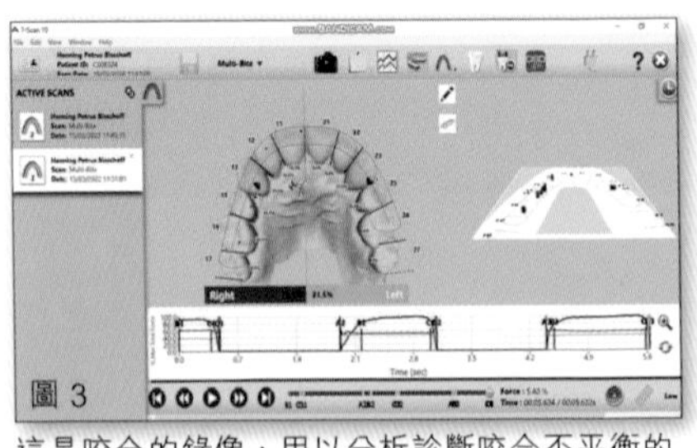

圖 3

這是咬合的錄像，用以分析診斷咬合不平衡的原因。

另一個的數據，是 4D 的數據、3D 技術與下頜運動記錄的結合。為此，將感應器放在患者的面上和下顎上，通過高精度高頻的紅外攝像頭來記錄患者的下頜運動，在幾何算法的幫助下，顯示出牙齒接觸的不同位置，特別在咀嚼和功能時的接觸。這個資料對於全口功能修復很重要，特別是磨耗的個案，醫生需要提高咬合的垂直距離。

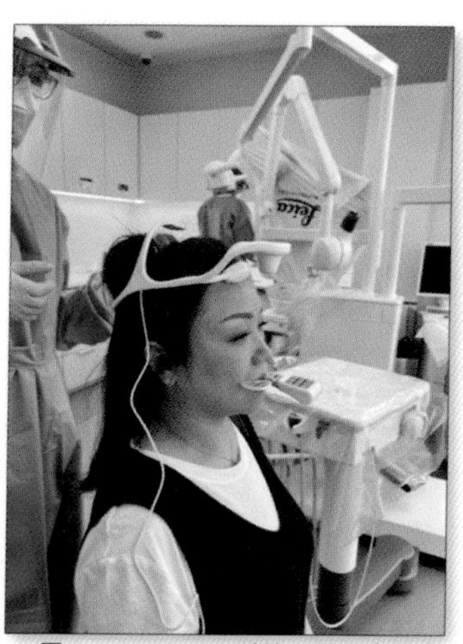

圖 1：SDiMatriX 系統，醫生在患者上下顎裝上感應器，利用頭上的紅外線攝像器記錄患者下顎的運動

Mod Jaw，SDiMatriX（圖 1）就是這技術的表表者，結合 cbct 記錄牙骹的活動和運作。結合這數據，完善了數碼化工作 CAD/CAM 流程，令它個性化，並稱為數碼化輔助咬合概念（Digitally Assisted Occlusion Concept）。

目前的方法是基於對結果的預期，為患者做治療之前對治療結果進行了虛擬評估，因而縮短和增加預期性，因為患者能參與到治療計劃的製定，更加了解治療方案和增加接受度。(圖 2)

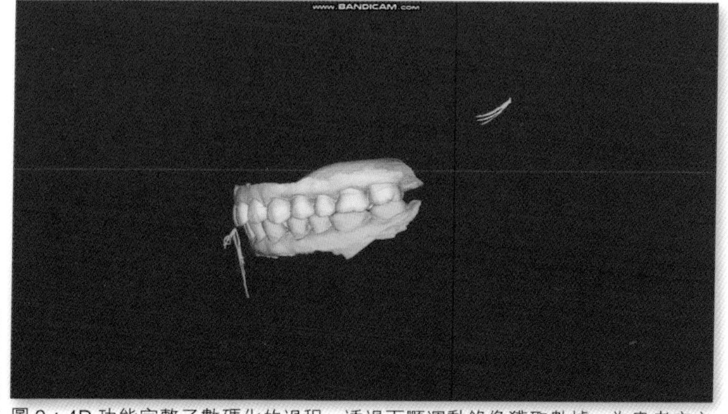

圖 2：4D 功能完整了數碼化的過程，透過下顎運動錄像獲取數據，為患者定立治療的方案和模擬治療效果。

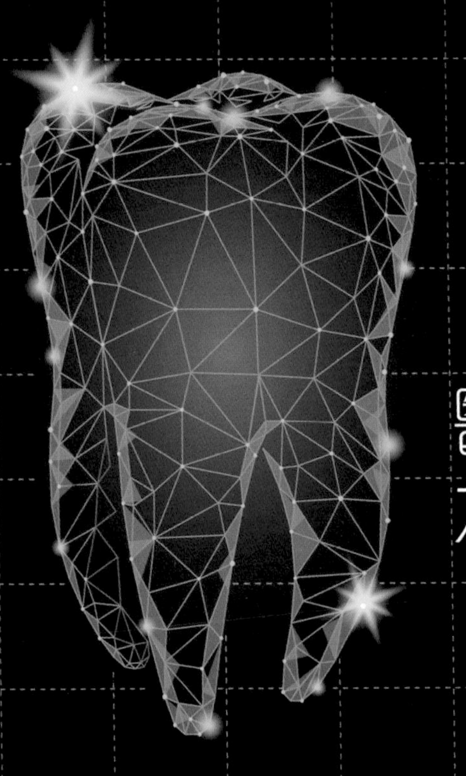

第4章
醫者與病者之間的信任

慎選牙齒美容方法

本書介紹了多種牙齒美容方法，除了希望大家更了解療程的細節及過程外，亦希望大家懂得分辨療程的利與弊，以免因為選擇錯誤療程而導致嚴重後果。

正所謂女為悅己者容，為了追求完美的笑容，很多人會接受不同的治療，例如接受牙齒矯正，牙套以及植牙等等。但普遍人士都非常心急，希望短時間內完成治療，因而接受一些入侵性大的治療。

讓我分享 90 年代時，美國非常流行一種所謂「即時矯齒」的治療，以作警惕。所謂的「即時矯齒」，是要將牙齒磨細三分一至一半，然後套上牙冠，只需一至兩個星期便完成，相比起需要兩至三年才完成的傳統牙齒矯正治療，「即時矯齒」療程時間短很多，因此當時很受歡迎。

但他們沒有了解清楚這種治療帶來的後遺症，包括需要磨走大量牙齒組織，可能需要杜牙根，以及有可能因為牙腳位置不對而導致牙周病，最終要付出很大代價。

曾經有位患者，為了貪快，她十多年前在國內接受「即時矯齒」療程，把牙齒排列整齊，後來因為牙齒鬆脫而求診。檢查後發現，他有很多隻牙齒都接受了根管治療和牙柱，有很多蛀牙問題，導致美容牙冠連冠脫落。圖中 X 光可見，正門牙有蛀牙，缺少右邊側門牙，犬齒位置在不理想的位置（側門牙和犬齒之間），結果把犬齒磨細和牙根管治療，在中間加上側門牙作美容目的，結果不單是美容效果不理想之外，假牙位置也不理想，難以清潔，結果造成牙周病。

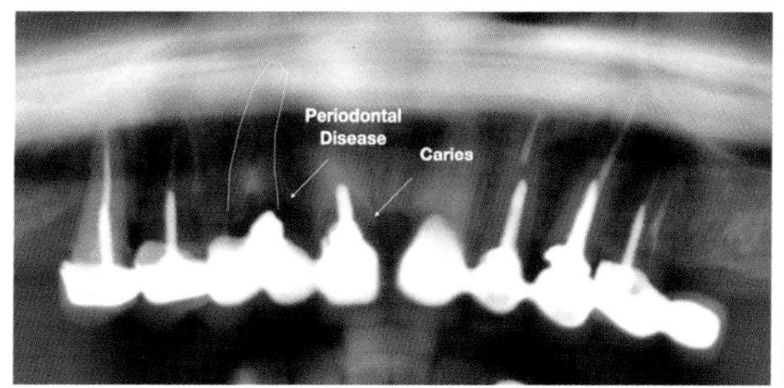

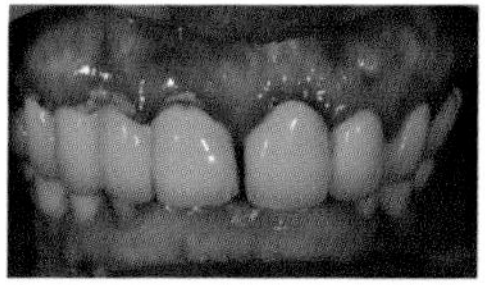

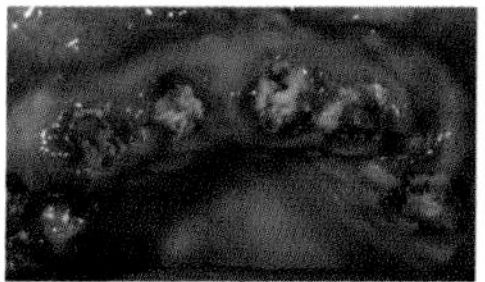

牙科常用的專有名詞

正式了解甚麼是牙齒美容前，讓我們先認識一下牙齒的名稱，以及一些專用名詞。

甚麼讓微笑美麗？

古語有云，唇齒相依，其實也可套用到牙齒美容的理念上。一個笑容好不好看，除了要與面部協調，牙齒的排列、 牙齦和嘴唇的位置都很重要，要經過分析，再綜合各種數據，才可與牙醫共同製定出適合自己的治療計劃。

本書將會詳細解釋牙齒美學的各個重要指標，深入淺出，幫助大家正確了解甚麼是牙齒美容。

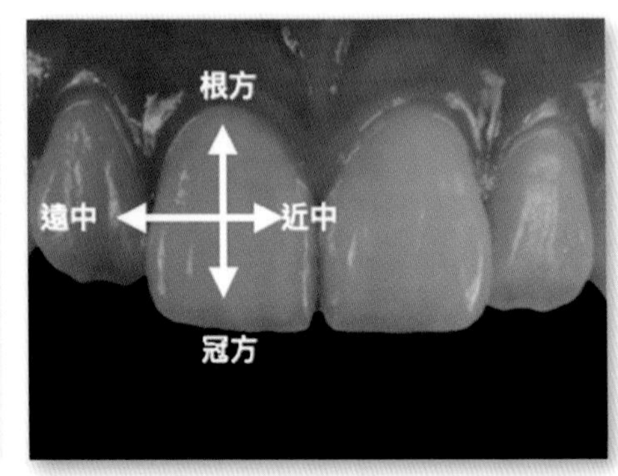

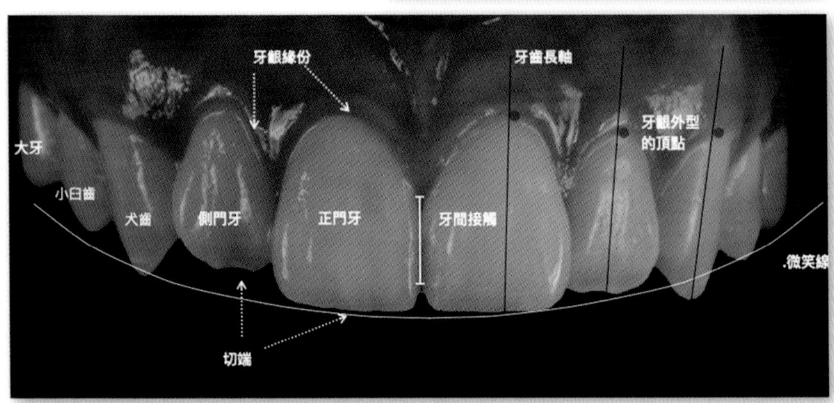

牙齒美學的重要指標（宏觀）

Pascal Magne and Belser 書內記載（圖 1），牙齒和牙齦需要協調和平衡，笑容才會好看，所以單單做牙齒修復，並不能彌補牙齦組織的缺陷，反之亦然。

他提出牙齒美學的 14 個客觀標準：

1. 牙齦健康

牙齦健康是牙齒美容的基本準則，健康牙齦具有以下基本元素（圖 2）：

游離齦 Free Gingiva（FG）應該呈現粉紅色。附著齦 Attached Gingiva（AG）應該由游離齦，伸延至牙槽骨黏膜，質地堅實和有角質層，呈現粉紅色。

至於牙槽骨黏膜 Alveolar Mucosa（AM），應該具有一定鬆動度，以及呈暗紅色。

隨着年紀老化，牙肉會萎縮，因此要保持良好的口腔衛生及接受定期檢查，以確保牙肉健康。

在美學修復的角度上，修復體的外型、牙齦邊緣的位置，都會影響牙齒健康。因此應先把牙齒排列回復整齊，才作修復，這樣對牙齒的長遠健康有好處。

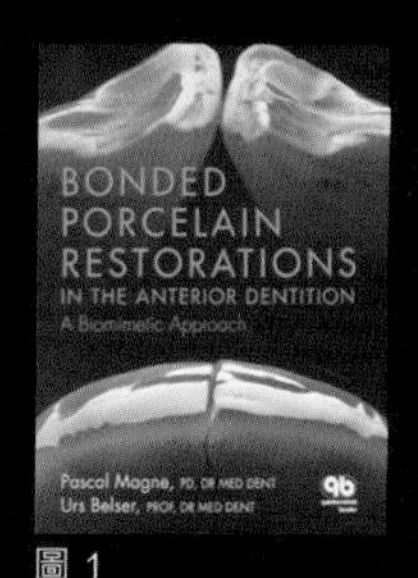

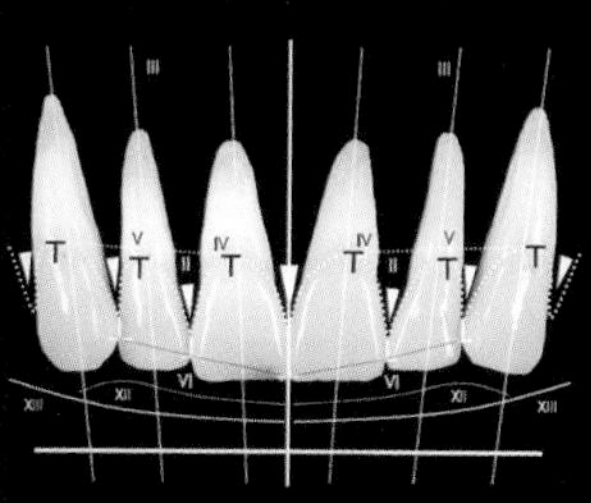

圖 1

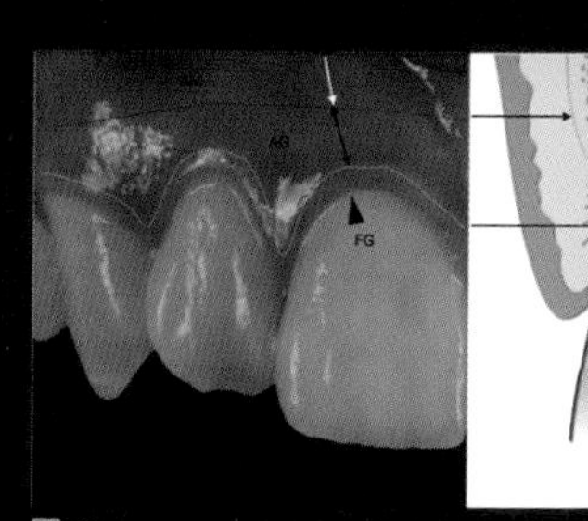

圖 2

Bonded Porcelain Restorations in the anterior dentition. A Biomimetic Approach Pascal Magne, Urs Belser

2. 牙間接觸

健康的牙肉，扇形的牙齦乳頭（圖 1 中，白色箭嘴的位置），應該填滿牙齒之間的間隙。但不良的口腔衛生，或不整齊的牙齒，有機會改變了牙齦結構，導致牙齦乳頭缺失，形成牙縫黑三角（圖 2），影響笑容。牙醫可以透過美學修復，填補牙齦乳頭，令牙縫黑三角消失。

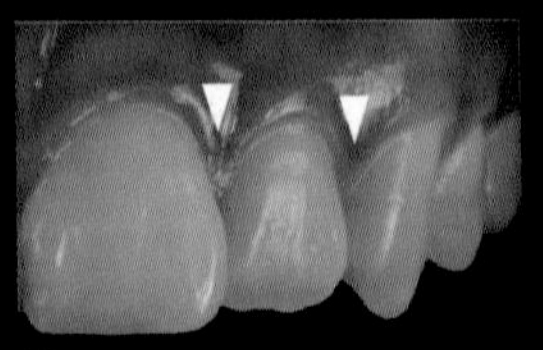

圖 1

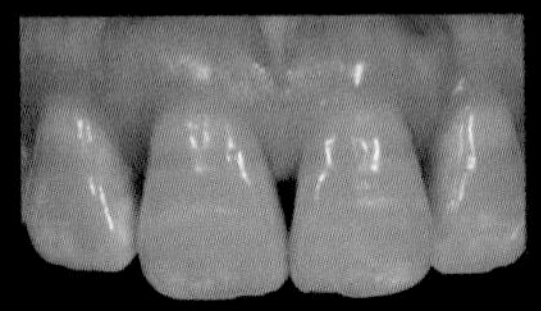
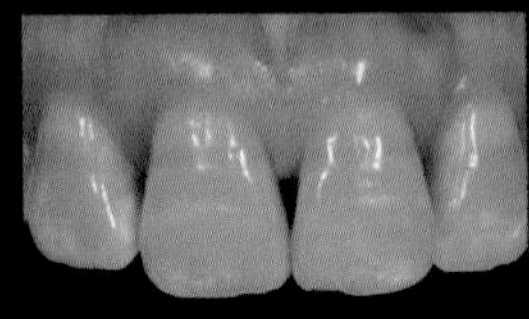

圖 2

3. 牙齒長軸

我們的牙齒並不是垂直，每一隻牙齒都有其理想的傾斜度，整體才會好看。牙齒長軸向近中傾斜，正門牙微微傾斜，側門牙犬齒傾斜度慢慢增加。（圖 3）

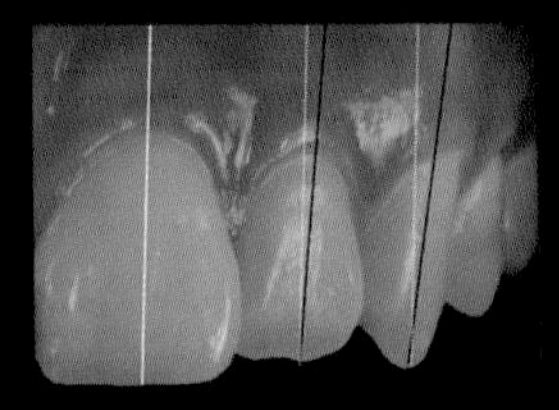

圖 3

4. 牙齦外型的頂點

牙齦外型的頂點（圖 4 黑色 T 型標示的位置），通常位於牙齒長軸的後面（圖 4 的白線）。

5. 牙齦緣位置的平衡

與正門牙和犬齒相比，側門牙的牙齦緣，應稍向冠方，若畫一條線，側門牙的牙齦邊緣大約差一毫米（圖 5）。

6. 牙間接觸區的位置

牙間接觸區的位置與牙齒的位置和形態密切相關，正門牙之間的接觸位置是最靠近冠方的，正門牙和側門牙的接觸位置移向根方（圖 6）。

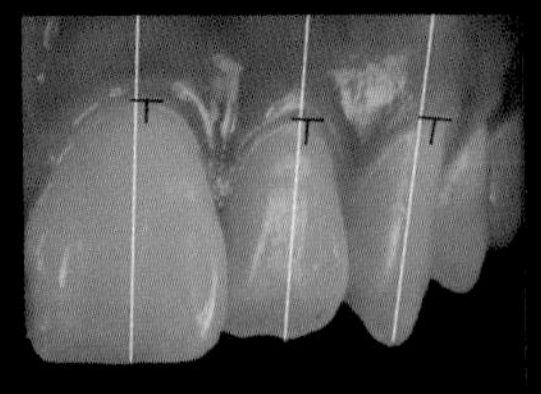

圖 4

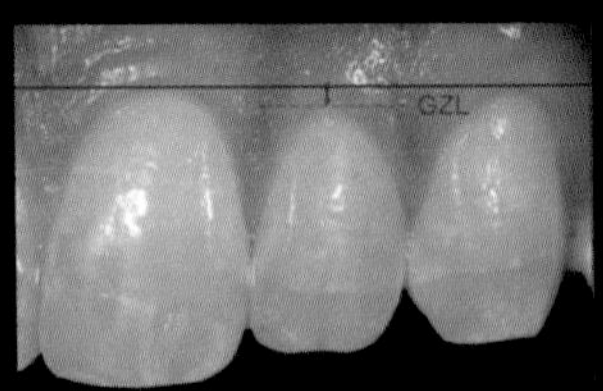

圖 5

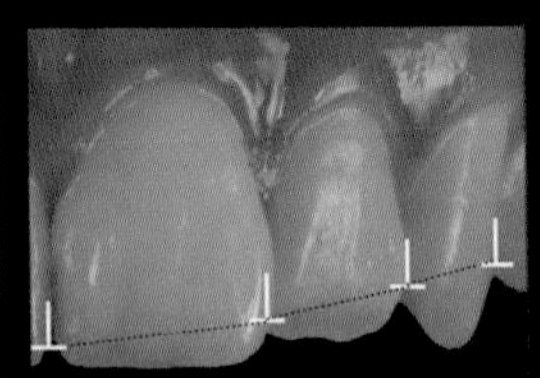

圖 6

Bonded Porcelain Restorations in the anterior dentition. A Biomimetic Approach Pascal Magne, Urs Belser

7. 牙齒的相對比例

牙齒的正門牙，側門牙以及犬齒的比例，也建議參考黃金比例來作指標，以確定牙齒的外觀尺寸及形態。以圖 1 所見，正門牙、側門牙、犬齒的理想比例是 1.618 比 1 比 0.618。而正門牙的理想長闊比例，大約是 75-80%（圖 2、3）。患者可能會因為牙齒切緣(圖2的箭嘴位置）受到磨損等關係，影響牙齒的長度，從而影響長闊比例，醫生會參考這個比例，為患者度身訂造治療方案。

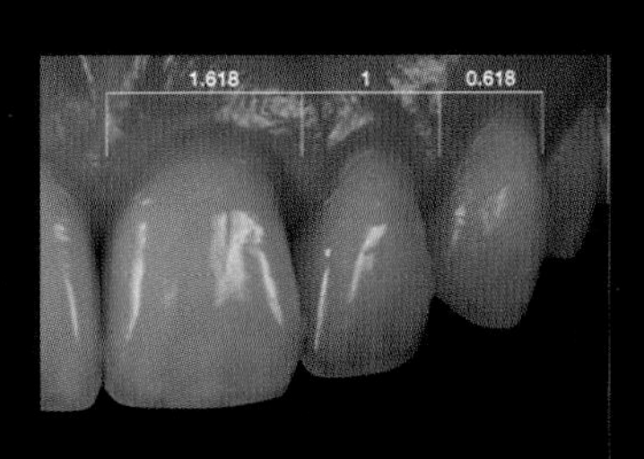

圖 1

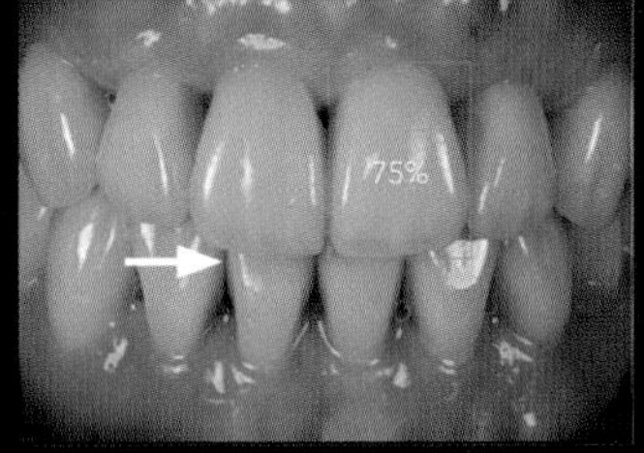

圖 2

8. 牙齒形態

門牙形狀分為橢圓形、三角形和正方形（圖 4），門牙的形狀和牙齒表面的線角相關，圖中箭嘴指着的垂直紅線，就是線角。門牙除了有不同的形狀外，牙齒表面亦有不同的紋理，技師可利用蠟，複製正門牙齒表面的形態和紋理（圖 5）。

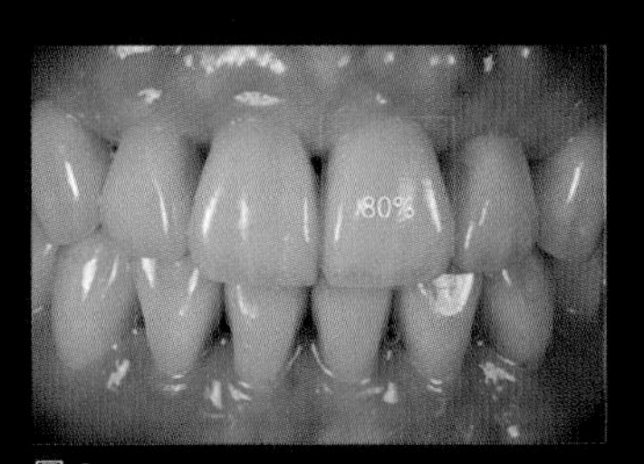

圖 3

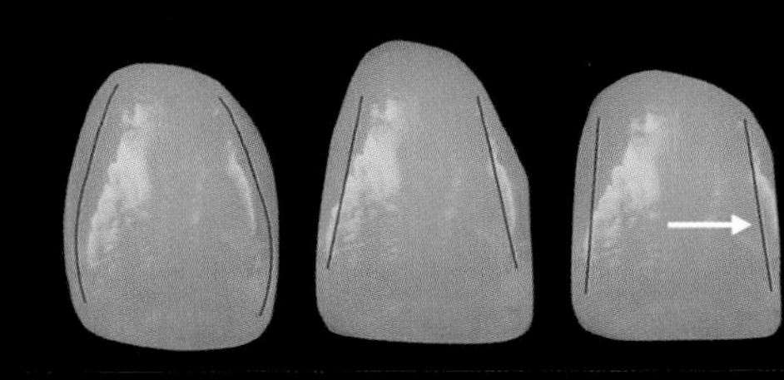
圖 4

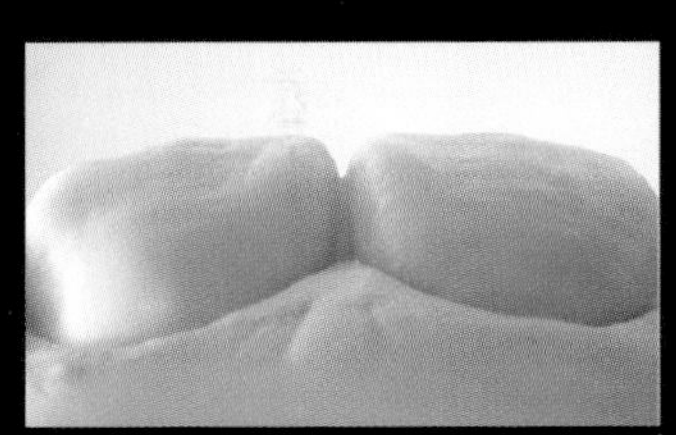
圖 5

Bonded Porcelain Restorations in the anterior dentition. A Biomimetic Approach Pascal Magne, Urs Belser

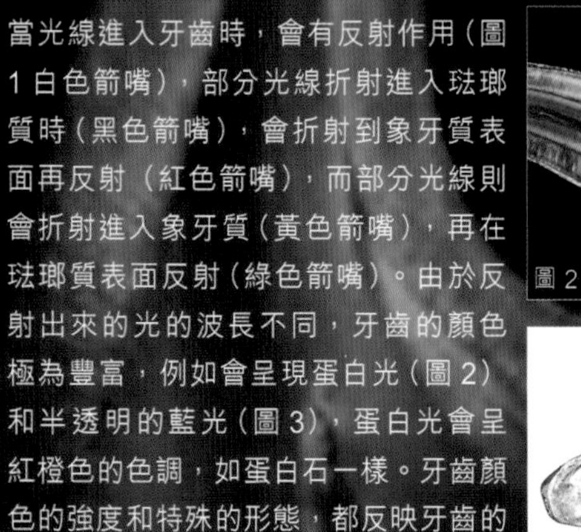

9. 牙齒特性

我們的牙齒看上去，好像就是黃白色那麼簡單，但事實並非如此。牙齒是由琺瑯質及象牙質組成，牙齒表面的琺瑯質本身沒有顏色，而裏面的象牙質則是偏黃和偏紅。

當光線進入牙齒時，會有反射作用（圖 1 白色箭嘴），部分光線折射進入琺瑯質時（黑色箭嘴），會折射到象牙質表面再反射（紅色箭嘴），而部分光線則會折射進入象牙質（黃色箭嘴），再在琺瑯質表面反射（綠色箭嘴）。由於反射出來的光的波長不同，牙齒的顏色極為豐富，例如會呈現蛋白光（圖 2）和半透明的藍光（圖 3），蛋白光會呈紅橙色的色調，如蛋白石一樣。牙齒顏色的強度和特殊的形態，都反映牙齒的年齡和特點。

而如果琺瑯質受損（圖 4 中啡色箭嘴的位置），琺瑯質的孔隙變大，積存空氣和水，改變了折射率，便有機會令牙齒顏色改變，在牙齒表面形成啡斑和白斑。

圖 2、圖 3 是牙齒橫切片的圖片，在特別燈光下拍攝，特別多謝羅馬尼亞知名技師 Miladinov Milos 的照片。

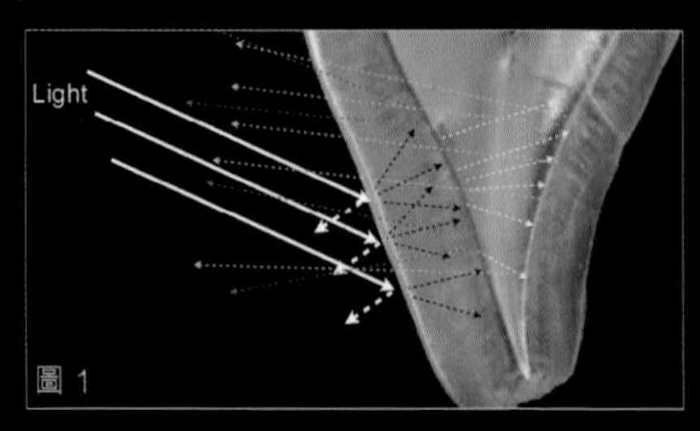

圖 1

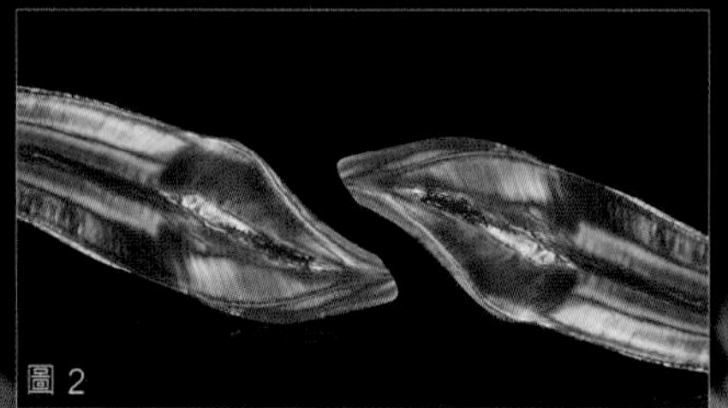
圖 2

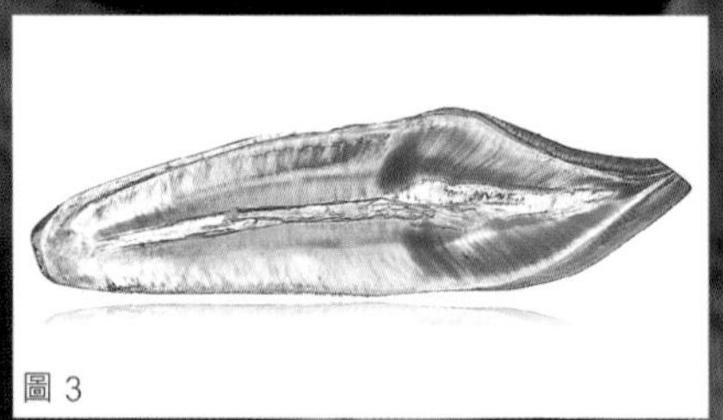
圖 3

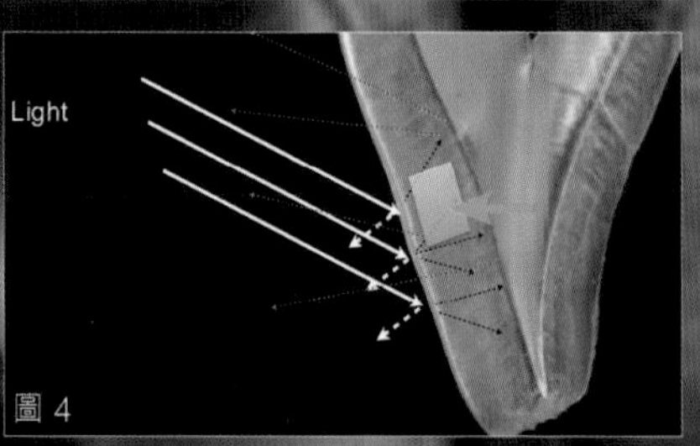

圖 4

Bonded Porcelain Restorations in the anterior dentition. A Biomimetic Approach Pascal Magne, Urs Belser

牙齒，特別是冠尖的部分，會呈透明狀態。而牙尖白色的光環效應，由於珐瑯質的內反射，牙尖珐瑯質和象牙質之間的散射，令牙尖呈藍色，接近象牙質的位置，光線的透射，形成黃色和乳光效果（圖 5）。

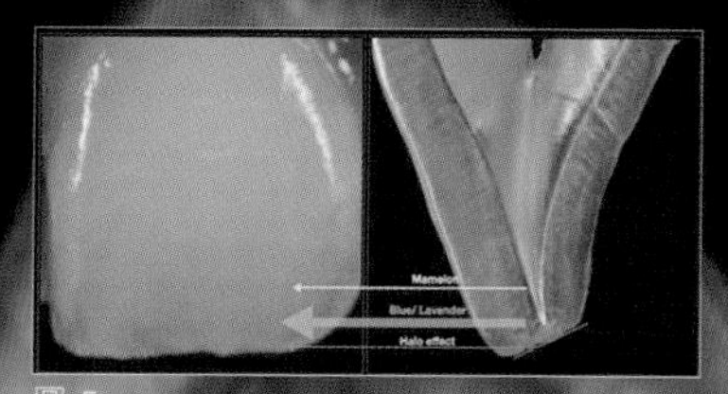

圖 5

如果大家記得中學物理光學頻譜，簡稱光譜，複色光通過色散系統（如平面鏡及凸透鏡）進行反射後，會依照光的波長或頻率的大小，順序排列，形成不同顏色的光線（圖 6）。太陽光呈現白色，當它通過三棱鏡折射後，形成由紅、橙、黃、綠、藍、靛、紫（或紅、橙、黃、綠、青、藍、紫），順序分佈的彩色光譜，覆蓋大約在 390 到 770 納米的可見光區（圖 7）。

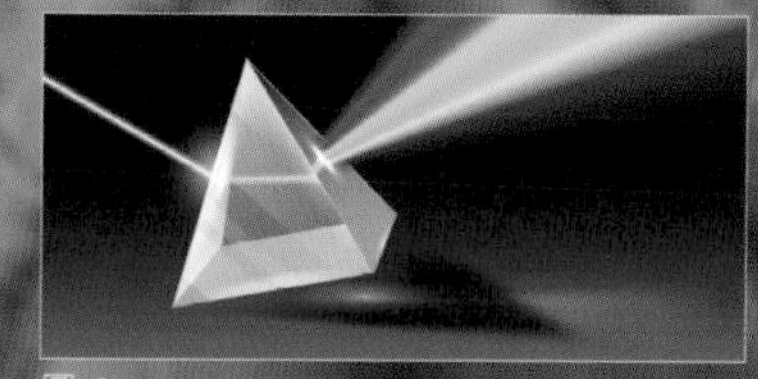
圖 6

圖 7

用地球大氣層作比喻較容易理解牙齒表面的折射，當陽光進入大氣層，會造成不同的折射，藍色是短波散射，黃色是長波透射。所以當接近黃昏時，我們會見到接近太陽的黃紅色晚霞（圖 8、9）。

圖 8

圖 9

所以牙齒的顏色其實是非常豐富和複雜，當牙醫修復牙齒時，要透過攝影技術，記錄牙齒光學的特性（圖 10、11），才可以準確調配顏色，以模仿自然牙齒的特性。

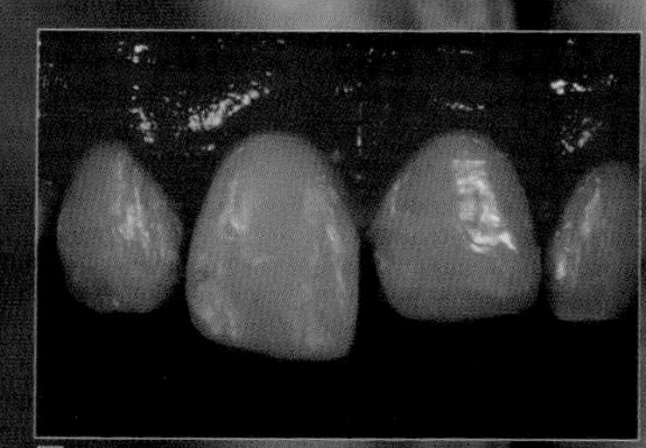
圖 10

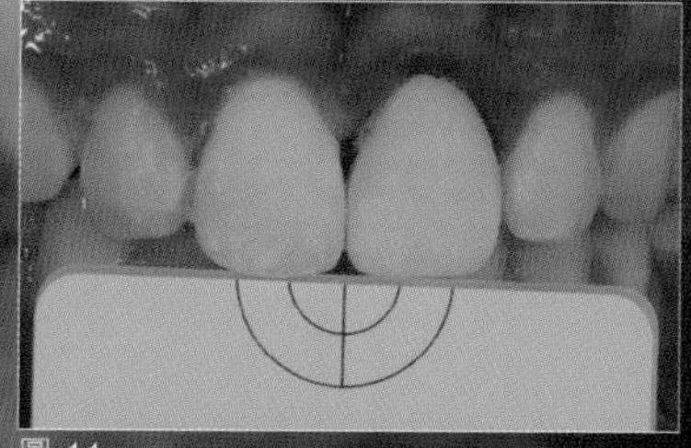
圖 11

Bonded Porcelain Restorations in the anterior dentition. A Biomimetic Approach Pascal Magne, Urs Belser

牙齒和牙齦的標準和準則
Dental-Gingival Parameters

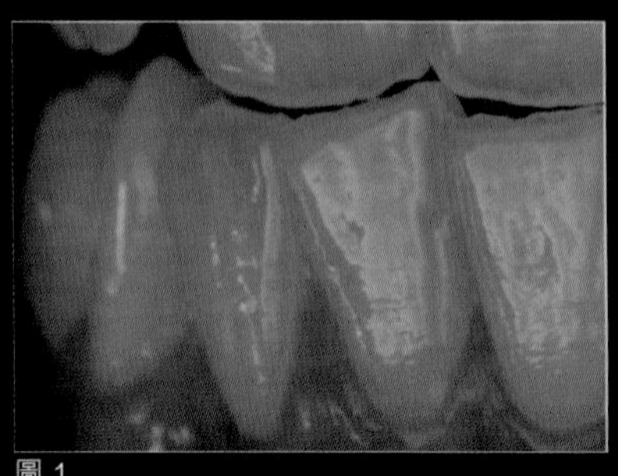
圖 1

10. 表面質地

牙齒表面有很多微細的形態和反射光線。牙齒表面質地能直接影響顏色明亮度，年輕牙齒特殊的表面形態可反射更多光（圖 1）。質地隨年齡增長至變差，引致反光反射降低，牙齒變得更暗（圖 2）。

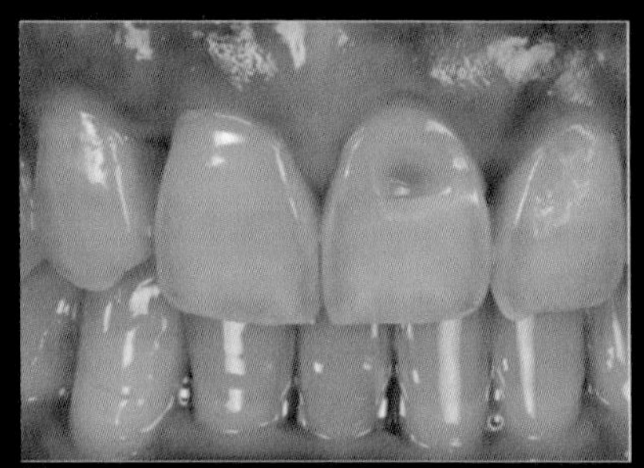
圖 2

11. 顏色

Professor Albert H Munsell 在二十世紀，創立了 Munsell Color Wheel 顏色系統，系統建基於三個特性，包括亮度、色調和飽和度（圖 3）。牙齒的顏色就在圖內白色的位置。亮度，即是光暗度，對牙齒對色方面是最重要。如果我們把一隻牙齒分為上中下三個部分，中間的位置最光亮，其次是根部，冠部則是最暗。

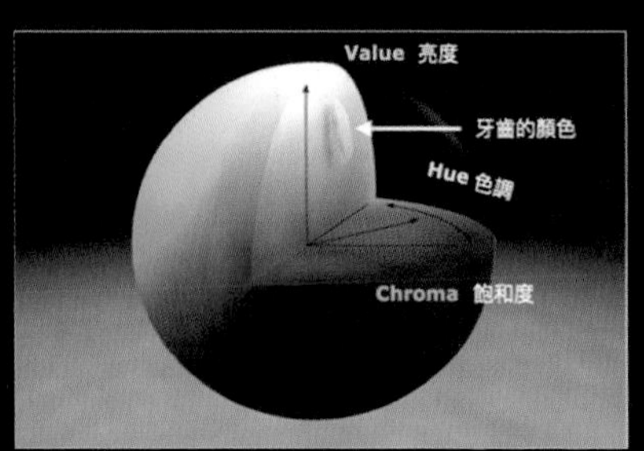

圖 3

至於色調，是指最純粹原始（Pure）的顏色，牙齒偏黃或偏紅，而飽和度則是顏色的深淺度，這系統對於比色法很重要。

除此之外，牙齒亦有螢光色，象牙質較琺瑯質螢光多三倍，它在日光下能夠使牙齒變得更白更亮。

Bonded Porcelain Restorations in the anterior dentition. A Biomimetic Approach Pascal Magne, Urs Belser

12. 切緣外型（圖 1）

切緣外型即是圖 1 中，白色箭嘴的位置。年長的人，切緣外型會較為平坦，而年輕的人，則較有弧度（圖 2）。而牙齒與牙齒之間切緣的形態，一般會呈現反 V 型（圖 3），例如正門牙與正門牙之間，會呈現一個較窄的反 V 型；正門牙與側門牙，會呈不對稱 V 型；而側門牙 / 犬齒，較寬反 V 型。切緣（圖 3 中的箭嘴的位置）的厚度一般薄而細緻，較厚的切緣會使牙齒顯得老化和不自然。

13 下唇線

微笑線由切緣連線組成，即圖 4 中的白色線，當微笑線與下唇線對稱時，看上去會比較和諧好看。

14 對稱微笑

另外我們面部的雙瞳孔連線，即圖 5 中的 A 線，應該與牙齒的咬合線，即 C 線，以及嘴角線，即 B 線對稱，達成對稱的微笑。不過人的右左兩側總會有些不同，期望達到絕對的對稱是不可能的。

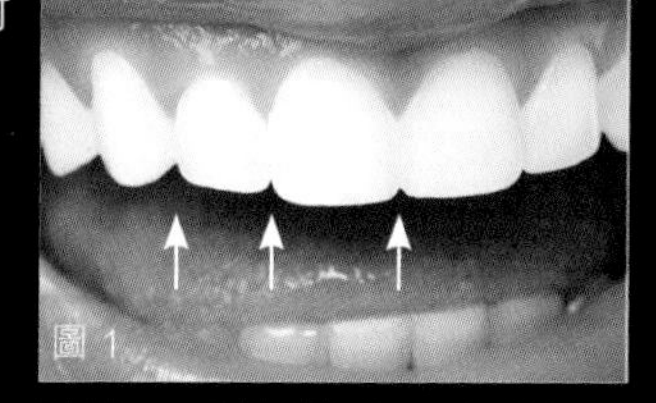
圖 1

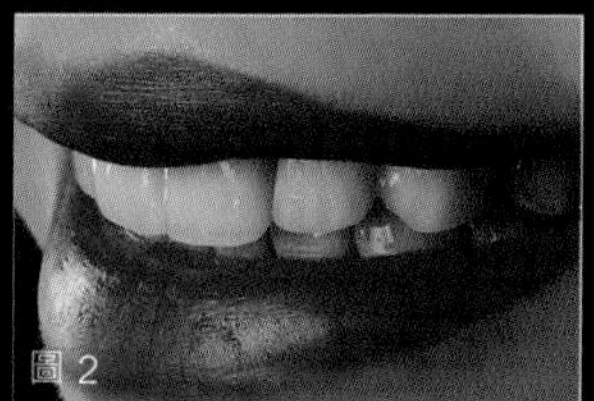
圖 2

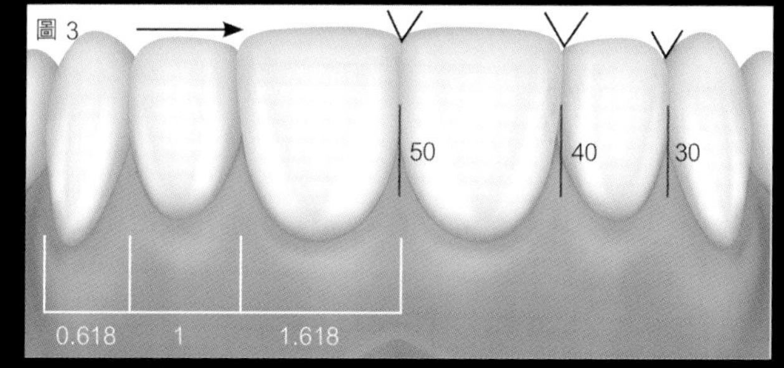

圖 3

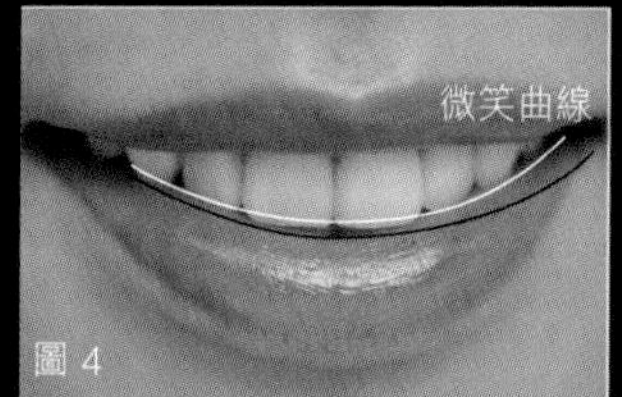

圖 4

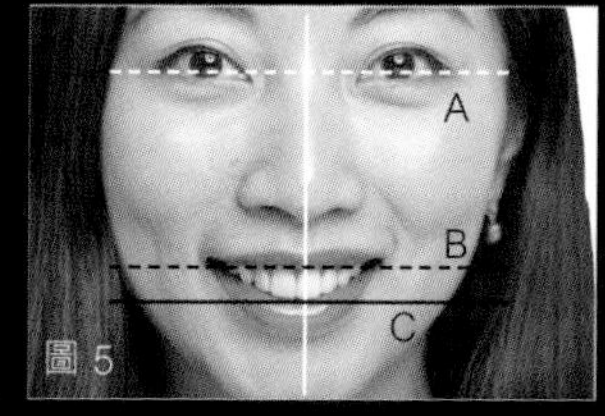

圖 5

Bonded Porcelain Restorations in the anterior dentition. A Biomimetic Approach Pascal Magne, Urs Belser

牙齒和牙骹的關係

咀嚼系統是由三大元素所控制，包括牙骹、咀嚼肌和牙齒。當我們的上排牙齒與下排牙齒咬合，互動接觸時，這個接觸面便稱為 Centric Occlusion，正中𬌗，從圖 1 可見，上下顎牙齒位置互相吻合。

但當咀嚼肌肉放鬆時，上、下頜的位置是由牙骹控制的，這個位置我們稱為 Centric Relation，正中關係位（圖 2）。而正中𬌗和正中關係位不一定是完全吻合。

當這三大元素運作正常，我們進食時，大腦會發放訊號，控制咀嚼肌，引導我們的上下顎及牙骹，在一個正中的位置活動，好像一個導航器引導牙齒咬合到正中𬌗，所以即使兩者不吻合，咬合時也不會有問題。

但有些情況下，身體就像失去了導航，令我們產生咬合的問題，導致牙齒磨損。若果咀嚼系統失去導航，便會出現咬合干擾，牙齒除了會受到破壞外，牙骹亦會長期受壓，形成不同的咬合問題（圖 3）。

咬合異常是日間或夜間的咬合異常活動，是因為大腦引致的問題，這些人通常會有不同的壞習慣，例如咬冰、咬手指以及磨牙等等（圖 4）。

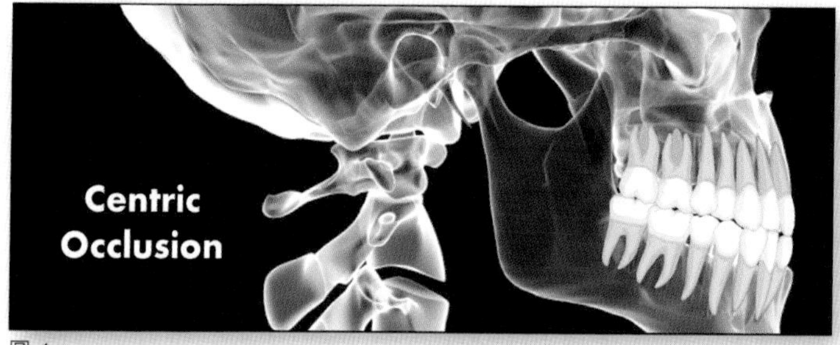
Centric
Occlusion

圖 1

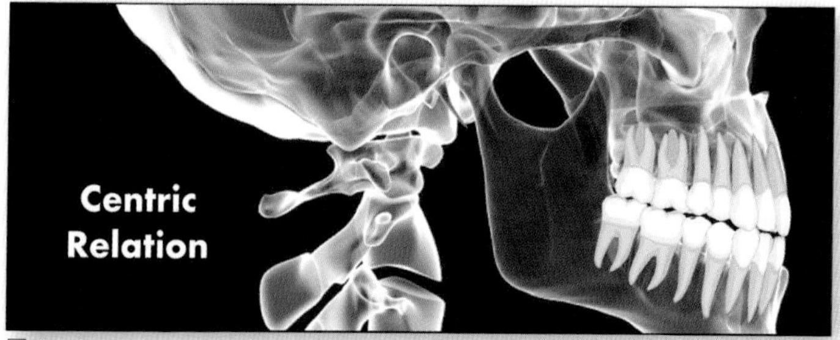
Centric
Relation

圖 2

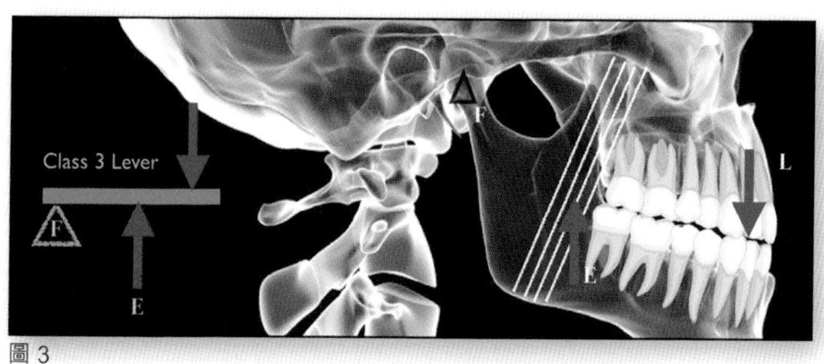
Class 3 Lever
F
E
F
L
E

圖 3

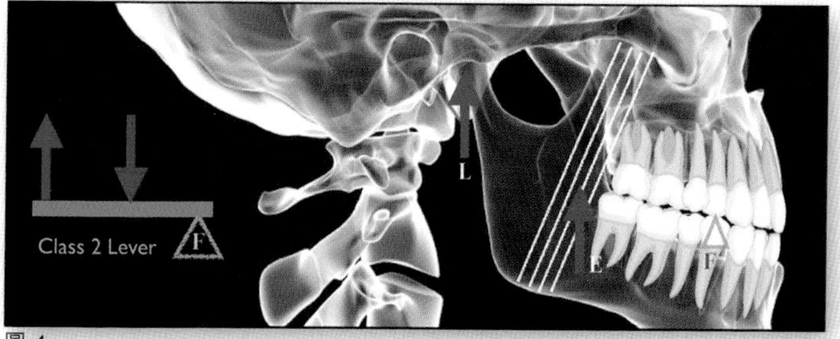
Class 2 Lever
F
L
E
F

圖 4

正中殆和正中關係位的關係

在 Kois 教育和研究中心，John Kois 將咬合分為六大類：

1. 正常功能（Acceptable Function）（圖 1）
2. 磨擦的咀嚼模式（Frictional Chewing Pattern）（圖 2）
3. 受限的咀嚼模式（Constricted Chewing Pattern）（圖 3）
4. 咬合紊亂（Occlusal Dysfunction）（圖 4）
5. 咬合異常（Parafunction）
6. 神經錯亂咬合（Neurologic Disorders）

不同的咬合問題會產生不同的磨損（圖 5），Kois Centre 會透過仔細的問卷（圖 6），咬合磨損的分析，病徵和正中關係位的位置作診斷。患者需佩戴一個 Kois Deprogrammer（圖 7）一至兩星期，每天二十個小時，把面部肌肉放鬆，從而找到正中關係位。

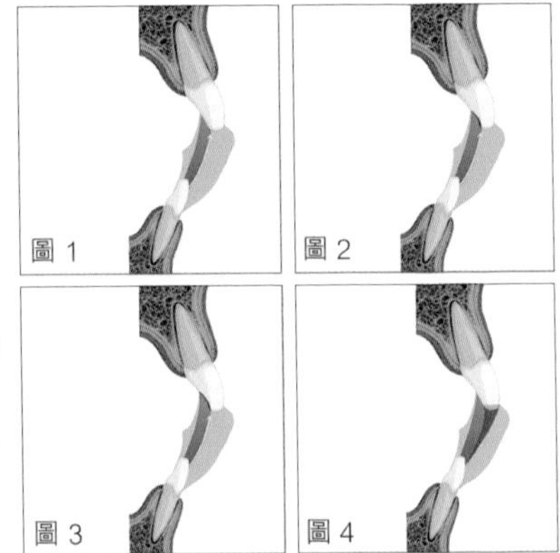
圖 1 圖 2 圖 3 圖 4

淺藍色是開頜時下顎的活動範圍，深綠色是下顎咀嚼時的活動範圍。正常情況下，下顎門牙和上顎門牙只有輕微的接觸，但當咬合出現問題，下顎牙齒會摩擦上顎的牙齒，就是紅色的部分。

咬合異常是日間或夜間的咬合異常活動，當中包括咬牙切齒、咬緊牙關、磨牙等，一般是大腦引致的問題。神經錯亂咬合是藥物引致的磨牙活動。

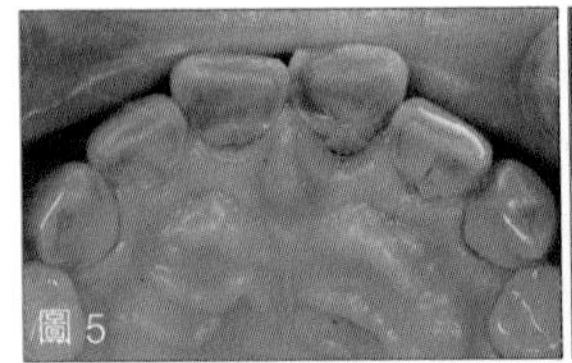
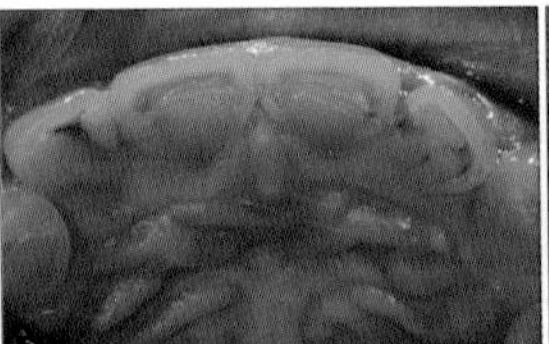
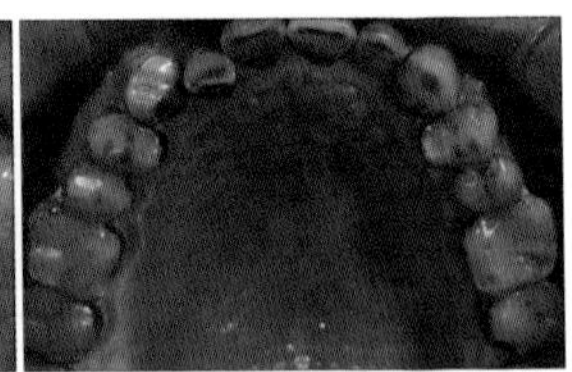
圖 5

DENTAL HISTORY

圖 6

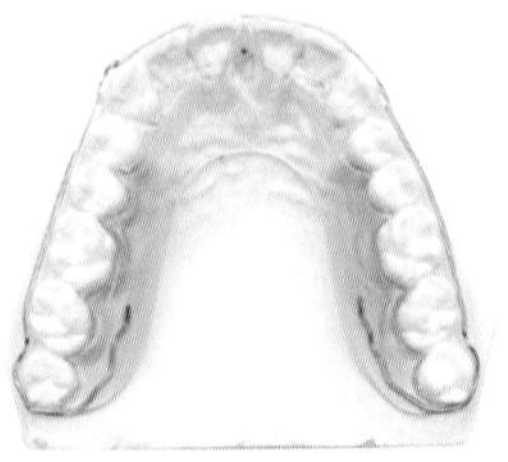
圖 7

本人近年在國際發表的學術文獻：

1. Tse, R. T. O. （2014）. Implant Placement Emulating Natural Esthetics: Appropriate Diagnosis, Treatment Planning, and Communication. Journal of Implant and Advanced Clinical Dentistry, 6（8）, 23-26.
2. Tse, R. T. O. （2015）. Critical Communication With Well-Documented Digital Photography, Esthetic Shade Matching for a Single Full Ceramic Crown. Journal of Cosmetic Dentistry, 30（4）, 114-122.
3. Tse, R. T. O., & Kois, J. C. （2016）. Digital Smile Design Meets the Dento-Facial Analyzer: Optimizing Esthetics While Preserving Tooth Structure. Compendium, 37（1）.
4. Tse, R. T. O. （2019）. Merging Clear Aligner Therapy With Digital Smile Design to Maximize Esthetics and Minimize Tooth Reduction. Compendium of continuing education in dentistry（Jamesburg, N.J.: 1995）, 40（2）, 100-106.
5. Tse, R. T. O., & Marchack, B. W. （2019）. Injectable Silicone-Based Gingival Mask Technique: Transferring the Emergence Profile of Multiple Implant Restorations. Journal of Prosthetic Dentistry, 122（1）, 88-91.
6. Tse, R. T. O. （2021）. Facial Analysis for the Digital Planning of a Full-Mouth Implant Restoration. Compendium of continuing education in dentistry （Jamesburg, NJ: 1995）, 42（3）, 128-132
7. Tse, R. T. O., & Tam, E. （2021）. Facial Analysis for the Digital Planning of Full Mouth Implant Rehabilitation. Collaborative benefits of a detailed diagnostic Approach. Inside Dental Technology, 12（4）, 17-22.
8. Tse, R. T. O., & Milos, M. （2021）. Using the Digital Centric Record Technique to Enable Digitally Planned Implant Treatment for an Edentulous Patient. Compendium, 42（10）.
9. Tse. R.T.O. (2022) Elevate patient experience with proactive dentistry. Dental Asia Nov/Dec,34-37
10. Tse. R.T.O. (2022). Treatment Guide: Tooth repositioning with clear aligner therapy forcomprehensive dentistry 2022: case reports

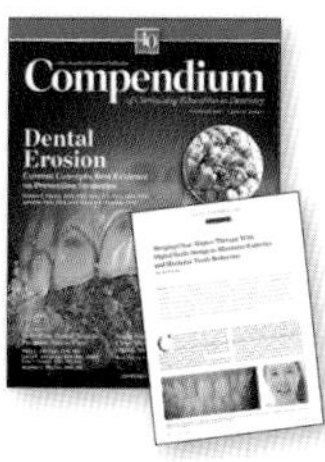

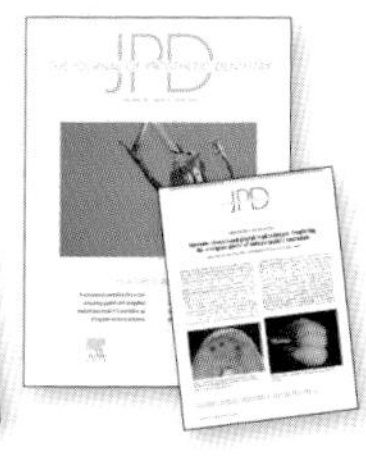

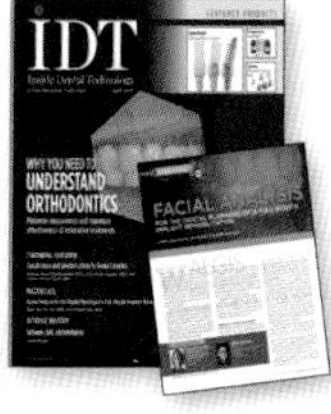

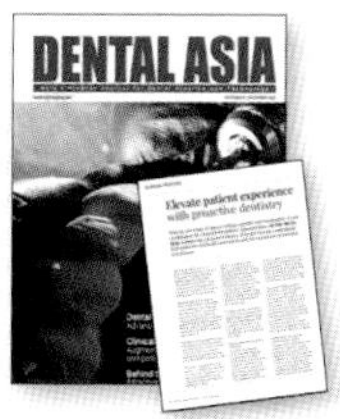

自信從「齒」開始 2
牙齒微創修復美學

作者	謝德安醫生
出版人	司徒毅
編輯	陳秀清
美術設計	幸潤年
出版	健康動力有限公司 香港九龍新蒲崗大有街 35 號義發工業大廈 4 字樓 D2 室
電話	(852) 2385 6928
傳真	(852) 2385 6078
網址	www.healthaction.com.hk
發行	聯合新零售（香港）有限公司 香港新界荃灣德士古道 220-248 號荃灣工業中心 16 樓
電話	(852) 2150 2100
傳真	(852) 2407 3062
電郵	info@suplogistics.com.hk
印刷	天虹印刷有限公司 九龍新蒲崗大有街 26-28 號 2 樓和部分 3 樓
出版日期	2023 年 1 月
定價	港幣 $128
國際書號	978-988-12430-1-0

Health Action Limited 2023
Published and printed in Hong Kong
如有印裝錯誤或破損，請寄回本公司更換